Klassieke mechanica en chaos

Boek 1 van Fysica vanuit Maximale Informatie- Emanatie ,
een natuurkundereeks van zeven boeken.

ISBN 979-8-89487-021-2

Klassieke mechanica en chaos

door

Stephen Winters-Hilt

ISBN 979-8-89487-021-2

Golden Tao Uitgeverij
Angel Fire, NM
VS

Toewijding

Dit boek is opgedragen aan mijn familie die me heeft geholpen op deze lange ontdekkingsreis: Cindy, Nathaniel, Zachary, Sybil, Eric, Joshua, Teresa, Steffen, Hannah, Anders, Angelo, John en Susan.

Inhoud

Voorwoord bij de serie 'Vertaling van natuurkunde' over:
Fysica vanuit maximale informatie-emanatie

Voor boek nr. 1, over:
Klassieke mechanica en chaos

Dit boek is door de auteur en zijn zonen Nathaniel Winters-Hilt en Zachary Winters-Hilt vertaald vanuit het Engels met behulp van Google Translate. De inspanningen om de vertaling te valideren bestonden voornamelijk uit het terugvertalen naar het Engels en het controleren op consistentie. Google Translate doet het opmerkelijk goed, zoals u zult zien. Houd er rekening mee dat de vertaling de paginering wijzigt, waardoor de inhoudsopgave dienovereenkomstig moest worden aangepast. Dit is gedaan. De index met de paginverwijzingen is echter niet gecorrigeerd, waardoor de paginering in de index (ten opzichte van de originele Engelse versie) in de vertaalde versie een klein aantal pagina's afwijkt.

Voorwoord bij de natuurkundereeks over:

Fysica vanuit maximale informatie-emanatie

> "De weg gaat maar door en
> door, vanaf de deur waar hij begon. Nu is de weg al ver vooruit, en ik moet volgen, als ik kan, hem met gretige voeten achterna, tot hij uitkomt op een grotere weg waar vele paden en bestemmingen samenkomen. En waarheen dan? Dat weet ik niet."
>
> **— JRR Tolkien, De Reisgenoten**

Variatie, voortplanting en emanatie

Dit is een zevendelige natuurkundereeks die begint met klassieke mechanica (Boek 1 [46]), vervolgens klassieke veldtheorie, zoals elektromagnetisme (Boek 2 [40]), en daarna manifolddynamica, zoals de algemene relativiteitstheorie (Boek 3 [41]). De overstap naar een kwantummechanische beschrijving wordt gegeven in Boek 4 [42], en naar een kwantumveldtheorie, in het bijzonder QED, in Boek 5 [43]. Een 'kwantummanifoldtheorie' zou de voor de hand liggende volgende stap zijn, ware het niet dat dit niet mogelijk is (er bestaat geen renormaliseerbare veldtheorie voor zwaartekracht). In plaats daarvan wordt een thermische kwantummanifoldtheorie behandeld, evenals de thermodynamica van zwarte gaten in het algemeen, in Boek 6 [44]. Boek 7 [45] beschrijft een nieuwe theorie, de emanatortheorie, die een dieper wiskundig construct biedt dat ten grondslag ligt aan de kwantumtheorie, net zoals de kwantumtheorie een dieper (complexer) wiskundig construct kan bieden gebaseerd op de klassieke theorie.

Dit is een moderne uiteenzetting waarin de subtiliteiten van de chaostheorie worden beschreven in Boek 1, Lorentz-invariantie in Boek 2, en covariante afgeleiden (algemene relativiteitstheorie) en ijkcovariante afgeleiden (Yang-Mills-veldtheorie) in Boek 3. Boek 4 over kwantummechanica biedt een uitgebreid overzicht van de kwantummechanica en behandelt vervolgens een volledige zelf-adjuncte analyse van de volledige algemene relativistische oplossing voor het bolvormige schil -invalsysteem (een resultaat overgenomen uit Boek 3). Boek 5 behandelt de basisprincipes van de kwantumveldentheorie in detail, samen met alternatieve vacuümtoestanden in specifieke scenario's. Boek 6 behandelt thermodynamica, van de basisprincipes tot de Hamiltoniaanse thermodynamica van enkele zwarte gaten-systemen. De opvallende herhaling van de alfa-parameter wordt overal opgemerkt. In Boek 7 onderzoeken we een diepere wiskundige formulering waaruit de kwantumpadintegraalformulering zou voortvloeien, en verklaren we de opmerkelijke parameters en structuren die zijn ontdekt (zoals alfa en Lorentz-invariantie).

De fysische beschrijving begint met de klassieke formuleringen van de beweging van puntdeeltjes. De eerste benadering hiervoor is het gebruik van differentiaalvergelijkingen (de eerste en tweede wet van Newton); de tweede is het gebruik van een variatiefunctieformulering om de differentiaalvergelijking te selecteren (Lagrangiaanse variatie); de derde is het gebruik van een variatiefunctieformulering (actieformulering) om de variatiefunctieformulering te selecteren. Historisch gezien werd pas veel later ingezien dat er in veel systemen twee domeinen voor beweging bestaan: niet-chaotisch en chaotisch.

Bij een beschrijving van de beweging van deeltjes, uitgaande van een parameterdomein zonder chaotische beweging, blijken er verschillende belangrijke limieten te bestaan. Voorbeelden hiervan zijn de universele constanten uit het eerdergenoemde chaosfenomeen, die nog steeds voorkomen in niet-chaotische regimes als men "tot aan de rand van de chaos" gaat. Er worden limieten gevonden waar verstrooiing gedefinieerd is in de asymptotische limiet en waar de perturbatietheorie goed gedefinieerd is in de zin dat deze convergent is. Over het algemeen geldt dat als de evolutie wordt beschreven als een 'proces', het vaak een martingaalproces is, dat goed gedefinieerde limieten heeft. We hebben dus beschrijvingen van beweging, die doorgaans te herleiden zijn tot een gewone differentiaalvergelijking (ODE), en waarvoor doorgaans oplossingen (die limietdefinities vereisen) bestaan.

De fysische beschrijving behandelt vervolgens velddynamica in 2D, 3D en 4D (in Boek 3 [41]). Tweedimensionale ("2D") velddynamica kan worden beschreven als een complexe functie (die complexe getallen afbeeldt op complexe getallen). Een nieuwigheid van de 2D complexe functie is dat deze ook laat zien hoe veel soorten singulariteiten behandeld kunnen worden (de residustelling), en zo belangrijke informatie verschaft over fundamentele structuren in de fysica, evenals fundamentele wiskundige technieken voor het oplossen van vele integralen. Voor de 3D velddynamica doen we een analyse van het elektromagnetische veld in 3D. Het niveau van de bespreking begint met een overzicht van elektrostatica op het niveau van het leerboek Jackson [1 23]. Enkele problemen uit Jacksons hoofdstukken 1-3 worden nauwkeurig onderzocht bij de ontwikkeling van de theorie zelf. Voor sommigen kan dit materiaal (in Boek 2 [40]) een nuttige aanvulling vormen op Jacksons tekst in een volledige cursus over EM (gebaseerd op Jacksons tekst). Vervolgens wordt een kort overzicht gegeven van elektrodynamica en elektromagnetische golfverschijnselen. In essentie zien we veel meer voorbeelden van ODE-problemen met oplossingen, zoals voor de 3D-Laplacian, die meestal scheiding van variabelen omvatten. Vervolgens bespreken we de beroemde transformatie, ontdekt door Lorentz in 1899 [124], die het EM-veld relateert zoals gezien door twee waarnemers die verschillen in relatieve snelheid. Met het bestaan van deze transformatie, die de tijdsdimensie introduceert samen met de relatieve snelheid, hebben we in feite een 4D-theorie.

Vanuit Lorentz-invariantie verkrijgen we, als punttransformatie, rotatie-invariantie onder SO(3) of SU(2). Als Lorentz-invariantie fundamenteel is, zouden we beide vormen van rotatie-invariantie moeten zien: een van vector-/tensortype uit SO(3) en een van spinortype uit SU(2). Dit is het geval, aangezien ijkvelden vectorieel zijn en materievelden spinorieel. Vanuit Lorentz-invariantie als lokale invariantie verkrijgen we de Minkowski-ruimtetijdmetriek (vlakke ruimtetijdmetriek), die vervolgens generaliseert naar de Riemann-metriek (in de algemene relativiteitstheorie).

Net als bij de puntdeeltjesdynamica hebben we voor de velddynamica drie manieren om het gedrag te formuleren: (1) differentiaalvergelijking; (2) functievariatie (op de Lagrange-functie); en (3) functionaal variatie (op de Actie). We zullen soortgelijke limietverschijnselen zien als voorheen, maar ook nieuwe verschijnselen, waaronder (i) de onvermijdelijke vorming van een BH-singulariteit (de singulariteitsstelling van Penrose); (ii) de vorming van een FRW-universum (uit homogeniteit en isotropie); (iii) de singulariteit van de BH-collaps; (iv) de stralingssingulariteit van de atomaire collaps.

De klassieke dynamica kent dus twee veldachtige formuleringen om de wereld te beschrijven: veld en variëteit. Zulke formuleringen kunnen wiskundig met elkaar in verband worden gebracht, dus wat er gebeurt is meer een kwestie van nadruk en gemak in de natuurkunde. De nadruk op dit verschil, dat (wiskundig gezien) geen verschil lijkt te zijn, ligt in het feit dat er verschillende fysische fenomenologieën een rol spelen. Veldbeschrijvingen lijken te werken voor 'materie', waar de fundamentele elementen spinorisch zijn. Variëteitsbeschrijvingen lijken het best te werken voor geometrodynamica (GR), waar de fundamentele elementen vectorieel (of tensorisch, zoals de metriek) zijn. Materievelden zijn renormaliseerbaar, en dus kwantiseerbaar in de standaard QFT-formulering (die in Boek 5 [43] zal worden beschreven), terwijl zwaartekrachtvariëteiten niet renormaliseerbaar zijn en beperkingen kennen (zwakke energievoorwaarde en positieve energievoorwaarde gegeven het bestaan van spinorvelden op de variëteit).

De presentatie in de boeken 1-3 [40,41,46] over de 'klassieke' natuurkunde is deels bedoeld om de overgang naar de kwantumfysica eenvoudig, duidelijk en in sommige gevallen triviaal te maken. Beschouw de functionele variatieformulering (actie) van het gedrag (of het nu een puntdeeltje of een veld betreft), deze kan worden vastgelegd in integraalvorm, zoals D'Alembert al heel vroeg deed [7] (en later Laplace [6]). Merk op dat er een grote constante wordt gebruikt om een 'sterk gedempte' integraal te bewerkstelligen voor selectiedoeleinden (op het variatie-extremum van de actie). Om de overgang naar de kwantumtheorie te maken, gebruiken we ook de grote constante van 1/h, en het enige verschil is dus de introductie van een factor ' i ', om een 'sterk oscillerende' integraal te bewerkstelligen voor selectiedoeleinden.

Na de overgang naar een kwantumtheorie wordt voor de puntdeeltjesbeschrijvingen het klassieke ineenstortingsprobleem voor atoomkernen geëlimineerd. De spectrale voorspellingen komen uitstekend overeen met de theorie, maar er is nog steeds fijnstructuur in de spectra die niet volledig verklaard is. De theorie is niet relativistisch en enkele initiële correcties hiervoor zijn mogelijk (zonder over te stappen op een veldtheorie) en deze wijzen op een betere overeenkomst en verklaren het grootste deel van de discrepantie in de fijnstructuurconstante (en onthullen alfa op een andere plaats in de theorie). In Boek 3 [41] en Boek 4 [42] wordt echter aangetoond dat het singulariteitsprobleem van de algemene relativiteitstheorie onopgelost blijft (voor het testgeval van de ineenstorting van een bolvormige stofschil, uitgevoerd in een volledige algemene relativiteitsanalyse, vervolgens gekwantiseerd in een volledige zelf-adjuncte kwantiseringsanalyse [42]).

In Boek 5 [43] wordt de overgang naar de kwantumtheorie voortgezet naar de veldtheoriebeschrijvingen. Een precieze beschrijving/overeenkomst van atoomkernen is nu mogelijk met QED, en binnen de kernen zelf (quarkconfinement) met QCD. De veldtheorieën hebben echter een kleine set hinderlijke oneindigheden, die uiteindelijk worden opgelost door renormalisatie [43]. Zoals gezegd, lijkt de kwantisatie van manifoldtheorieën, zoals GR, niet mogelijk te zijn vanwege de niet-renormaliseerbaarheid. In Boek 6 [44] beschouwen we echter een Hamiltoniaanse beschrijving van een GR-systeem waarvan de kwantisatie een energiespectrum zou omvatten gebaseerd op die Hamiltoniaan. Als we vervolgens analytische voortzetting gebruiken om ons naar de thermische ensembletheorie te leiden, gebaseerd op de resulterende partitiefunctie, kunnen we de thermische kwantumzwaartekracht (TQG) van dergelijke systemen beschouwen.

Dit laatste voorbeeld (uit Boek 6), dat een consistente TQG-theorie laat zien als we analyticiteit gebruiken, maakt deel uit van een lange reeks succesvolle manoeuvres met analytische voortzettingen in verschillende contexten. Wat wordt aangegeven, is de aanwezigheid van een daadwerkelijke complexe structuur in de beschreven theorie. Er is de hierboven genoemde triviale complexe structuuruitbreiding die ons van de standaard klassieke natuurkundetheorie naar de standaard padintegraal kwantumtheorie heeft gebracht. Maar we zien ook daadwerkelijke complexe structuur op componentniveau met tijdcomplexering (die aansluit op de thermische versie van de theorie door de partitiefunctie te definiëren), en we hebben complexe structuur op dimensieniveau in de vorm van de succesvol toegepaste dimensionale regularisatieprocedure die in het renormalisatieprogramma wordt gebruikt.

Naast het behandelen van de kernthema's van de natuurkunde op zowel bachelor- als masterniveau (voor cursussen aan Caltech en Oxford), inclusief een uitgebreide presentatie van problemen en hun oplossingen, onderzoekt de serie in specifieke gevallen ook de grenzen van de fysieke wereld "van binnenuit" (en later "van buitenaf"). Hiertoe wordt de ineenstorting van bolvormig stof tot een singulariteit onderzocht in een volledig algemeen relativistisch formalisme, en vervolgens doorgetrokken naar een kwantum-minisuperspace-analyse (kwantumzwaartekracht) (in Boek 3 en 4 [41,42]). Ook worden de onderwerpen thermodynamica van zwarte gaten en kwantumveldentheorie met alternatieve vacuümtoestanden diepgaand behandeld (onderdeel van Boek 5 en 6 [43,44]). Het diepgaande materiaal omvat de onderwerpen die in mijn proefschrift [81] aan bod komen, waarvan delen zijn gepubliceerd [82-85].

In recent werk over machinaal leren, inclusief statistisch leren op neuromanifolds [24], vinden we een mogelijke nieuwe bron voor een fundamenteel element voor de statistische mechanica (entropie) door te zoeken naar een minimaal leerproces/pad op een neuromanifold [24]. Tegen de tijd dat de reeks in Boek 6 de thermodynamica bereikt, zijn de fundamentele thermodynamische elementen dus allemaal vastgesteld op basis van de fysische beschrijvingen die in de Boeken

1-5 zijn ontdekt. Ze zijn alleen nog niet samengebracht in een alomvattende analyse die ons de fundamentele constructen van thermodynamica en statistische mechanica oplevert. Dat gezegd hebbende, lijkt het erop dat thermodynamica dus volledig is afgeleid van andere, werkelijk fundamentele theorieën. Niet zo, want in het samenvoegen van de delen om thermodynamica te vormen, hebben we iets dat groter is dan de som der delen. In de 'systeem'-beschrijvingen vinden we dat er emergente verschijnselen bestaan. Dit is in ieder geval uniek voor thermodynamica, en daarom fundamenteel in dit aspect van "de som der delen is groter dan de som der delen".

In deel 7 (het laatste deel) van de serie beschouwen we de standaard fysieke wereld, zoals beschreven door de moderne natuurkunde, "van buitenaf". Daarmee hebben we al een deel van het mysterie van de entropie ontrafeld door de geometrische 'neuromanifold'-beschrijving. Als we andere eigenaardigheden van de standaardtheorie kunnen begrijpen en daar op een natuurlijke manier toe kunnen komen, dan kunnen we wellicht nog dieper in de moderne natuurkunde duiken, de grenzen van het mogelijke testen en mogelijke toekomstige ontwikkelingen en unificaties van de theorie zien. Dit wordt beschreven in de artikelen [70, 87-90] en samen met de huidige resultaten geordend in het laatste deel van de serie.

De inspanningen in het laatste boek van de reeks omvatten keuzes en concepten die in de voorgaande zes boeken van de reeks zijn geïdentificeerd, en theoretische manoeuvres die zijn opgedaan tijdens de meest geavanceerde cursussen in natuurkunde en wiskundige natuurkunde die zijn gevolgd aan Caltech (als bachelor en later als master), het Oxford Mathematics Institute (als master) en de Universiteit van Wisconsin in Milwaukee (als master).

Het brede scala aan onderwerpen dat in de serie aan bod komt, is aanvankelijk vergelijkbaar met de Landau & Lifshitz-leerboekenserie voor gevorderden (zie [27]), met een soortgelijke uiteenzetting over de klassieke mechanica aan het begin van Boek 1. Zelfs met de reeds gevestigde klassieke mechanica zijn er echter belangrijke, moderne updates, zoals (moderne) chaostheorie. In de laatste twee boeken van de serie (Boeken 6 en 7 [44,45]) komen we aan bij de statistische mechanica en thermodynamica, samen met moderne onderwerpen zoals de thermodynamica van zwarte gaten, thermische kwantumzwaartekracht en emanatortheorie.

De belangrijkste constanten en structuren van de fysica, hun ontdekking uit de experimentele gegevens en hun theoretische plaatsing in het 'Grote Schema' worden in de hele serie benadrukt. De constante alfa, ook wel de fijnstructuurconstante genoemd, komt in talrijke contexten voor, dus in elk hoofdstuk zal speciale aandacht worden besteed aan het voorkomen van alfa. Dit is zelfs al het geval aan het begin van Boek 1, vanwege fundamentele numerieke constanten die voortkomen uit de chaostheorie. In Boek 7 zien we hoe de oorsprong van alfa, als een maximale verstoringshoeveelheid, op natuurlijke wijze verschijnt in een formalisme voor maximale informatie-'emanatie'. Maar maximale verstoring in welke ruimte en op welke manier? In Boek 7 van de serie [45] zullen we een mogelijke representatie van een dergelijke informatie-entiteit en haar bestaansruimte zien in termen van chirale trigintaduonions.

Uiteindelijk is dit dus een poging om te vertellen over een reis naar een bijzondere plek “waar vele paden en missies samenkomen”, die aanleiding geeft tot de emanatortheorie en een antwoord op het mysterie van alfa. Een deel van deze reis is gelijk aan het ‘vinden van de arkensteen ’ (alfa) op de meest onwaarschijnlijke plek, de trigintaduonion-emanatiemathematica die ten grondslag ligt aan het emanatorformalisme (bijvoorbeeld Smaugs hol, beschreven in Boek 7 [45]). Waarom ik in zo'n vreemde plek (mathematisch gezien) terecht ben gekomen, en waarom ik een diepere vorm van kwantumpropagatie postuleer met behulp van hypercomplexe trigintaduonions, hier emanatie genoemd, is de reden waarom er zo'n uitgebreide achtergrond is over standaardonderwerpen. Deze uitgebreide achtergrond heeft zelfs invloed op de beschrijving in de klassieke mechanica via het moderne chaostheoriemateriaal (vanwege een mogelijke relatie tussen C_∞en alfa). De cruciale rol van emergente verschijnselen wordt pas aan het einde begrepen, ook voor variëteiten in de meetkunde en neurovariëteiten in de statistische mechanica, en leidt tot een zesde boek dat van zeer basaal (beginthermodynamica) naar zeer geavanceerd (emergente verschijnselen) gaat. Veel wordt duidelijk met de emanatortheorie, waaronder hoe de realiteit zowel fractaal als emergent is. Op dit punt in de reis kan ik, net als bij Tolkien, alleen maar zeggen: "De weg gaat maar door en door... En waarheen dan? Dat weet ik niet."

De zeven boeken in de serie zijn als volgt:

Boek 1. Klassieke mechanica en chaos
Boek 2. Klassieke veldtheorie
Boek 3. Klassieke variëteitstheorie
Boek 4. Kwantummechanica en de padintegraal als basis
Boek 5. Kwantumveldentheorie en het standaardmodel
Boek 6. Thermische en statistische mechanica en thermodynamica van zwarte gaten
Boek 7. Maximale informatie-emanatie en emanatortheorie

Overzicht van boek 1

Boek 1 is een moderne uiteenzetting van de klassieke mechanica, inclusief de chaostheorie, en legt ook verbanden met latere theoretische ontwikkelingen. De uiteenzetting bestaat uit de presentatie van interessante problemen, waarvan er vele zijn opgelost en de rest aan de lezer wordt overgelaten. De problemen zijn afkomstig uit cursussen klassieke mechanica (CM) en wiskunde die werden gevolgd aan Caltech, Oxford en de Universiteit van Wisconsin. De cursussen variëren van bachelorniveau tot gevorderd masterniveau. De cursussen hadden, zoals je zou verwachten, een rijke en verfijnde selectie aan leerboeken en referentiemateriaal, en die referentieteksten worden hier eveneens gebruikt. De klassieke mechanica-teksten, gerangschikt op auteur, zijn: Landau en Lifshitz [27]; Goldstein [25]; Fetter & Walecka [29]; Percival & Richards [28]; Arnold (ODE) [32]; Arnold (CM) [37]; Woodhouse [38]; en Bender & Orszag [39]. Merk op dat de eerste Arnold-referentie en de Bender en Orszag-referentie leerboeken betreffen die zich richten op gewone differentiaalvergelijkingen (ODE's). Een analyse van de uitstekende en vlotte uiteenzetting van Landau en Lifshitz laat eveneens zien dat de stof deels wordt behandeld door middel van differentiaalvergelijkingen met een toenemende complexiteit (die bijvoorbeeld overeenkomen met complexere slingerbewegingen, zoals het toevoegen van een wrijvingskracht). Deze sterke afstemming op de onderliggende wiskunde van differentiaalvergelijkingen wordt in deze uiteenzetting voortgezet, zozeer zelfs dat een appendix is opgenomen voor een kort overzicht van differentiaalvergelijkingen vanuit het perspectief van de toegepaste wiskunde.

Deeltjesdynamica, met en zonder krachten, wordt beschreven, waarbij alle beschrijvingen uitkomen op chaotische beweging, waarbij chaos wordt beschreven in de tweede helft van Boek 1 [46]. Er wordt universeel vastgesteld dat systemen die overgaan naar chaotisch gedrag dit doen met een opmerkelijk periodeverdubbelingsproces en dit zal zowel wiskundig als met computerresultaten worden beschreven. Bij de analyse van dergelijke dynamische systemen zullen we ontdekken dat periodieke fysische systemen kunnen worden beschreven in termen van herhaalde "afbeeldingen", bijvoorbeeld klassieke dynamische afbeeldingen [91], en wanneer ze op deze manier worden beschreven, wordt de overgang naar chaos veel duidelijker wiskundig (zoals zal worden aangetoond). De bekende Mandelbrot-set wordt gegenereerd door een dergelijke herhaalde afbeelding, waarbij de "rand van chaos" wordt gedefinieerd door de fractale grens van het klassieke Mandelbrot-beeld.

Eigenschappen van de klassieke Mandelbrot-set zijn relevant voor de natuurkunde die in Boek 1 en Boek 7 wordt besproken, waaronder de eigenschap dat de fractale grens een fractale dimensie van 2 heeft (de fractale dimensie van de grens kan tussen 1 en 2 liggen; gelijk aan 2 is bijzonder). Met de Mandelbrot-set herstellen we ook de goed bestudeerde constanten die geassocieerd zijn met de universele Feigenbaum-constanten [19]. In de Mandelbrot-set kunnen we duidelijk de fundamentele constante voor maximale perturbatie zien die maximaal antifase (negatief) is met grootte C_∞, waarbij dezelfde resultaten gelden voor een familie van basisformuleringen (bijvoorbeeld voor een verscheidenheid aan Lagrangiaanse formuleringen).

Vanuit de Lagrangiaanse variationele formulering van 'actie' voor de beweging van deeltjes zullen we uiteindelijk de padintegraalfunctionele variationele formulering definiëren, waarbij dezelfde Lagrangian betrokken is, om tot een kwantumbeschrijving te komen voor de niet-relativistische kwantumdeeltjesbeweging (gedetailleerd beschreven in Boek 4 [42], en relativistisch in Boek 5 [43]). Vanuit de kwantumbeschrijving komen we tot het propagatorformalisme voor het beschrijven van dynamica (dit bestaat ook in de klassieke formulering, maar wordt in die context doorgaans niet veel gebruikt). Complexe propagatoren blijken dan verband te houden met eigenschappen van de statistische mechanica en thermodynamica (Boek 6 [44]). De verbanden met de statistische mechanica worden verder benadrukt wanneer we ons aan de "rand van de chaos" bevinden, maar de baanbeweging nog steeds beperkt is. Dit kan worden geassocieerd met een ergodisch regime, dus een evenwichts- en martingaalregime, waarvan het bestaan vervolgens kan worden gebruikt aan het begin van de afleidingen van de statistische mechanica en thermodynamica in Boek 6 [44], waarbij het bestaan van evenwichten aan het begin wordt vastgesteld. Het bestaan van de bekende entropiematen wordt reeds aangegeven in de beschrijving van de neuromanifold (Boek 3 [41]), waardoor de thermodynamische beschrijving in Boek 6, samen met de evenwichten, kan beginnen met een goed onderbouwde basis die niet zomaar wordt geclaimd, maar eerder als een direct resultaat van wat reeds is vastgesteld in de theorie/het experiment beschreven in de voorgaande boeken van de reeks.

Overzicht van Boek 2 & 3

Bij de overgang van een theorie van puntdeeltjes naar een theorie van velden wordt in de kernboeken natuurkunde niet veel aandacht besteed aan velden in algemene zin. Meestal wordt direct overgegaan naar het belangrijkste relevante vakgebied, elektromagnetisme (EM). In gevorderde boeken kan ook de algemene relativiteitstheorie (GR) aan bod komen, zoals in [125]. In het vervolg zullen we deze onderwerpen behandelen, maar ook de meer fundamentele velden in 1, 2 en 3 dimensies (inclusief vloeistofdynamica), evenals 4D Lorentz-veldformuleringen (voor de speciale relativiteitstheorie), de ijkveldformulering (waarbij Yang Mills dus in een klassieke context wordt behandeld) en de geometrische en ijkformuleringen van de GR. Dit legt de basis voor de standaardkrachten en, na kwantisering (Boeken 4 en 5 in de reeks), voor de standaard renormaliseerbare krachten (alle behalve zwaartekracht).

De gravitationele koppelingsconstante 'G' is een dimensionale koppeling (niet zoals bij alfa in EM), en zwaartekracht met een manifoldconstructie kan worden beschreven als een ijkveldconstructie, hoewel niet renormaliseerbaar. Zwaartekracht, en de bijbehorende geometrie/manifolds, lijken verband te houden met zijn eigen emergente structuur, zoals zal worden besproken in Boek 6. Uit de lokale Lorentziaanse geometrie en Lorentziaanse veldbeschrijvingen zien we ook het eerste van vele voorbeelden waarbij er systeeminformatie aanwezig is in de complexificatie van een parameter, in dit geval de tijdcomponent. Als de Lorentziaanse functie wordt verschoven naar complexe tijd, verandert deze in een Euclidisch veld, met formeel goed gedefinieerde convergentie-eigenschappen (zoals in de statistische mechanica). Complexe tijd laat ook diepe verbanden zien tussen klassieke beweging en de bijbehorende Brownse beweging (waarbij een willekeurige wandeling pi onthult). Het is dan ook niet verwonderlijk dat een emergent manifold een complexe structuur kan hebben, zodanig dat er ook een emergent 'thermisch' manifold bestaat, mogelijk de neuromanifold beschreven in Boek 3 en de bijbehorende partitiefuncties onderzocht in Boek 6. Net zoals lokaal vlakke ruimtetijd een natuurlijk construct is in de algemene relativiteitstheorie, zo zijn ook optimalisatie-"leer"-stappen op een neuromanifold dat, waarbij relatieve entropie als voorkeursmaatstaf wordt gekozen, en daaruit Shannon-entropie en Boltzmanns statistische entropie. Het manifoldconstruct dat in Boek 3 verschijnt, heeft dus een verreikende impact op de fundamenten van de thermodynamische en statistisch-mechanische theorie beschreven in Boek 6.

Voordat we echter ook maar ingaan op de veelvoud-/geometriecomplexiteit van de algemene relativiteitstheorie, hebben we al veel vastgesteld met het elektromagnetische veldgedeelte van de theorie: (i) uit 'vrij' elektromagnetisme zonder materie verkrijgen we de lichtsnelheid c, Lorentz-invariantie, en daaruit de speciale relativiteitstheorie en lokaal vlakke ruimtetijd; (ii) uit elektromagnetisme met materie verkrijgen we de dimensieloze koppelingsconstante alfa.

Bij de bespreking van veldtheorieën voor de beschrijving van materie, krachtvelden en straling, beschrijven we eerst de klassieke veldtheorieën (CFT's) van vloeistofmechanica, elektromagnetisme (EM) en algemene relativiteitstheorie, met vele voorbeelden. Dit wordt vervolgens in Boek 5 toegepast op de kwantumveldtheorie (QFT). Een overzicht van de belangrijkste wiskundige concepten die in CFT en QFT worden gebruikt, is te vinden in de appendix. Hoewel de wiskundige natuurkundige benadering steeds verfijnder wordt, verkrijgen we nog steeds oplossingen via variationele extrema. Het bepalen van de evolutie van het systeem vanuit zijn variationeel optimum wordt daarom nu het belangrijkste aandachtspunt. De 'voortplanting' van een systeem van het ene tijdstip naar een later tijdstip kan worden beschreven door een propagator. Hoewel een 'propagator'-formulering wiskundig mogelijk is in de klassieke mechanica (CM) en de klassieke veldtheorie (CF), zoals hier wordt aangetoond, wordt dit meestal niet gedaan, ten gunste van eenvoudigere representaties voor de betreffende experimentele toepassing. Naarmate we echter overgaan naar beschrijvingen in het kwantumdomein, wordt het gebruik van het propagatorformalisme gangbaar, en wanneer dit wordt toegepast in de padintegraalformuleringen, komen we tot een compacte formulering die zowel de evolutie als de stationaire-faseoplossing in één keer beschrijft.

In Boek 2 ligt de focus op de klassieke veldtheorie in een vaste geometrie, waarbij elektromagnetisme (EM) het belangrijkste fysische voorbeeld is. In deze context verschijnt alfa bijvoorbeeld in de beschrijving van een elektron-positronpaar: $F = e^2/(4\pi\varepsilon a^2)$voor een elektron-positronafstand 'a', waarbij alfa verschijnt als de koppelingsconstante. Later, in de kwantummechanica (QM), zowel in de moderne als in het vroege Bohr-model, zien we dat alfa = $[e^2/(4\pi\varepsilon)]/(c\hbar)$. Het verschijnen van alfa in deze situaties vindt plaats in gebonden systemen. Als we daarentegen ongebonden EM-interacties onderzoeken, zoals met de Lorentz-kracht $F = q(E \times v)$, dan ontstaat hier geen alfa-parameter, evenmin als in de vroege kwantummechanische analyse van dergelijke systemen, zoals bij Comptonverstrooiing. We zien dus een vroege rol voor alfa, maar alleen in gebonden systemen, en dus alleen in systemen met (convergerende) perturbatieve expansies in de systeemvariabelen.

In Boek 3, de klassieke veldtheorie met *dynamische* geometrie, oftewel de algemene relativiteitstheorie (GR), zien we helemaal geen alfa. In plaats daarvan zien we variëteitconstructies en de wiskunde van de differentiaalgeometrie (en tot op zekere hoogte differentiaaltopologie en algebraïsche topologie). Variëteitsconstructies zijn volledig ingekapseld in de wiskundige achtergrond die in Boek 3 en de bijbehorende appendix wordt gegeven . Een toepassing op het gebied van neurovariëteiten (zie [24]) laat zien dat het equivalent van een geodetisch pad in deze context evolutie is die stappen met minimale relatieve entropie omvat. Net als bij de beschrijving van een lokaal vlakke ruimtetijd hebben we nu een beschrijving van 'entropie' die toeneemt/evolueert volgens minimale relatieve entropie.

De algemene relativiteitstheorie (GR) onderscheidt zich van de andere krachtvelden. Alle andere krachtvelden maken deel uit van een adjuncte representatie van het standaardmodel ten opzichte van de stabiliteitssubgroep U(1) xSU (2) $_L$ xSU (3). De vorm hiervan is afleidbaar uit de chirale T eenzijdige producten die in Boek 7 worden beschreven. Het standaardmodel wordt op unieke wijze verkregen via dit proces, zonder vermelding van GR. Houd er echter rekening mee dat de adjuncte representatie op een bepaalde ruimte werkt (bijvoorbeeld de hyperspinorische ruimte in het geval van eenvoudige octonion-rechtsproducten). De 'kracht' als gevolg van de zwaartekracht is die als gevolg van de kromming van de variëteit, waarbij de variëteitconstructie mogelijk emergent is op de ruimte van werking. De oorsprong van de GR-kracht is dus geheel anders en zal, in tegenstelling tot de andere krachten, geen kwantisering toelaten, noch zullen de singuliere oplossingen ervan uitsluitend via de kwantumfysica oplosbaar zijn, zoals bij EM in Boeken 4 en 5, maar zal ook thermische fysica vereisen (zoals beschreven in Boek 6).

Het bestaan van singuliere GR-oplossingen, buiten speciaal symmetrische gevallen (de klassieke zwarte gaten-oplossingen), werd pas definitief vastgesteld met de singulariteitsstelling van Penrose [93] (waarvoor hij in 2020 de Nobelprijs voor de Natuurkunde ontving). Een deel van dit materiaal wordt behandeld in Boek 3 om te laten zien hoe het wiskundige formalisme verschuift naar differentiaal-topologiemethoden om de singulariteiten te beschrijven, met voorbeelden die verwijzen naar de klassieker van Hawking en Ellis [94] en gebruikmaken van Penrose-diagrammen. Dit zal op zijn beurt van pas komen bij het beschrijven van de klassieke FRW-kosmologieën met stralings- en materie-gedomineerde fasen (met behulp van aantekeningen van Peebles [95], Peebles won de Nobelprijs voor de Natuurkunde in 2019).

De ontwikkeling van de algemene relativiteitstheorie zou tekortschieten als er niet kort ingegaan zou worden op kosmologische modellen, met name de klassieke FRW-kosmologieën. Met de ontwikkelde instrumenten van de algemene relativiteitstheorie worden kosmologische resultaten onderzocht, te beginnen met de introductie van de kosmologische constante in het formalisme (een kandidaat voor donkere energie). Diverse observationele gegevens over de rotatie van sterrenstelsels en universumsimulaties van de vorming van clusters van sterrenstelsels wijzen beide op het bestaan van donkere materie. Dit betekent dus dat we nieuwe materie hebben, die alleen gravitationeel interacteert, en dit is feitelijk consistent met de meest recente observationele gegevens over de muon g-2-waarde [96], waar de discrepantie tussen theorie en experiment is opgelopen tot 4,2 standaarddeviaties, wat wijst op een uitbreiding van het Standaardmodel. Dit is gunstig, aangezien de Emanator-theorie (Boek 7 [45]) een dergelijke uitbreiding voorspelt.

We kunnen zo veldvergelijkingen afleiden voor EM-, GR- en Yang-Mills-ijkvelden (sterk en zwak). We kunnen golf- en wervelverschijnselen verkrijgen (zoals gesuggereerd in de vloeistofdynamica). We tonen de klassieke instabiliteit voor atomaire materie (klassieke EM-instabiliteit) en klassieke zwaartekrachtinstabiliteit (leidend tot de vorming van een zwart gat met singulariteit). Vanuit Lagrangiaanse formuleringen kunnen we vervolgens een QFT-formulering afleiden (Boek 5). De QFT-formulering completeert de QM-oplossing (Boek 4) voor "niet-relativistische atomaire instabiliteit" met de oplossing van de volledig relativistische atomaire beschrijving van de stralingscollapsinstabiliteit. De introductie van QFT leidt ook tot nieuwe instabiliteiten of oneindigheden, maar deze kunnen worden geëlimineerd door renormalisatie voor de EM- en elektrozwakke formuleringen, en de sterke Yang-Mills-formulering, maar niet voor de GR-formulering (ijkveld). De huidige theoretische formulering in de moderne natuurkunde heeft daarom één opvallende lacune: een kwantumtheorie van de zwaartekracht. Misschien is dit echter geen ontbrekend element, als geometrie/GR een afgeleid fenomeen is, zoals het veld van de statistische mechanica en thermodynamica als een afgeleid fenomeen verscheen toen de gecomplexificeerde kwantumpropagator aanleiding gaf tot een reële (kwantum)partitiefunctie. De hint van een diepere emanatortheorie suggereert dat emergente structuren van geometrie en thermodynamica worden bereikt in het proces van emanatie, waarbij de geëmaneerde informatie die van de renormaliseerbare kwantummaterievelden is. In Boek 7 [45] zal een precieze wiskundige betekenis worden gevonden voor het beschrijven van maximale informatie-emanatie.

Overzicht van boek 4

Tegen 1834, met het principe van Hamilton, was er een sterke basis voor wat nu de klassieke mechanica wordt genoemd. Tegen 1905, met Einsteins publicatie over het foto-elektrisch effect [97], werden de regels van de klassieke mechanica vervangen door de nieuwe regels van de kwantummechanica. De vroegste verschijning van de kwantummechanica begon echter met de verschillende waarnemingen van de kwantisering van licht, te beginnen met het merkwaardige voorkomen van spectraallijnen voor waterstof. Het waterstofspectrum werd nog vreemder door een precieze aanpassing aan een beknopte empirische formule door Balmer in 1885 [98]. Dit is het begin van een verbazingwekkende periode van ontdekkingen. De ontwikkeling van de kwantummechanica, van inleidend tot geavanceerd, volgt ruwweg die geschiedenis.

De vroege fase van de ontdekkingen in de kwantummechanica ging over in het moderne formalisme van de kwantummechanica met de ontdekking door Heisenberg van de succesvolle toepassing van matrixmechanica en het daaruit voortvloeiende onzekerheidsprincipe (1925) [16]. In 1926 toonde Schrödinger aan dat het probleem van het vinden van een diagonale Hamiltoniaanse matrix in de mechanica van Heisenberg equivalent is aan het vinden van golffunctie-oplossingen voor zijn golfvergelijking [17]. Een interpretatie van de golffunctie werd vervolgens in 1927 verduidelijkt door Born [107]. Dirac ontwikkelde een manifest relativistisch formalisme voor de golffunctie en de golfvergelijking voor fermionische materie (1928) [108]. Een axiomatische herformulering van de kwantummechanica werd vervolgens gegeven door Dirac (1930) [18], waarmee de basis werd gelegd voor een groot deel van de moderne kwantumnotatie en voor cruciale kwesties zoals zelf- adjunctheid . Dirac beschreef vervolgens een formulering van een kwantumvoortplantingspad, waarbij de kwantumpropagator de bekende fasefactor met de actie bevatte, in zijn artikel "The Lagrangian in Quantum Mechanics" in 1933 [109]. In essentie had Dirac een enkel pad verkregen, dat uiteindelijk door Feynman zou worden gegeneraliseerd tot alle paden met de uitvinding van het padintegraalformalisme (1942 & 1948) [110,111]. De equivalentie van een kwantummechanische formulering in termen van padintegralen en het Schrödingerformalisme werd door Feynman in 1948 aangetoond [111].

In een padintegraalbeschrijving worden de kwantummengtoestand, semiclassieke fysica en klassieke trajecten alle gegeven door de stationaire fase-gedomineerde component. Een stationaire faseoplossing die wordt gedomineerd door één enkel pad is typisch voor een klassiek systeem. Variatiemethoden zijn daarom fundamenteel voor de analyse van fysische systemen, of het nu gaat om Lagrangiaanse en Hamiltoniaanse analyses, of om diverse equivalente integraalformuleringen.

Feynmans ontdekking van het padintegraalformalisme was niet uitsluitend gebaseerd op het eerdere werk van Dirac (1933) [109], hoewel het belang ervan duidelijk werd benadrukt door dat artikel aan zijn proefschrift (1946) toe te voegen. Feynman profiteerde ook van werk dat teruggaat tot Laplace [6] voor selectieprocessen gebaseerd op sterk oscillerende integraalconstructies die zichzelf selecteren voor hun stationaire fasecomponent. Deze tak van de wiskunde werd uiteindelijk geassocieerd met Laplaces methode van de steilste afdalingen, vervolgens met het werk van Stokes en Lord Kelvin, en daarna met het werk van Erdelyi (1953) [112-114].

Feynman en anderen ontwikkelden vervolgens de kwantumveldentheorie voor elektromagnetisme (QED) tussen 1946 en 1949 (hierover later meer). Uitbreidingen naar de elektrozwakke wisselwerking vonden plaats in 1959, naar QCD in 1973 en naar het "Standaardmodel" tussen 1973 en 1975. De impact van de padintegraalrevolutie in de kwantumfysica was dus tot ver in de jaren zeventig voelbaar, maar dit was slechts het begin. Aanvankelijk werden padintegralen onderzocht door Norbert Wiener, met de introductie van de Wiener-integraal, voor het oplossen van problemen in de statistische mechanica met betrekking tot diffusie en Brownse beweging. In de jaren zeventig leidde dit tot wat nu bekend staat als "de grote synthese", die de kwantumveldentheorie (QFT) en de statistische veldentheorie (SFT) van een fluctuerend veld nabij een faseovergang van de tweede orde verenigde, waarbij het gebruik van renormalisatiegroepmethoden het mogelijk maakte om belangrijke vooruitgang van QFT over te dragen naar SFT.

De grote synthese is een van de vele voorbeelden die nog zullen volgen waarin we zien hoe een analytische voortzetting van een constante of een parameter aanleiding geeft tot bekende natuurkunde in de domeinen van de thermodynamica en de statistische mechanica, wat een diepere samenhang aantoont (die nog niet volledig begrepen is, zie Boek 7). De Schrödingervergelijking kan bijvoorbeeld worden gezien als een diffusievergelijking met een imaginaire diffusieconstante. Evenzo kan de padintegraal worden gezien als een analytische voortzetting van de methode om alle mogelijke willekeurige wandelingen op te tellen.

In Boek 4 onderzoeken we ook zorgvuldig het dichtstbijzijnde gravitationele equivalent van het waterstofatoom (instorting van de stofschil). Het resultaat is een onvolledige formulering vanwege randvoorwaarden, waarbij de tijdkeuze moet worden ingevoerd om de gewenste tijd te verkrijgen. Er wordt geen specifieke tijdkeuze aangegeven om instorting te voorkomen. De resultaten kunnen echter stabiliteit en consistentie aantonen in een "volledige" thermische kwantumzwaartekrachtbeschrijving waarin analyticiteit wordt toegepast. Succes op deze manier, en niet op andere, suggereert een mogelijke fundamentele rol van analyticiteit en thermaliteit (Boeken 6 & 7) en suggereert ook dat thermische kwantumzwaartekracht (TQG) mogelijk 'bestaat' of goed formuleerbaar is, terwijl kwantumzwaartekracht (QG) in het algemeen mogelijk niet 'bestaat'. Deze resultaten, gepresenteerd in Boek 6, vormen de inleiding tot de discussie in Boek 7 over de emanatortheorie, waar kernconcepten uit Boeken 1-6 die verband houden met de emanatortheorie worden samengebracht in een nieuwe theoretische synthese.

Overzicht van boek 5

In Boek 5 tonen we QFT's in de ijkveldrepresentatie, wat duidelijk de keuze van veldtheorie relateert aan een keuze van Lie-algebra, die op haar beurt weer gerelateerd kan worden aan een keuze van groepentheorie (zoals U(1) en SU(3)). Hieruit kunnen we opmaken dat niet-klassieke algebraïsche constructies alomtegenwoordig zijn in de kwantummechanica en QFT. Daarom is in de appendix een overzicht van groepentheorie en Lie-algebra's opgenomen, evenals een overzicht van Grassmann-algebra's en andere speciale algebra's die nodig zijn in de kwantummechanica en QFT. Wat betreft de keuze van de aanpak, blijkt dat de Schrödinger- en Heisenbergformuleringen vaak de enige hanteerbare manier zijn om een oplossing te vinden voor gebonden systemen. In kritische theoretische overwegingen is de padintegraalbenadering echter het meest geschikt (zoals later zal blijken). Bij het zoeken naar een diepere theorie biedt de meer uniforme padintegraalbenadering (PI) belangrijke aanwijzingen voor een diepere theorie (zie Boek 7).

In Boek 5 verkrijgen we het meest precieze resultaat voor de waarde van alfa, in zijn rol als perturbatieparameter. Als we de parameter g^{-2} van het magnetisch moment van het elektron berekenen met alle Feynman-diagrammen die geschikt zijn voor expansies tot de 5e ^{orde}, krijgen we een bepaling van alfa tot op 14 decimalen nauwkeurig, waarbij 1/alfa = 137,05999….. . Dit levert ons een van de meest precieze metingen van alfa op die bekend zijn. Wanneer een soortgelijke analyse wordt uitgevoerd voor de g^{-2} van het muon, gezien de veel grotere muonmassa, hebben de productieparen van andere deeltjes een meetbaar effect, en kunnen we de lagere massa's van het standaardmodel die aanwezig zijn onderzoeken. Bij deze analyse blijkt uit voorlopige experimenten een discrepantie die wijst op meer deeltjes, bijvoorbeeld dat het standaardmodel moet worden uitgebreid (mogelijk met een soort 'steriel' neutrino). Deze ontbrekende deeltjes zouden de ontbrekende 'donkere materie' kunnen zijn. De voorspelling hiervan in de Emanatortheorie, en waarom er een onevenwicht zou moeten bestaan tussen de linker- en rechterneutrino's (hint: maximale informatieoverdracht), wordt beschreven in Boek 7.

Een deel van de beschrijving van de kwantumveldentheorie omvat het gebruik van analyticiteit en andere complexe structuren om meer van de natuurkunde te omvatten in een complexe uitbreiding van de ruimte (of dimensie). Dit leidt vaak tot formuleringen in termen van complexe integratie, waarbij de keuze voor een complexe contour wordt gespecificeerd, zoals bij de Feynman-propagator. Een van de belangrijkste renormalisatiemethoden is bijvoorbeeld het gebruik van dimensionale regularisatie, wat inhoudt dat uitdrukkingen met dimensionaliteit analytisch worden voortgezet naar dimensionaliteit als complexe parameter. Er is ook de eerdergenoemde verschuiving naar complexe tijd en het "Wick-roteren" van uitdrukkingen met reële tijd naar uitdrukkingen met zuivere complexe tijd. Op deze manier wordt de statistisch-mechanische partitiefunctie voor het systeem verkregen, met een goed gedefinieerde sommatie. Zo wordt een verband tussen 'thermaliteit' en complexe structuur, in ieder geval in de tijdsdimensie, aangetoond.

Het tweede deel van Boek 5 beschrijft QFT op gekromde ruimtetijd (CST), waar we een vroege analyse van de thermodynamica van zwarte gaten tegenkomen. Hier ontdekken we dat ruimtetijdkromming aanleiding geeft tot thermaliteit en effecten van deeltjesproductie. De thermaliteit van zwarte gaten werd onthuld in Hawking-straling [118], vanwege de causale grens aan de horizon. Dergelijke thermaliteit wordt zelfs waargenomen in vlakke ruimtetijd (Boek 5) als er causale grenzen worden geïnduceerd, zoals in het geval van een versnelde waarnemer [143].

De kwantumveldentheorie (QFT) op de klassieke standaardtheorie (CST) heeft nog een belangrijke bijdrage, cruciaal voor het formalisme van de statistische mechanica dat in Boek 6 aan bod komt: de spin-statistiekrelatie. Deze relatie wordt doorgaans verondersteld, samen met andere cruciale begrippen zoals entropie en de relatie tussen entropie en toestandsdichtheid. Uit de presentatiemethode die in deze natuurkundereeks is gekozen, blijkt dat al deze begrippen fundamenteel zijn voor, of afgeleid zijn van, het formalisme dat al in de boeken 1-5 is ontwikkeld (ter voorbereiding op Boek 6).

De keuze van de tijd hangt samen met de keuze van het vacuüm, wat weer samenhangt met de keuze van de veldgeometrie of de beweging van de waarnemer (zoals constante versnelling of expansie). Als je een vlakke ruimtetijd-kwantumveldentheorie met een rand hebt, dan heb je thermodynamische effecten (bijvoorbeeld de Rindler-waarnemer). In deze context kunnen we de Hawking-afleiding van Hawking-straling met behulp van de Euclideanisatie-truc vergelijken met de Bogoliubov-transformaties van het veld naar de Rindler-geometrie vanuit de Minkowski-geometrie (indien gekozen als asymptotisch vacuümreferentie). Met kwantumveldentheorie op basis van de klassieke ruimtetijdtheorie komen we ook uit op spinstatistiek, zoals eerder vermeld, en verkrijgen we de uiteindelijke uitbreiding van de theorie via Grassmann-algebra's, om zo thermodynamisch consistente Bose- en Fermi-statistische beschrijvingen van kwantummaterie te verkrijgen.

Overzicht van boek 6

Thermodynamica is de oudste natuurkundige discipline (vuur), met een onverbloemd gebruik van fenomenologische argumenten en mysterieuze thermodynamische potentialen (entropie). Het is duidelijk dat thermodynamica vandaag de dag nog steeds relevant is, ook in een meer gekwantificeerde vorm via de statistische mechanica. Hoe is dit geen tekortkoming van de mechanistische beschrijving van het universum zoals die door de klassieke mechanica en zelfs de kwantummechanica wordt aangegeven? Concepten die in de kwantummechanica verschenen, zoals waarschijnlijkheid, duiken nu weer op. Ook andere nieuwe concepten verschijnen, waaronder: benaderende statistische wetten; toestandsvergelijkingen; warmte als een vorm van energie; entropie als toestandsvariabele; het bestaan van evenwichten; ensembles/verdelingen; en het bestaan van de partitiefunctie. Veel van deze concepten verschijnen in de padintegraalbeschrijvingen met de eerder genoemde analytische methoden/uitbreidingen, wat wijst op een diepere theorie die een groot deel van de fundamenten van thermodynamica/statistische mechanica ontleent aan de bestaande kwantumtheorie.

Boek 6 is na de andere hoofdstukken geplaatst om te wachten op de identificatie van entropie als fundamenteel, in die zin dat het kan worden geïdentificeerd als een intrinsieke systeemfunctie, zelfs voordat we thermodynamica behandelen. We hebben ook al ervaring met systemen met meerdere deeltjes, via de kwantumveldentheorie (QFT) (vooral in de klassieke systeemtheorie waar de creatie van deeltjes bijna onvermijdelijk is), zonder dat we dat scenario direct hoeven aan te pakken (omdat QFT in feite al een systeem met meerdere deeltjes is, met een analytische bepaling van systeemfuncties met meerdere deeltjes, zoals entropie). Doordat entropie vanaf het begin wordt gepresenteerd als een belangrijke systeemvariabele, is de afleiding van thermodynamische potentialen vervolgens een eenvoudig proces, zoals zal blijken. De standaardverbindingen tussen het standaardmodel en de thermodynamica kunnen dan worden gelegd. Zo beginnen we bij de behandeling van thermodynamica en statistische mechanica met de grotendeels vastgestelde fundamenten van de theorie, zoals entropie (ook met equipartitie equivalent aan de som op paden zonder wegingen, enz.), zonder aannames. Alles volgt direct uit de theoretische ontdekkingen die in de voorgaande boeken van de reeks zijn beschreven. We zien geen nieuwe verbanden met alfa, maar wel nieuwe structuren/effecten, met name veelvoudige constructies (net als bij GR, waar we ook geen rol voor alfa zagen).

De nauwe banden tussen QM-complexificatie, die aanleiding geeft tot een deeltjesensemble-partitiefunctie, en QFT-complexificatie, die leidt tot een veldensemble-partitiefunctie, zijn nu simpelweg een afgeleid aspect van de gepostuleerde fundamentele complexering. Deze complexering zal in Boek 7 worden gepresenteerd met emanatie in een gecomplexificeerde perturbatieruimte.

Uit de atoomfysica, beschreven in Boek 4, verkrijgen we ook de standaardregels voor de voltooiing van elektronenschillen (die zijn vastgelegd in het periodiek systeem). Op dezelfde manier kunnen we ook de oorsprong van de intermoleculaire kwantumchemische regels begrijpen. Wanneer we dit tot het uiterste doorvoeren in de statistische mechanica (SM), zien we thermodynamisch evenwicht ontstaan uit de Wet van de Grote Getallen (LLN) en omgekeerde Martingale-convergentie. Met de volledige toepassing op chemische processen zien we duidelijke faseovergangseffecten, evenals evenwichts- en bijna-evenwichtseffecten. Dit leidt tot de bekende chemische resultaten, met de fasen van materie.

Vanuit chemisch evenwicht en bijna-evenwicht, met 10^{23}elementen die zwak of helemaal niet met elkaar interageren, kunnen we twee generalisaties maken. De eerste is om chemisch bijna-evenwicht te beschouwen en direct een emergent proces op dit niveau te verkrijgen; dit is de tak die ons biologie/leven op het meest primitieve niveau laat zien. De tweede is om evenwicht en bijna-evenwicht in het algemeen te beschouwen wanneer de elementen sterk met elkaar interageren (10^{10}bijvoorbeeld met andere elementen); dit is de tak die biologie/leven op het meest geavanceerde sociale en economische niveau beschrijft. Bij klassieke schotruis leidt de granulariteit van de lage stroomsterkte (vanwege de discretie van de elektronlading) tot een ruiseffect. Naarmate we situaties met minder elementen beschouwen, ontstaan er dus meer complicaties, niet minder, vanwege de granulariteitsruiseffecten, en betreden we het domein van machine learning met schaarse data. Ruiseffecten kunnen significant zijn in complexe systemen, vooral in de biologie waar het deel uitmaakt van wat geselecteerd wordt (zoals bij het gehoor, voor het onderdrukken van achtergrondruis).

Het tweede deel van Boek 6 onderzoekt de rol van thermodynamica bij pogingen om TQFT en TQG uit te breiden. Dit wordt gedaan door zwarte gaten in de context te onderzoeken. De erkenning van de rol van complexe structuren op systeemvariabelen wordt in dit proces duidelijk (naast de generalisatie naar niet-triviale algebra's, zoals reeds is aangetoond).

In deel 2 van Boek 6 onderzoeken we de Hamiltoniaanse thermodynamica van enkele zwarte gaten-geometrieën met stabiliserende randvoorwaarden. In deze verkenning van een thermische kwantumzwaartekracht (TQG)-oplossing nemen we een padintegraalvorm aan voor het GR-probleem en schakelen we direct over naar een partitiefunctie (door middel van de hierboven genoemde 'Wick-rotatie'). We zien dat TQG mogelijk is, waarbij een positieve warmtecapaciteit stabiliteit aangeeft. Een ander bemoedigend resultaat met betrekking tot een uiteindelijke unificerende theorie komt uit de snaartheorie via de verklaring van de BH-thermodynamica en BH-horizon-effecten met de BH-fuzz-oplossing (via gebruik van de holografische hypothese en de gerelateerde AdS - CFT-relatie [120,121]).

In deel 2 van Boek 6 onderzoeken we ook de transformatie van propagator naar partitiefunctie bij complexering, wat leidt tot een thermodynamische theorie voor een bepaalde evenwichtsformulering, met bepaalde parameterinstellingen die nodig zijn voor stabiliteit (positieve warmtecapaciteit). Dit is mogelijk in diverse situaties, wat suggereert hoe dergelijke thermodynamisch consistente randvoorwaarden de klassieke beweging en de formulering van de BH-singulariteit kunnen beperken door het effect van deze stabilisatie die zich manifesteert voor bepaalde interne geometrieën. Succesvolle TQG-formuleringen (Thermische Kwantumzwaartekracht), zoals voor de RNadS- en Lovelock-ruimtetijden die in Boek 6 worden getoond, via herformulering met behulp van analyticiteit, en niet via niet-analytische benaderingen, suggereren opnieuw een mogelijke fundamentele rol van analyticiteit en suggereren tevens dat TQG 'bestaat' of goed formuleerbaar is, terwijl QG in het algemeen mogelijk niet 'bestaat'. Deze resultaten, samen met kernconcepten uit de Boeken 1-6 die verband houden met de emanatortheorie, worden samengebracht in een nieuwe theoretische synthese in Boek 7.

Overzicht van boek 7

In de boeken 4, 5 en 6 van de serie hebben we voorbeelden van kwantummechanica met imaginaire tijd, kwantumveldentheorie in de klassieke standaardtheorie, thermische kwantumveldentheorie, minisuperspace-kwantumgrafiek en thermische kwantumgrafiek onderzocht. Daarbij ontdekten we dat de padintegraal en de PI-propagator de meest algemene representatie bieden. In boek 7 bouwen we voort op de formulering van sommen op paden met een propagator om tot een formulering van sommen op emanaties met een emanator te komen.

Voortplanting in een complexe Hilbertruimte vereist in een standaard QM- of QFT-formulering dat de propagatorfunctie een complex getal is (niet reëel of quaternionisch, enz., [122]). Dit verhindert wat anders een voor de hand liggende generalisatie naar hypercomplexe algebra's zou zijn. Om deze generalisatie te bereiken, moeten we een nieuwe laag aan de theorie toevoegen, een met universele emanatie waarbij hypercomplexe algebra's (trigintaduonions) betrokken zijn, waarvan wordt verondersteld dat deze projecteert op de bekende complexe

Hilbertruimtevoortplanting met bijbehorende vaste elementen (bijvoorbeeld, het emanatorformalisme projecteert de waargenomen constanten en groepsstructuur van het standaardmodel). De 'projectie' is een geïnduceerde wiskundige constructie, zoals het hebben van SU(3) op producten van octonions, maar hier zijn we het standaardmodel U(1) xSU (2) xSU (3) op producten van emanator-trigintaduonions. In Boek 7 wordt dus een uniforme variationele formulering gepresenteerd, die onder andere tot alfa komt als een natuurlijk structureel element, uniek gespecificeerd door de voorwaarde van maximale informatie-emanatie.

In Boek 7 bespreken we ook de implicaties van een fundamentele wiskundige bewerking op een ruimte die herhaald of opgeteld wordt. De niet-GR-krachten worden gegeven door de vorm van de bewerking (de reeks die een associatieve algebra vormt), de GR-krachten worden indirect gegeven door de vorm van de ruimte. Dit laat het aspect "herhaald of opgeteld" over aan de zorgvuldige overweging. Als er een puur 'herhaalde' bewerking, of afbeelding, plaatsvindt, kunnen we terugkeren naar de discussie over dynamische afbeeldingen in Boek 1, waar chaos kan optreden en alomtegenwoordig is. Daar is de primaire 'faseovergang', de overgang naar chaos, duidelijk. Als er een bewerking met optelling bij betrokken is (in de statistische zin van meerdere elementen), samen met herhaalde algemene stappen, komen we uit bij het algemene kader van de statistische mechanica met effecten van de Wet van de Grote Getallen (LLN) en omgekeerde Martingale-convergentie, onder andere (Boek 6). Het meest opvallend is echter de prevalentie van een nieuw effect, namelijk faseovergangen en het ontstaan van nieuwe structuren (orde uit wanorde), waaronder de opmerkelijke structuren van de chemie en de biologie.

Waarom de terugkerende 'kabbalistische formule'? was een vraag die zelfs in de tijd van Sommerfeld al werd gesteld [58]. Nu is de numerologische parallel preciezer dan destijds werd beseft, en is het te veel toeval om toevallig te zijn. Het feit dat er geen sprake is van toeval lijkt te wijten aan de maximale aard van informatieoverdracht in diverse omstandigheden (in de natuurkunde, de biologie en zelfs in menselijke communicatie met voldoende optimalisatie), evenals aan de fractale herhaling van sleutelparameterreeksen die in deze verschillende contexten voorkomt {10,22,78,137 ≅1/alpha}. We zien dat 10 de dimensionaliteit van de propagatie (of knooppunten van connectiviteit) uitdrukt, terwijl 22 overeenkomt met het aantal vaste parameters in de propagatie (in Boek 7 onderzoeken we propagatie in een 10-dimensionale deelruimte van de 32-dimensionale trigintaduonion-ruimte, waarbij 22 dimensies op vaste waarden blijven die als parameters in de theorie voorkomen). We zullen zien dat het getal 78 verband houdt met de generatoren van de beweging, en dat er 4 chiraliteiten van beweging zijn ('dubbel chiraal'). We zullen ook zien dat 137 simpelweg het aantal onafhankelijke tri-octonionische producttermen is in de algemene chirale trigintaduonion 'emanatie'.

Synopsis – Frodo leeft

Tolkien schreef over eucatastrofes [127], misschien anticipeerde hij op de constructieve rol van emergente verschijnselen bij maximale informatieoverdracht.

Voorwoord bij de natuurkundereeks, boek nr. 1, over:

Klassieke mechanica en chaos

Dit boek beschrijft de klassieke mechanica, beginnend met de klassieke formuleringen van de beweging van puntdeeltjes. De eerste benadering hiervoor was het gebruik van differentiaalvergelijkingen (de eerste en tweede wet van Newton); de tweede was het gebruik van een variatieformulering om de differentiaalvergelijkingen te selecteren (Lagrangiaanse variatie); de derde was het gebruik van een variatieformulering (actieformulering) om de variatieformulering te selecteren. Dit boek beschrijft de drie formuleringen en lost problemen op in elk ervan.

Pas toen de klassieke mechanica al goed gevestigd was, realiseerde men zich dat er in veel systemen twee domeinen voor beweging bestaan: niet-chaotisch en chaotisch. Dit is een moderne uiteenzetting van de klassieke mechanica, inclusief de chaostheorie, en met verwijzingen naar latere theoretische ontwikkelingen. De uiteenzetting bestaat uit de presentatie van interessante problemen, waarvan er vele zijn opgelost en de rest aan de lezer wordt overgelaten. De problemen zijn afkomstig uit cursussen klassieke mechanica en wiskunde die werden gevolgd aan Caltech, Oxford en de Universiteit van Wisconsin. De cursussen variëren van bachelorniveau tot gevorderd masterniveau. De cursussen hadden, zoals je zou verwachten, een rijke en verfijnde selectie aan leerboeken en naslagwerken, en die naslagwerken worden hier eveneens gebruikt. Naarmate we verdergaan met de stof, zullen we zien dat we in feite gewone differentiaalvergelijkingen (ODE's) van toenemende complexiteit bestuderen (die bijvoorbeeld overeenkomen met complexere slingerbewegingen, zoals het toevoegen van een wrijvingskracht). Deze sterke aansluiting op de onderliggende wiskunde van ODE's rechtvaardigt de opname van een appendix met een kort overzicht van ODE's vanuit het perspectief van de toegepaste wiskunde.

Naast een moderne uiteenzetting van de onderliggende theorie van gewone differentiaalvergelijkingen, inclusief chaos, zijn de andere belangrijke moderne elementen het aangeven waar de klassieke mechanica een brug kan slaan naar toekomstige theorieën, zoals de kwantummechanica en de speciale relativiteitstheorie. Er zijn vijf theoretische toepassingsgebieden van de klassieke mechanica waar de kwantummechanica triviaal wordt aangegeven (door analytische uitbreiding/voortzetting, of door algebraïsche aanpassing van abelisch naar niet-abelisch), en deze gebieden worden in detail beschreven. Op dezelfde manier zijn er drie experimentele toepassingsgebieden waar de speciale relativiteitstheorie wordt aangegeven, die ook worden beschreven.

Hoofdstuk 1. Inleiding

Dit boek beschrijft de klassieke mechanica, beginnend met de klassieke formuleringen van de beweging van puntdeeltjes. De eerste benadering hiervoor was het gebruik van differentiaalvergelijkingen (de eerste en tweede wet van Newton); de tweede was het gebruik van een variatieformulering om de differentiaalvergelijkingen te selecteren (Lagrangiaanse variatie); de derde was het gebruik van een variatieformulering (actieformulering) om de variatieformulering te selecteren. Dit boek beschrijft de drie formuleringen en lost problemen op in elk ervan.

Bij een beschrijving van de beweging van deeltjes, uitgaande van een parameterdomein zonder chaotische beweging, blijken er verschillende belangrijke limieten te bestaan. Voorbeelden hiervan zijn: de universele constanten uit het eerdergenoemde chaosfenomeen, die nog steeds voorkomen in niet-chaotische regimes als men "tot aan de rand van de chaos" gaat. Verstrooiing is gedefinieerd in de asymptotische limiet en de perturbatietheorie is goed gedefinieerd in de zin dat deze convergent is. Over het algemeen geldt dat als de evolutie wordt beschreven als een 'proces', het vaak een martingaalproces is, dat goed gedefinieerde limieten heeft. We hebben dus beschrijvingen voor beweging, die doorgaans te herleiden zijn tot een gewone differentiaalvergelijking, en waarvoor doorgaans oplossingen (die limietdefinities vereisen) blijken te bestaan.

De ontwikkeling van de klassieke mechanica vond grotendeels plaats in de jaren tussen 1687 en 1834 [1-13]. Daarna volgde een aanzienlijke periode waarin andere ontdekkingen werden gedaan, variërend van quaternionen [14,15] tot elektromagnetisme en kwantummechanica [16-18]. Ten slotte werd in 1976 het laatste sleutelelement van de klassieke theorie onthuld met de ontdekking van de chaosuniversaliteit [19]. Ook werden in deze periode meer geavanceerde wiskundige benaderingen gangbaar [20,21].

Een belangrijke theoretische afwijking van de klassieke mechanica vond plaats met de speciale relativiteitstheorie, die werd onthuld door de ontdekking van de Lorentztransformatie in 1899 (er waren al vroege aanwijzingen in de studies van Fizeau [22] in 1851, maar dit werd pas decennia later door Einstein begrepen [23]). De ontwikkeling van methoden uit de klassieke mechanica is nog steeds zeer relevant in de huidige tijd, mede dankzij verwante ontwikkelingen in de moderne AI. Een van de sterkste classificatiemethoden die bekend zijn, de Support Vector Machine (SVM), is bijvoorbeeld gebaseerd op een formulering uit de klassieke mechanica (Lagrangiaanse formulering) in een regeltheorietoepassing (met ongelijkheidsbeperkingen) [24].

Een moderne leerboekbeschrijving van de klassieke mechanica zonder chaostheorie is te vinden in Goldstein [25]. Een belangrijke ontwikkeling in de theorie, in termen van variatie-invarianten, werd in 1918 door Noether geleverd [26]. Andere moderne leerboeken die in dit boek worden gebruikt, zijn de klassiekers van Landau en Lifshitz [27], Percival & Richards [28] en Fetter & Walecka [29]. Twee-tijdanalyse [30] en stabiliteitsanalyse [31,32] zijn ook in dit werk opgenomen, gevolgd door de eerdergenoemde cruciale ontwikkelingen in de chaostheorie [19,33,34] en de cruciale verschijning van fractals [35,36].

Dit is een moderne uiteenzetting van de klassieke mechanica die volledig bestaat uit de presentatie van oplossingen voor interessante problemen uit een aantal klassieke mechanica-teksten, waaronder: Landau en Lifshitz [27]; Goldstein [25]; Fetter & Walecka [29]; Percival & Richards [28]; Arnold (ODE) [32]; Arnold (CM) [37]; Woodhouse [38]; en Bender & Orszag [39]. Merk op dat de eerste verwijzing naar Arnold en de verwijzing naar Bender en Orszag betrekking hebben op leerboeken die zich richten op gewone differentiaalvergelijkingen (Ordinary Differential Equations). Evenzo laat een analyse van de uitstekende en vlotte uiteenzetting van Landau en Lifshitz zien dat deze deels de stof behandelt door gewone differentiaalvergelijkingen van toenemende complexiteit te doorlopen.

Deze sterke aansluiting op de onderliggende wiskunde van gewone differentiaalvergelijkingen wordt in deze uiteenzetting voortgezet, zozeer zelfs dat er een appendix is opgenomen voor een kort overzicht van gewone differentiaalvergelijkingen vanuit het perspectief van de toegepaste wiskunde.

Beginnend met Newtons differentiaalvergelijking F=ma, komen we steeds complexere differentiaalvergelijkingen tegen. Het reduceren van een dynamisch systeem tot een stelsel differentiaalvergelijkingen is geen eenvoudige zaak, en het leren van Lagrangiaanse analyse om dit te doen zal in eerste instantie de focus zijn, maar het eindresultaat kan altijd worden opgevat als een vorm in termen van een gewone differentiaalvergelijking, of een stelsel daarvan. Dus we kunnen het probleem van het beschrijven van de beweging van een systeem reduceren tot het oplossen van een gewone differentiaalvergelijking, betekent dat dat we klaar zijn? Voor eenvoudigere gewone differentiaalvergelijkingen, ja, analytisch zelfs (in de Appendix zien we bijvoorbeeld dat lineaire differentiaalvergelijkingen van de tweede orde met constante coëfficiënten altijd kunnen worden opgelost). Voor complexere gewone differentiaalvergelijkingen, nog steeds ja, maar zijn computationele hulpmiddelen nodig (de oplossing is niet in gesloten vorm). Soms vertonen gewone differentiaalvergelijkingen echter instabiliteiten, en hiervoor is een meer geavanceerde analyse nodig en zijn er mogelijk geen eenvoudige antwoorden (zoals het bestaan van het fenomeen van de vreemde attractor) [37]. Revolutionairder dan louter instabiliteit is de ontdekking van chaos. Een gewone differentiaalvergelijking kan zich in het ene regime goed gedragen, maar in een ander regime overgaan in 'chaotische beweging'. De "rand van chaos" wordt gekenmerkt door een universeel periodeverdubbelingsgedrag en wordt beschreven in hoofdstuk 7. Alles wat een specialist in gewone differentiaalvergelijkingen zou kunnen vrezen wat betreft complexiteit, blijkt het geval te zijn (met instabiliteiten en vreemde attractoren, enz.), en dit werd vervolgens verdubbeld met de ontdekking van het nieuwe fenomeen chaos via universaliteit. Voor de hier beschreven voorbeelden van gewone differentiaalvergelijkingen ligt de focus op natuurkundige problemen, dus de chaotische oplossingen hebben een directe relatie met chaotische beweging.

Naast een moderne uiteenzetting van de onderliggende theorie van de gewone differentiaalvergelijking, inclusief chaos, zijn de andere belangrijke moderne elementen het aangeven waar de theorie van de klassieke mechanica een brug kan slaan naar toekomstige theorieën, zoals de kwantummechanica [42] en de speciale relativiteitstheorie [40]. Voor perturbatietheorie met oplossingen voor een gewone differentiaalvergelijking worden verschillende technieken getoond. Als complexe analyse wordt gebruikt, krijgen we bijvoorbeeld oplossingen, maar we krijgen ook een glimp van de algemene problemen met gewone differentiaalvergelijkingen die we in de kwantummechanica tegenkomen. De algemene gewone differentiaalvergelijkingen die in de appendix worden beschreven, leiden bijvoorbeeld tot de Sturm-Liouville-vorm, die een zelf-adjuncte formulering heeft die relevant is voor de kwantummechanica. Nog algemener is de Navier-Stokes-vergelijking (relevant voor vloeistofdynamica), en nog algemener is de NS-vergelijking zonder behoud van soorten (zoals in een halfgeleider waar er dragergeneratie kan plaatsvinden, dus geen behoud, met een aangepaste continuïteitsvergelijking, enz.). De koppelingen die nodig zijn in de relativistische formulering creëren op hun beurt een behoorlijk ingewikkelde situatie die bijna nooit rechtstreeks zonder benadering kan worden opgelost. In de praktijk wordt de 'master Navier-Stokes-vergelijking' benaderd binnen een relevant werkingsgebied.

Hieronder volgen vijf theoretische toepassingsgebieden van de klassieke mechanica, waar de kwantummechanica triviaal wordt aangegeven (door middel van analytische uitbreiding/voortzetting), en deze gebieden worden gedetailleerd beschreven. Evenzo worden drie experimentele toepassingsgebieden, waar de speciale relativiteitstheorie wordt aangegeven, beschreven.

1.1 De *sine qua non* van chaos en emergente verschijnselen

Het zal duidelijk worden dat de klassieke mechanica een speciaal geval is van een grotere kwantummechanische theorie. Het lijkt er dus op dat we de klassieke mechanica hebben gedegradeerd tot een theorie die is afgeleid van een andere... ware het *niet voor* het bestaan van de chaostheorie. Chaos is een fundamenteel nieuw dynamisch aspect (van alle theorieën – klassiek, kwantum, statistisch, met de juiste differentiaalvorm), maar het is het eenvoudigst (en toch vertrouwd) in het regime van de klassieke mechanica. Chaotische beweging komt overal voor, maar kan ook worden vermeden in veel problemen van de klassieke mechanica, zoals problemen met kleine oscillaties. Chaos, als universeel fenomeen, heeft ook universele constanten, die we zullen onderzoeken. Een eenvoudige manier om chaos te vinden is door de Hamiltoniaanse representatie te gebruiken en elke periodieke beweging met niet-lineariteiten te onderzoeken. Wanneer deze wordt beschouwd als een iteratieve afbeelding, worden chaosdomeinen duidelijk zichtbaar (zoals zal worden aangetoond in hoofdstuk 7). Op dezelfde manier kan de statistische mechanica worden beschouwd als een afgeleide theorie van de klassieke mechanica, *afgezien van* het voorkomen van de entropische maat en van emergente (faseovergang)verschijnselen (die in andere boeken in deze serie worden besproken [40-46], met name [41] en [44]).

1.2 De rol van gewone differentiaalvergelijkingen, fenomenologie en dimensionale analyse

Een blik op de inhoudsopgave onthult vele subsecties met betrekking tot de toepassing van gewone differentiaalvergelijkingen. Deze focus op gewone differentiaalvergelijkingen is geen toeval, evenmin als de opname van een uitgebreide appendix (Appendix A) over gewone differentiaalvergelijkingen. (Appendix A beschrijft algemene methoden voor gewone differentiaalvergelijkingen, evenals geavanceerde methoden, met talrijke uitgewerkte oplossingen.) Vrijwel altijd kan het klassieke mechanica-probleem worden herleid tot het oplossen van een gewone differentiaalvergelijking. Aangezien we hiermee begonnen zijn, met Newton (een gewone differentiaalvergelijking van de tweede ^{orde}), lijkt dit misschien geen vooruitgang. Het vinden van de juiste gewone differentiaalvergelijking voor een systeem is echter vaak moeilijk, zo niet bijna onmogelijk, zonder de tussenliggende technieken (Lagrangiaanse en Hamiltoniaanse). Dergelijke methoden zijn dus duidelijk nodig, maar een diepgaande kennis van gewone differentiaalvergelijkingen is eveneens vereist. Wetende dat we een differentiaalvergelijking zullen hebben, en ons beperkend tot vergelijkingen die consistent zijn met dimensionale analyse, kunnen we vaak direct de basis vinden voor een aantal fenomenologische argumenten voor bewegingsvergelijkingen en hun oplossingen via gewone differentiaalvergelijkingen (en suggesties of verklaringen voor nieuwe verschijnselen). Dimensionale analyse en fenomenologie worden beschreven in hoofdstuk 9.

1.3 Bronnen van problemen; Dekkingsniveau; Gedetailleerde oplossingen; Geavanceerde methoden

Sommige van de problemen (met en zonder oplossingen) zijn van hetzelfde niveau als de vragen van een PhD-kandidaatsexamen (een examen, of "voorlopig examen", dat aan het einde van het tweede jaar van een PhD-programma in de natuurkunde wordt afgelegd om door te stromen naar de kandidatuur, aan sommige instellingen, zoals UWM en de Universiteit van Chicago). Zulke problemen zijn doorgaans het moeilijkst. Een aantal problemen, die bijna net zo moeilijk zijn, hebben betrekking op problemen die ik kreeg toegewezen in bachelor- en mastervakken die ik volgde toen ik student was aan Caltech. In veel gevallen werden mijn zorgvuldig uitgewerkte oplossingen later gebruikt in de "oplossingensets" die aan de klas werden verstrekt. Dergelijke problemen en mijn oplossingen worden getoond voor problemen uit de volgende Caltech-vakken (ca. 1987): Onderwerpen in de klassieke natuurkunde; Geavanceerde dynamica; en Methoden van toegepaste wiskunde (in Appendix A). Vaak waren de problemen, of voorbeelden, in de vakken afgeleid van problemen uit de belangrijkste leerboeken over klassieke mechanica. Zo werden dergelijke bronnen ook rechtstreeks gebruikt voor sommige van de hier opgeloste problemen, waaronder oplossingen voor problemen uit de volgende klassieke teksten: Goldstein [25]; Landau & Lifschitz [27]; Percival & Richards [28]; en Fetter & Walecka [29]. De oplossingen worden in uitgebreid wiskundig detail gegeven, zoals dat in een college zou worden gedaan, om de oplossingstechniek (index "gymnastiek") in detail aan te leren.

1.4 Samenvatting van de volgende hoofdstukken

Om te beginnen beschouwen we de klassieke theorie van puntdeeltjesbeweging en de klassieke mechanica. Dit begint in paragraaf 2.1 met een korte beschrijving van Newtons formulering van de differentiaalrekening (1687) [1], waarbij de Newtoniaanse kracht gelijk is aan massa maal versnelling (een tweede afgeleide naar positie in de notatie van Leibniz). Leibniz was de andere belangrijke uitvinder van de differentiaalrekening, met het gebruik van integraalrekening in ongepubliceerde aantekeningen in 1675 [2] en gepubliceerd in 1684 (voor vertaling zie Struik [3]). Leibniz beschreef ook de fundamentele stelling van de (moderne) differentiaalrekening (de inverse relatie tussen integratie en differentiatie) in 1693 [4]. De vroege rol van wiskundig georiënteerde alleskunners in de ontwikkeling van de wiskundige grondslagen van de klassieke mechanica werd voortgezet met Euler en Laplace. Euler leverde al vroeg bijdragen met Mechanica (1736) [5], maar zette de ontwikkelingen in de onderliggende wiskunde en wiskundige fysica gedurende meerdere decennia voort, wat meer dan vijftig jaar later, in 1788, een grote impact had op Lagrange (met de synthese die bekend staat als de Euler-Lagrange-vergelijkingen). De methode van Laplace, beschreven in (1774) [6], had eveneens een grote invloed op de herformulering van Hamilton in 1834 (die aanleiding geeft tot de klassieke propagator die geassocieerd wordt met $\int e^{Mf(x)}\, dx$,voor $M \gg 1$) [6] , evenals op padintegraalmethoden in de jaren 1940 (kwantumpropagator die geassocieerd wordt met $\int e^{iMf(x)}\ dx, M \gg 1$) [48] .

Na Newton was de volgende belangrijke formulering van de klassieke theorie de beschrijving van kracht door D'Alembert in de context van virtuele arbeid (1743) [7]. Virtuele arbeid, die de werkelijk verrichte arbeid tot nul compenseert, is equivalent aan een vorm van de Euler-Lagrange-vergelijkingen [8,9], die de bewegingsvergelijkingen van voorheen opnieuw verkrijgen, maar nu met een veel eenvoudigere beschrijving van holonome beperkingen (zoals voor starre lichamen, waar de beperkingsvergelijking geen differentiaalvergelijking is). In paragraaf 3.3.1 bespreken we de soorten beperkingen, zoals holonome. In veel situaties hebben we niet-holonome beperkingen (zoals voor een rollend object). De complicatie van niet-holonome beperkingen is gemakkelijk te beheersen in Hamiltons herformulering in termen van het Principe van de Kleinste Actie (1833,1834) [10-13], beschreven in Hoofdstuk 3. Hamilton verschuift de wiskundige basis van de theoretische formulering naar een variationeel extremum van een actiefunctionaal, gedefinieerd als de integraal van een Lagrangiaanse functie voor een puntdeeltje over de tijd (langs een traject of pad). Het variationele minimum, bijvoorbeeld het principe van de kleinste actie, herstelt vervolgens de Euler-Lagrange-vergelijkingen om dezelfde bewegingsvergelijkingen te beschrijven als bij D'Alembert, met dit verschil dat we nu de mogelijkheid hebben om niet-holonome beperkingen te behandelen door middel van Lagrange-multipliers (kort beschreven in Sectie 3.3.1, en vervolgens gebruikt in enkele voorbeelden in Sectie 3.3.2). Hamilton ontdekte ook samen met Olinde Rodrigues (1840) [15] de quaternionen (1843-1850) [14], die later door Maxwell gebruikt zouden worden om het vroege elektromagnetisme uit te drukken (dit wordt besproken in [40]), en om complexere algebra's aan te duiden (een voorloper van de kwantummechanica – dit wordt besproken in [42]).

De variationele formulering die in hoofdstuk 3 wordt getoond, 'verenigt' de klassieke theorie ook op andere manieren [7-14], en vormt tevens een brug naar de "nieuwe" kwantumtheorie (details in [42]). Dit komt doordat de kwantumtheorie kan worden uitgedrukt in termen van een oscillerende integraalformulering, waarbij de beperking om een minimale actie te hebben niet wordt verkregen als een fundamentele variationele regel, maar als gevolg van het sommeren over alle bewegingspaden waarvan de acties als fasetermen voorkomen in een sterk oscillerende integraal (initiële wiskundige ontwikkeling vanuit de methode van Laplace [6]), die op zijn beurt de klassieke bewegingsvergelijkingen selecteert als een nulde-orde benadering van de oscillerende integraal (stationaire fase). In eerste orde hebben we semi-klassieke effecten, en een som van de volledige kwantumbeschrijving geeft de volledige kwantumtheorie (zie [42] voor meer details).

Hoofdstuk 3 onderzoekt specifiek de toepassing van de minimale actieformulering in termen van een functionaal (de actie) op de Lagrangiaanse functie, geïntegreerd langs een gespecificeerd pad. Een breed scala aan klassieke systemen kan worden beschreven met een dergelijke toepassing van de variatiemethode. Er zijn twee belangrijke manieren om de actiefunctionaal te formuleren die met elkaar verbonden zijn door de Legendre-transformatie: (i) de eerdergenoemde Lagrangiaanse methode en (ii) de Hamiltoniaanse methode. De Hamiltoniaan, die (met toepassingen) in hoofdstuk 6 zal worden beschreven, is geassocieerd met behouden grootheden van het systeem, indien deze bestaan, zoals de energie. In deze laatste zin, namelijk het beschrijven van de behouden grootheden van het systeem, wordt de Hamiltoniaan in hoofdstuk 3 geïntroduceerd om deze behouden grootheden in de oplossingen uit te drukken. De analyse vanuit het perspectief van een volledige Hamiltoniaanse variatieanalyse wordt echter pas in hoofdstuk 6 uitgevoerd. De tussenliggende, zeer korte secties omvatten hoofdstuk 4 Klassieke Meting; en hoofdstuk 5 Collectieve Beweging.

Hoofdstukken 3, 6 en 8 beschrijven de eerste-orde Hamiltoniaanse formulering in termen van canonische coördinaten. De faseruimterepresentatie van de systeemdynamica in termen van de canonische coördinaten maakt het vervolgens mogelijk om de eigenschappen van de Hamiltoniaan te onderzoeken wanneer deze wordt beschouwd als een afbeeldingsfunctie op een faseruimte. We ontdekken dat dergelijke afbeeldingen oppervlaktebehoudend zijn en ons in staat stellen het asymptotische systeemgedrag in veel situaties gemakkelijk te beschrijven, inclusief situaties die duidelijk een radicaal nieuw fenomeen aantonen: 'chaos'. Het alomtegenwoordige voorkomen van chaos, en van klassieke systemen "op de rand van chaos", wordt vervolgens beschreven in hoofdstuk 7.

De “universaliteit” van chaos werd aangetoond in Feigenbaums artikel uit 1976 [19]. Deze universaliteit treedt op onder de aanname dat de afbeeldingsfunctie een kwadratisch (parabolisch) lokaal maximum heeft. Feigenbaum geeft aan dat dit een normale relatie is, maar gaat hier niet verder op in. Het blijkt dat het hebben van een kwadratische vorm voor het lokale maximum (nabij een kritisch punt) een algemene eigenschap is uit de variatierekening en Hilbertruimten, bekend als het Morse-Palais-lemma [20,21]. De aanname die ten grondslag ligt aan de universaliteit van chaos is geldig als er een voldoende gladde functie bestaat in de buurt van kritische punten van belang, bijvoorbeeld dat er een variëteitbeschrijving bestaat (met een gladde functie). Stel dat we dit omdraaien (zoals zal gebeuren in [47]) en veronderstellen dat chaos een fundamentele limiet is, die altijd aanwezig is. Als dit waar is, dan moet Morse-Palais altijd van toepassing zijn, dus hebben we een variëteit (geometrie). Dit is interessant, want nog voordat we bij dynamische velden/geometrieën (variëteiten) in [41] aankomen, zien we bewijs voor het bestaan van een dergelijke wiskundige constructie als gevolg van de universaliteit van, nou ja, Universaliteit [19].

Hoofdstuk 8 gaat dieper in op de expliciete eigenschappen van canonische coördinaten en transformaties daartussen. Dit maakt het mogelijk om canonische coördinaten te kiezen die de analyse aanzienlijk vereenvoudigen door de bewegingsvergelijkingen te ontkoppelen en ze in veel gevallen tot bewegingsconstanten of bewegingscoördinaten te maken. Het meest ontkoppelde geval wordt beschreven door de zogenaamde Hamilton-Jacobi-vergelijking, die, wanneer deze wordt verschoven naar het operatorformalisme voor de kwantumtheorie, beschreven in [42], de bekende Schrödinger-vergelijking wordt. Een andere formulering, in termen van op passende wijze gekozen canonische variabelen, geeft aanleiding tot de Poisson-haakformulering. Deze wordt ook besproken, niet zozeer vanwege de toepassing ervan in de klassieke fysica , maar vanwege de triviale verschuiving naar een operatorcommutatorformulering om tot de andere (de eerste) kwantumherformulering van de klassieke theorie te komen (de Heisenberg-formulering). Hoofdstuk 9 gaat verder met een ander voordeel van de Hamiltoniaanse formulering, een behouden grootheid in veel systemen, via de toepassing ervan op de perturbatietheorie. Het gebruik van Hamiltoniaanse operatoren in zowel klassieke als kwantumstoringstheorie *wordt* besproken. Hoofdstuk 9 beschrijft ook dimensionale analyse, die, in combinatie met een analyse van behouden grootheden, tot verrassende oplossingen kan leiden die uitsluitend gebaseerd zijn op zelfgelijkheid – met enkele klassieke voorbeelden. Extra oefeningen zijn te vinden in hoofdstuk 10.

De klassieke mechanica die in dit boek wordt beschreven, raakt slechts kort aan speciale relativistische correcties, dat wil zeggen dat de focus ligt op deeltjesmaterie die met niet-relativistische snelheden beweegt. Zo wordt in dit boek de benadering van absolute tijd, een notie van gelijktijdigheid en van onmiddellijke krachtoverdracht met veranderende bronpositie gebruikt. Merk op dat deze scheiding van de speciale relativiteitstheorie van de klassieke fysica in dit boek ook fysisch gezien redelijk is, aangezien er op het niveau van de onderzochte deeltjesmaterie, die niet-relativistisch is, weinig gelegenheid is om speciale relativistische effecten te zien. Zie paragraaf 3.3.2 voor een vroege experimentele aanwijzing voor het bestaan van een 4-vectorgrootte voor energie-impuls in de Compton-verstrooiingsformule. Een ander voorbeeld waar relativistische effecten werden waargenomen, hoewel ze destijds niet werden gerealiseerd, waren de experimenten van Fizeau over lichtvoortplanting door stromend water (1851) [22]. (Einstein merkte op dat " de experimentele resultaten die hem het meest hadden beïnvloed de waarnemingen van stellaire aberratie en Fizeau's metingen van de lichtsnelheid in bewegend water waren " [23].) Het Fizeau-experiment (sectie 4.3) geeft aanleiding tot een relativistische snelheids-4-vector-optelberekening (voor het relativistische Doppler-effect). Zodra het relativistische Doppler-effect is onthuld, kan de hele speciale relativiteitstheorie worden hersteld door middel van de Bondi K-calculus (beschreven in [40]).

Zodra we in [40] bij de begrippen dynamische krachtvelden aankomen, wordt de Lorentztransformatie op de Maxwell-vergelijkingen (als 4-vectoren) onthuld (1899), en de uitbreiding van deze transformaties naar alle materie *à la* Einstein volgt dan in 1905. Om deze reden worden de theorie van de speciale relativiteitstheorie en de achtergrond en probleemoplossingen in [40] geplaatst op Velden.

De in dit boek beschreven velden zijn dus, indien van toepassing, statisch of stationair, waarbij de bespreking van hun algemene dynamische rol wordt uitgesteld naar [40]. De beschouwde klassieke mechanische systemen zijn ook eenvoudig in die zin dat slechts enkele elementen op een gegeven moment met elkaar interageren en in beweging zijn. De verbanden met systemen met veel elementen worden voornamelijk overgelaten aan [44] over statistische mechanica. Zelfs op het niveau van de klassieke mechanica kunnen we echter al voorlopige tekenen van nieuwe fenomenen zien (als gevolg van opkomende martingaalverschijnselen en het gedrag van de wet van de grote getallen, LLN). Hieruit kunnen we beginnen te zien dat er nieuwe fundamentele parameters zijn, zoals entropie (besproken in [41], met betrekking tot informatiegeometrie, en in Boek 6 over statistische mechanica).

Merk op dat voordat we bij [44] over statistische mechanica aankomen, waar de fundamentele rol van entropie voornamelijk wordt onderzocht, we entropie al zullen hebben 'ontdekt' in de context van de statistische leertheorie op een neuromanifold *(* gegeven in [41]. Wanneer statistisch leren wordt uitgevoerd op een neurale netwerkconstructie met NN-leren via Expectation/Maximization, kan het leerproces worden beschreven met behulp van informatiegeometrie. Informatiegeometrie is een formalisme uit de differentiaalgeometrie dat wordt toegepast op families van verdelingen in statistische leerprocessen. In optimaal statistisch leren kan worden aangetoond dat entropie wordt geselecteerd voor 'lokale' noties van distributieafstand in een vergelijkbaar proces als de selectie van de Euclidische afstand (vlakke ruimtetijd) als een lokale geometrische notie van manifoldafstand. Op deze manier wordt entropie geselecteerd als een lokale maat, net zoals lokaal vlakke ruimtetijd wordt geselecteerd (met lokale Minkowski-metriek). Afgezien van de theoretische connectie is de directe implementatie van statistisch leren, in de vorm van AI-gebaseerd SVM-leren [24], feitelijk een oefening in Lagrangiaanse optimalisatie met niet-holonome ongelijkheidsbeperkingen (zie [24]), zodat ze direct toegankelijk zullen zijn voor degenen die de stof in dit boek beheersen.

Laten we beginnen... met Newton.

Hoofdstuk 2. Newton, Leibniz en D'Alembert

Wiskundige beschrijvingen van de natuurkunde moeten proberen te rechtvaardigen waarom hun beschrijving op een bepaalde manier zou moeten zijn of zich op een bepaalde manier zou moeten ontwikkelen, te midden van alle wiskundig uitdrukbare mogelijkheden. Het antwoord, vooral in het kielzog van de filosofie van Maupertus en Leibniz [2], is doorgaans een of andere vorm van optimum, gekozen op basis van de toestand of het pad van de beweging (bijvoorbeeld het kortste pad). Gezien het idee om een variationeel extremum te zoeken, is het dan ook logisch dat de variatierekening is uitgevonden (of ontdekt).

Vóór 1660 had de natuurkunde van vóór de differentiaalrekening weliswaar een hoeveelheid observatiegegevens verzameld, maar de wiskunde was nog niet uitgevonden om trajecten en extreme paden te beschrijven (wat die trajecten later zullen blijken te zijn). Dat wil niet zeggen dat er nog geen cruciale wiskundige ontwikkelingen hadden plaatsgevonden, die teruggaan tot de uitvinding van de primitieve trigonometrie met het concept van de sinus van de hoek (de sinus werd door Indiase astronomen in de Gupta-periode gebruikt bij het volgen van sterren, maar het gebruik van de methode kan worden teruggevoerd tot de oude Babyloniërs met latere ontdekkingen [75]).

Newtons fluxionele calculus werd uitgevonden in 1665-1666 (tijdens de pestepidemie in Londen), maar hij vermeed het directe gebruik van infinitesimalen bij het uitdrukken van zijn conclusies. Leibniz' calculus accepteert het gebruik en de geldigheid van infinitesimalen vanaf het begin en begon in 1675 met de ontwikkeling van een notatie voor infinitesimalen die tot op de dag van vandaag nog steeds in gebruik is. De formele wiskundige geldigheid van het gebruik van infinitesimalen liet op zich wachten tot 1963 met 'Non-standard analysis' van Abraham Robinson [76,77].

De wiskundige natuurkundige beschrijving van de werkelijkheid werd dus gevestigd met de ontwikkeling van de differentiaalrekening in de jaren 1660 [1,2]. Variatierekening biedt met name fysische oplossingen en beschrijvingen van de werkelijkheid die overeenkomen met de waarneming, waarbij de fysische beschrijving van de werkelijkheid de vorm aanneemt van een variatie-extreem [6,10,11]. Dit wordt in detail beschreven in Klassieke Mechanica en Klassieke Veldtheorie. Het hebben van een variatieproces om het optimum te selecteren komt vaak neer op het oplossen van een of andere vorm van differentiaalvergelijking (die in detail wordt besproken in de Appendix). Dit is prima als je de differentiaalvergelijking kunt oplossen, maar als dat niet lukt, is het nuttig om een andere analysemethode te hebben om bewegingsvergelijkingen te selecteren. Zo werd al vroeg erkend dat je een selectieproces kon hebben gebaseerd op sterk oscillerende integraalconstructies die zichzelf selecteren voor hun stationaire fasecomponent [6]. Dit laatste pad zal uiteindelijk de basis leggen voor de padintegraalbenadering van de kwantumfysica (zie [42]), en voor alle klassieke fysica die eraan voorafging als een speciaal geval.

De introductie van concepten uit de wiskundige fysica vóór formele wiskundige validatie is een terugkerend thema in de fysica. Een ander voorbeeld hiervan is de introductie van de deltafunctie door Dirac, geformaliseerd via de L2- distributietheorie [78] (dit is wat cruciaal nodig is in de onderliggende, zelf-adjuncte, kwantumformulering).

2.1 De krachtwet van Newton en, samen met Leibniz, de uitvinding van de differentiaalrekening

Laten we beginnen met een herhaling van Newtons drie wetten:

1e Wet: $\frac{dp}{dt} = 0$als $F = 0$, waarbij $p = mv$en $m$de massa is, en $v$de snelheid.

2e wet: $\frac{dp}{dt} = F \rightarrow F = ma.$

Derde wet: De kracht die tussen twee objecten wordt uitgeoefend is gelijk en tegengesteld.

(2-1)

En als er meer dan één deeltje is, geldt voor de bewegingsvergelijking van het i -de deeltje:

$$\sum_j \vec{F}_{ji} + \vec{F}_i = \dot{\vec{p}}_i, \tag{2-2}$$

waarbij $\vec{F}_{ji}$de kracht van het j -de deeltje op het i -de deeltje is ( ) $\vec{F}_{ii} = 0$), $\vec{F}_i$de netto externe kracht op het i -de deeltje is, en $\dot{\vec{p}}_i$de tijdsafgeleide van de impuls van het i -de deeltje is. Denk aan de derde wet van Newton , waarin de kracht die tussen twee objecten wordt uitgeoefend gelijk en tegengesteld is, d.w.z. $\vec{F}_{ji} = -\vec{F}_{ij}$. Dit wordt de zwakke wet van actie en reactie genoemd [25].

In hoofdstuk 1, probleem 6 (pagina 31) van Goldstein [25], hieronder beschreven, vinden we dat de standaard bewegingsvergelijkingen voor de positie en het momentum van het massamiddelpunt, uitgaande van een uitgangspunt, niet alleen de zwakke wet van actie en reactie aangeven, maar ook de sterke wet, *waarbij de krachten strikt langs de lijn tussen de objecten liggen* . Dit handige resultaat treedt op omdat de bewegingsvergelijkingen van het systeem impliciet verband houden met behoudswetten op systeemniveau. Omgekeerd genomen zien we dus dat globale behoudswetten de lokale dynamica en lokale krachtbeschrijvingen beperken, zodat de krachten tussen objecten strikt langs de lijn tussen de objecten liggen. Dit wordt in een later hoofdstuk uitgebreider uitgewerkt in de context van de stelling van Noether [26]. Laten we nu het massamiddelpuntsysteem in detail bekijken, te beginnen met een beschrijving van de coördinaat van het massamiddelpunt die de volgende bewegingsvergelijking heeft:

$$\vec{R} = \frac{\sum m_i \vec{r}_i}{\sum m_i}; \quad M = \sum m_i; \; M\frac{d^2\vec{R}}{dt^2} = \sum_i \vec{F}_i = \vec{F}^{(ext)},$$

waarbij dit betrekking heeft op de bewegingsvergelijkingen voor de afzonderlijke objecten na eliminatie van het zwaartepuntcoördinaat:

$$\sum m_i \frac{d^2\vec{r}_i}{dt^2} = \sum_i \vec{F}_i.$$

Een directe vergelijking met de individuele bewegingsvergelijking hierboven, wanneer deze over de objecten wordt gesommeerd, laat zien dat we het volgende moeten hebben:

$$\sum_{i,j} \vec{F}_{ji} = 0 \rightarrow \vec{F}_{12} = -\vec{F}_{21},$$

(2-3)

In het fundamentele geval van twee objecten verkrijgen we dus de zwakke wet van actie en reactie (tot nu toe). Laten we nu onze aandacht richten op de systeembeschrijving van de hoekbeweging (rond het middelpunt), die verband houdt met het behoud van het hoekmoment. We beginnen met het hoekmoment van het systeem en de verandering in hoekmoment als gevolg van een extern koppel:

$$L = \sum_i \vec{r}_i \times \vec{p}_i\,; \quad \frac{dL}{dt} = \sum_i \vec{r}_i \times \vec{F}_i,$$

We nemen eerst rechtstreeks de tijdsafgeleide:

$$\frac{dL}{dt} = \sum_i \dot{\vec{r}}_i \times \vec{p}_i + \vec{r}_i \times \dot{\vec{p}}_i = \sum_i \vec{r}_i \times \dot{\vec{p}}_i$$

Een directe vergelijking van de tijdsafgeleiden van het impulsmoment laat dan zien dat we het volgende moeten hebben:

$$\sum_{i,j} \vec{r}_i \times \vec{F}_{ji} = 0.$$

(2-4)

Laten we ons opnieuw concentreren op twee objecten die met elkaar in wisselwerking staan (aangeduid met 1 en 2): $\vec{r}_1 \times \vec{F}_{21} + \vec{r}_2 \times \vec{F}_{12} = 0$,en aangezien $\vec{F}_{ji} = -\vec{F}_{ij}$we al hebben, moeten we het volgende hebben: $(\vec{r}_1 - \vec{r}_2) \times \vec{F}_{12} = 0$,waarmee het bewijs van de sterke wet van actie-reactie is voltooid -- de krachten liggen strikt langs de lijn die de objecten verbindt (waardoor een potentiële functiebeschrijving in latere analyses mogelijk is).

2.2 D'Alemberts principe van virtueel werk

Deze sectie vat D'Alemberts argument samen in moderne notatie volgens [25,37]. Stel dat het systeem in evenwicht is, d.w.z. $\vec{F}_i = 0$, dan is duidelijk $\vec{F}_i \cdot \delta\vec{r}_i = 0$. Dus , $\sum \vec{F}_i \cdot \delta\vec{r}_i = 0$wat we nu ontbinden als:

$$\vec{F}_i = \vec{F}_i^{(a)} + f_i, \tag{2-5}$$

waarbij $\vec{F}_i^{(a)}$de toegepaste kracht is en $f_i$de dwangkracht. Dus,

$$\Sigma_i \ \vec{F}_i^{(a)} \cdot \delta\vec{r}_i + \Sigma_i \ \vec{f}_i \cdot \delta\vec{r}_i = 0,$$

waarbij de $\delta\vec{r}_i$verplaatsingen willekeurig kunnen zijn. We beperken ons nu tot de situatie waarin de netto virtuele arbeid als gevolg van de dwangkrachten nul is, $\Sigma_i \ \vec{f}_i \cdot \delta\vec{r}_i = 0$, om vervolgens het volgende te verkrijgen:

$$\Sigma_i \ \vec{F}_i^{(a)} \cdot \delta\vec{r}_i = 0.$$

Stel dat het systeem zich nu in een algemene setting bevindt, $\vec{F}_i = \vec{p}_i$, als we de beperkende kracht zoals voorheen afsplitsen:

$$\Sigma_i \ \left(\vec{F}_i^{(a)} - \vec{p}_i\right) \cdot \delta\vec{r}_i + \Sigma \ \vec{f}_i \cdot \delta\vec{r}_i = 0$$

En met dezelfde aanname van nul netto virtuele arbeid als gevolg van beperkingen, krijgen we:

$$\Sigma_i \ \left(\vec{F}_i^{(a)} - \dot{\vec{p}}_i\right) \cdot \delta\vec{r}_i = 0\,, \qquad D'Alembert's\ principle \tag{2-6}$$

Vanuit de bovenstaande vorm moeten we transformeren naar gegeneraliseerde coördinaten die onafhankelijk van elkaar zijn, zodat de coëfficiënten van de verplaatsingen afzonderlijk op nul kunnen worden gezet:

$$\vec{r}_i = \vec{r}_i(q_1, q_2, \dots q_n, t) \rightarrow \ \delta\vec{r}_i = \Sigma_j \ \frac{d\vec{r}_i}{\partial q_j}\delta q_j \,.$$

Laten we eerst de transformatie van het $\vec{F}_i^{(a)} \cdot \delta\vec{r}_i$onderdeel bekijken (waarbij we het superscript 'applied' weglaten):

$$\Sigma_i \ \vec{F}_i \cdot \delta\vec{r}_i = \Sigma_{i,j}\vec{F}_i \cdot \frac{\partial\vec{r}_i}{\partial q_j}\delta q_j = \Sigma_j \ Q_j\delta q_j$$

$$\rightarrow Q_j = \Sigma_i \ \vec{F}_i \cdot \frac{\partial \vec{r}_i}{\partial q_j}$$

(2-7)

waarbij de dimensie van Q niet noodzakelijkerwijs de dimensie van de kracht hoeft te zijn, noch de gegeneraliseerde coördinaten de dimensies van lengte, maar hun product moet nog steeds de dimensie van arbeid zijn. Laten we nu de transformatie van de $\Sigma_i \ \dot{p}_\iota \cdot \delta\vec{r}_i$ term bekijken:

$$\Sigma_i \ \dot{p}_\iota \cdot \delta\vec{r}_i = \Sigma_i \ m_i\ddot{\vec{r}}_\iota \cdot \delta\vec{r}_i = \Sigma_{i,j} m_i\ddot{\vec{r}}_\iota \cdot \frac{\partial \vec{r}_i}{\partial q_j}\delta q_j$$

$$= \Sigma_{i,j}\left\{\frac{d}{dt}\left(m_i\dot{\vec{r}}_\iota \cdot \frac{\partial \vec{r}_i}{\partial q_j}\right) - m_i\dot{\vec{r}}_\iota \frac{d}{dt}\left(\frac{\partial \vec{r}_i}{\partial q_j}\right)\right\}\delta q_j$$

nu,

$$\frac{d}{dt}\left(\frac{\partial \vec{r}_i}{\partial q_j}\right) = \Sigma_k \ \frac{\partial^2 \vec{r}_i}{\partial q_j \partial q_k}\dot{q}_k + \frac{\partial^2 \vec{r}_i}{\partial q_j \partial t} = \ \frac{\partial}{\partial q_j}\frac{d\vec{r}_i}{dt} = \frac{\partial \dot{\vec{r}}_\iota}{\partial q_j}.$$

Bovendien, overschakelen naar $\dot{\vec{r}}_\iota = \vec{v}_j$:

$$\frac{\partial \vec{v}_i}{\partial \dot{q}_j} = \frac{\partial}{\partial \dot{q}_j}\left\{\Sigma_k \ \frac{\partial r_i}{\partial q_k}\dot{q}_k + \frac{\partial r_i}{\partial t}\right\} = \frac{\partial r_i}{\partial q_j}$$

We kunnen nu schrijven

$$\Sigma_i \ \dot{p}_\iota \cdot \delta\vec{r}_i = \Sigma_i \ \left\{\frac{d}{dt}\left(m_i\vec{v}_i \cdot \frac{\partial \vec{v}_j}{\partial \dot{q}_j}\right) - m_i\vec{v}_i \cdot \frac{\partial \vec{v}_j}{\partial q_j}\right\}$$

$$= \Sigma_i \ \left\{\frac{d}{dt}\left(\frac{\partial}{\partial \dot{q}_j}\left(\Sigma_i \ \frac{1}{2}m_i\vec{v}_i^{\,2}\right)\right) - \frac{\partial}{\partial q_j}\left(\Sigma_i \ \frac{1}{2}m_i\vec{v}_i^{\,2}\right)\right\}$$

En door de term voor kinetische energie te schrijven $\Sigma_i \ \frac{1}{2}m_i\vec{v}_i^{\,2} = T$, krijgen we het principe van D'Alembert in de volgende vorm:

$$\Sigma_j \ \left[\left\{\frac{d}{dt}\left(\frac{\partial T}{\partial \dot{q}_j}\right) - \frac{\partial T}{\partial q_j}\right\} - Q_j\right]\partial q_j = 0.$$

(2-8)

Door de kracht uit te drukken in termen van een potentiële functie $\vec{F}_i = -\nabla_i V$(waarbij equipotentiaalvlakken goed gedefinieerd zijn ten opzichte van 'veldlijnen'), verkrijgen we:

$$Q_j = \Sigma_i \; \vec{F}_i \cdot \frac{\partial \vec{r}_i}{\partial q_j} = -\Sigma \nabla_i V \cdot \frac{\partial \vec{r}_i}{\partial q_j} = -\frac{\partial V}{\partial q_j}$$

(2-9)

Als we nu de standaard Lagrangiaan introduceren $L = T - V$, zien we dat het principe van D'Alembert aanleiding geeft tot de bewegingsvergelijkingen, uitgedrukt in termen van de Lagrangiaan:

$$\frac{d}{dt}\left(\frac{\partial L}{\partial \dot{q}_j}\right) - \frac{\partial L}{\partial \dot{q}_j} = 0,$$

(2-10)

waarbij de laatstgenoemde beknopte vorm van de bewegingsvergelijkingen bekendstaat als de Euler-Lagrange (EL) vergelijkingen. Hiermee is de afleiding van de EL-vergelijkingen via het principe van D'Alembert voltooid; in het volgende hoofdstuk zullen we een andere afleiding van de EL-vergelijking uitvoeren in de context van Hamiltons principe van de minste actie.

Laten we nu eens kijken naar enkele van de eenvoudigste krachtvelden of fenomenen. Stel dat de kracht in één richting werkt (uniform) en constant is. Dit is bijvoorbeeld de zwaartekracht aan het aardoppervlak, waar $F = -mg$. Wanneer we dit combineren met een eenvoudige slinger, krijgen we een complete beschrijving, aangezien alle andere 'systeem'-parameters betrekking hebben op de slinger (armlengte, die massaloos is, en massa van het slingergewicht):

Voorbeeld 2.1. De eenvoudige slinger

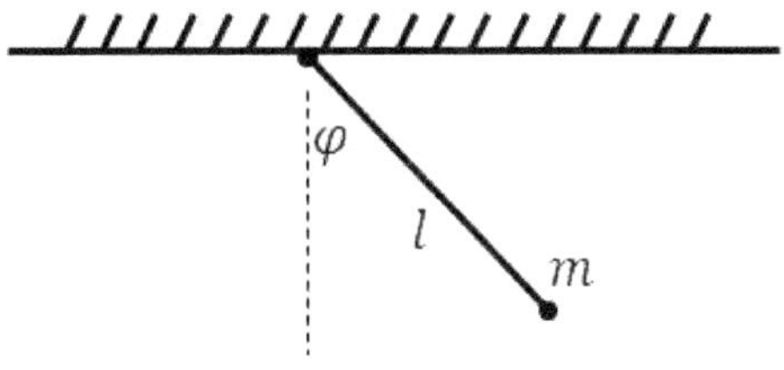

Figuur 2.1 Eenvoudige slinger.

De Lagrange-functie wordt gegeven door $L = KE - PE$ waar:

$$KE = \frac{1}{2}m(l\dot{\varphi})^2 \quad and \quad PE = -lgm\cos\varphi\,, \;\; thus\; L = \frac{1}{2}m(l\dot{\varphi})^2 + lgm\cos\varphi$$

Oefening 2.1. *Wat zijn de bewegingsvergelijkingen voor de eenvoudige slinger?*

Voorbeeld 2.2. De eenvoudige veer

Laten we nu eens kijken naar een situatie waarin de kracht niet constant is, maar lineair afhankelijk van een bepaalde verplaatsing. Dit is bijvoorbeeld het geval bij een eenvoudige veer waarbij $F = -kx$. Hier treedt k op als een fenomenologische parameter, niet als een eenvoudige dimensionale parameter, en is bovendien materiaalafhankelijk. De bewegingsvergelijkingen zijn dan:

$$m\ddot{x} = -kx \rightarrow x = \cos(\omega t) + Bsin(\omega t), \qquad where\;\omega = \sqrt{\frac{k}{m}}.$$

Oefening 2.2. *Wat is de Lagrangiaan?*

Voorbeeld 2.3. Het tafel-veerprobleem.

Beschouw een veer waarvan het ene uiteinde aan een tafelblad is bevestigd en het andere uiteinde aan een massa m. Voor een vlakke beweging in poolcoördinaten geldt voor de kinetische energie: $T = \left(\frac{1}{2}\right)m(\dot{r}^2 + r^2\dot{\theta}^2)$Voor potentiële energie geldt volgens de wet van Hooke: $\delta W = -kr\delta r$. De bewegingsvergelijkingen geven dan: $m\ddot{r} - mr\dot{\theta}^2 = -kr$en $\frac{d}{dt}\left(mr^2\dot{\theta}\right) = 0$.

Oefening 2.3. Herhaal in rechthoekige coördinaten.

Het laatste voorbeeld laat zien hoe vertrouwdheid met het manipuleren van differentiaalvergelijkingen nuttig zal zijn in het vervolg. Om die reden is een overzicht van gewone differentiaalvergelijkingen opgenomen in de appendix (Appendix A), met een korte samenvatting direct daarna voor het gemak. Vervolgens zullen in paragraaf 3.3.2 nog een aantal voorbeelden met bewegingsvergelijkingen en de Lagrange-methode worden gegeven, nadat we hebben geleerd hoe we met randvoorwaarden moeten omgaan.

2.3 Overzicht van eenvoudige trajectgebaseerde gewone differentiaalvergelijkingen

Enkele korte opmerkingen over de rol van gewone differentiaalvergelijkingen in dit vroege stadium worden nu gegeven, met meer achtergrondinformatie en talrijke voorbeelden in Appendix A. Voor het vervolg zijn we geïnteresseerd in krachten die polynoom zijn in de verplaatsing, en in lage orde, dus ma=F wordt: ma=0; ma=constant; of ma=- kx ; zoals reeds vermeld. Omdat $a = \ddot{x}$, zien we dat we de familie van gewone differentiaalvergelijkingen beschrijven die tweede-orde afgeleiden bevatten. In een meer algemene vorm van zo'n gewone differentiaalvergelijking zouden termen met eerste-orde afgeleiden ontbreken, en door deze toe te voegen hebben we nu standaard wrijvingskrachten opgenomen (indien lineair in eerste afgeleide en negatief). Zo vinden we, bijna moeiteloos, hoe toegevoegde termen in de gewone differentiaalvergelijking verband houden met natuurkundige kinematica en fenomenologie, en hoe deze zelfs (omgekeerd) gebruikt kunnen worden om nieuwe fysische effecten te identificeren, zoals gedaan door Landau en Lifshits bij de ontdekking van de LL-vergelijking [49], en bij het categoriseren van verschillende koppelingsverschijnselen [50]. Een nadere analyse van de wisselwerking tussen gewone differentiaalvergelijkingen en fenomenologie, samen met dimensionale analyse, wordt gegeven in hoofdstuk 9.

Hoofdstuk 3. Hamiltons principe van de minste actie

We verkrijgen de Euler-Lagrange-vergelijkingen nu op een andere manier, als resultaat van een variationeel minimum gegeven door Hamiltons Principe van de Kleinste Actie [10-13]. Deze benadering is meer dan een Newtoniaanse herformulering, aangezien het de basisformulering is voor de volledige kwantumtheorie die beschreven zal worden in [42] en kort besproken in Sectie 3.2. Deze sectie is daarom van bijzonder belang omdat ze deel uitmaakt van de conceptuele basis voor de volledig gegeneraliseerde kwantumtheorie (propagatortheorie) ([42-44]) en de emanatortheorie ([47]).

3.1 Lagrange-functie voor puntdeeltjes

Beschouw een puntvormig object en laten we de positie ervan definiëren door de gegeneraliseerde coördinaten $\{q_k\}$, waarbij we voor K dimensies de volgende coördinaten hebben: $q_1 \dots q_k \dots q_K$. Laten we nu een tijdparameterisatie (coördinaat) introduceren $t$en de bijbehorende veranderingen in de gegeneraliseerde coördinaat (positie) in de tijd definiëren, bijvoorbeeld de snelheden. Dus voor coördinaten $\{q_k\}$en snelheden $\{v_k\}$hebben we:

$$v_k = \frac{dq_k}{dt} = \dot{q}_k, \tag{3-1}$$

voor tijd t. In de vroege natuurkunde werd betoogd [2-13] dat variatieconstructies die geminimaliseerd (zoals paden) of gemaximaliseerd (zoals entropie) worden, zouden moeten bepalen hoe systemen evolueren, zich voortplanten of in evenwicht komen. In die discussies zien we hoe de vroege dynamische beschrijving van Newton, $F = ma$, een formulering met een tweede afgeleide is.

De naam van de variatiefunctie van coördinaten en snelheden is, net als voorheen, de "Lagrange-functie", en wordt aangeduid met L:

$$L = L(\{q_k\}, \{\dot{q}_k\}) = L(\{q_k\}, \{v_k\}),$$

waarbij $L = L(\{q_k\}, \{\dot{q}_k\})$de vorm van een preambule vaak gebruikt wordt om de onafhankelijke variabelen (variatierelevant) in de functiedefinitie aan te duiden, in dit geval de coördinaten en hun snelheden. Beschouw de tweede wet van Newton zonder kracht; de Lagrange-functie hiervoor is:

$$L = L(\{q_k\}, \{v_k\}) = \sum_k \frac{1}{2} m(v_k)^2,$$

Of, voor 1 dimensie, hebben we L = , de klassieke uitdrukking voor kinetische energie. Om de $(1/2)mv^2$ tweede wet van Newton te herstellen , stellen we vervolgens de tijdsafgeleide van elk van de Lagrangiaanse snelheidsafgeleiden gelijk aan nul (*niet de tijdsafgeleide van de Lagrangiaanse functie zelf*):

$$\frac{d}{dt}\frac{dL}{dv} = \frac{d}{dt}\frac{d}{dv}\left(\frac{1}{2}mv^2\right) = m\frac{dv}{dt} = ma = 0,$$

Daarmee wordt de bewegingsvergelijking hersteld wanneer er geen kracht aanwezig is (ma=F=0). Zo wordt in de "actieformulering" (voor het eerst geformuleerd door Hamilton in 1834 met het principe van de minste actie [10-13]) een directe uitdrukking verkregen van een variatie van een functie, waarbij het gelijkstellen van die variatie aan nul de bewegingsvergelijkingen oplevert. De actie S wordt geïntroduceerd als een functie van een functie (een functionaal) gedefinieerd door de volgende integraalrelatie langs paden geparametriseerd door de tijdparameter t (zie figuur 2.1):

$$S = \int_{t_1}^{t_2} L(q, \dot{q}, t)dt \tag{3-2}$$

waarbij de subscripts van de componenten worden weggelaten (ofwel het eendimensionale geval). We gaan ervan uit dat dit een geldig uitgangspunt is voor het afleiden van bewegingsvergelijkingen en we bewijzen dit later in de analyse (waarbij dit begrip van actie opnieuw wordt afgeleid in de Hamilton-Jacobi-formulering in hoofdstuk 8).

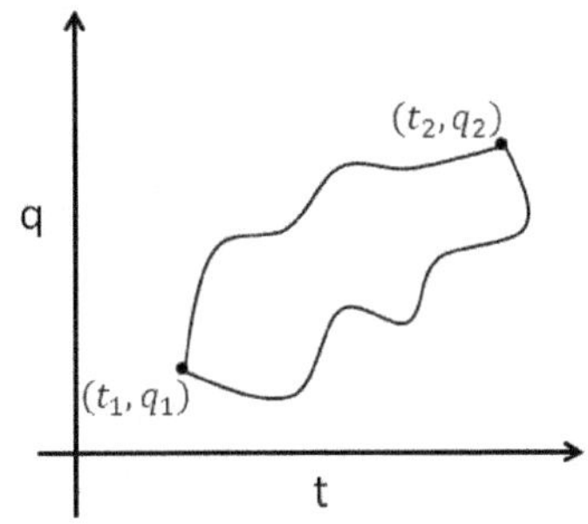

Figuur 3.1. De actie bestaat uit de integratie van de Lagrange-functie langs een gespecificeerd pad. Stationariteit in de variatie van de actie, met vaste eindpunten, geeft aanleiding tot de gebruikelijke Euler-Lagrange-vergelijkingen. Twee integratiepaden voor de Lagrange-functie worden in de figuur weergegeven, met gedeelde (vaste) eindpunten zodanig dat $q_1 = q(t_1)$en $q_2 = q(t_2)$.

In de Hamilton-formulering wordt de beweging gegeven door het tijdgeparameteriseerde pad $q(t)$dat een stationaire waarde voor de actie oplevert (functionele variatie is nul), waarbij de typische randvoorwaarden zijn dat de eindpunten op de bewegingspaden vastliggen aan het begin $t_1$en einde t_2, d.w.z. $\delta q(t_1) = \delta q(t_1) = 0$. Ervan uitgaande dat er geen directe tijdsafhankelijkheid in de Lagrangiaan is, hebben we dan voor de functionele afgeleide:

$$0 = \delta S = \delta \int_{t_1}^{t_2} L(q, \dot{q}) dt$$

$$= \int_{t_1}^{t_2} \delta L(q, \dot{q}) dt = \int_{t_1}^{t_2} \left[\left(\frac{\partial L}{\partial q} \right) \delta q + \left(\frac{\partial L}{\partial \dot{q}} \right) \delta \dot{q} \right] dt$$

$$\delta S = \int_{t_1}^{t_2} \left[\left(\frac{\partial L}{\partial q} \right) \delta q + \left(\frac{\partial L}{\partial \dot{q}} \right) \frac{d\delta q}{dt} \right] dt$$

$$= \int_{t_1}^{t_2} \left[\left(\frac{\partial L}{\partial q} \right) \delta q - \frac{d}{dt} \left(\frac{\partial L}{\partial \dot{q}} \right) \delta q + \frac{d}{dt} \left(\frac{\partial L}{\partial \dot{q}} \delta q \right) \right] dt$$

$$\delta S = \left[\frac{\partial L}{\partial \dot{q}} \delta q \right]_{t_1}^{t_2} + \int_{t_1}^{t_2} \left[\left(\frac{\partial L}{\partial q} \right) - \frac{d}{dt} \left(\frac{\partial L}{\partial \dot{q}} \right) \right] \delta q dt$$

De randterm van de partiële integratie is nul, aangezien de randen vastliggen voor de beschouwde variaties. Dit is het standaardgeval voor de meeste variatieproblemen die beschreven zullen worden. Er zijn alternatieve, complexere formuleringen met niet-vaste randen die indien nodig besproken zullen worden. We hebben nu dus dat Hamiltons principe van de minste actie (standaardvorm) de eerder genoemde Euler-Lagrange-vergelijkingen [8] herstelt:

$$\delta S = 0 \Rightarrow \left(\frac{\partial L}{\partial q} \right) - \frac{d}{dt} \left(\frac{\partial L}{\partial \dot{q}} \right) = 0. \tag{3-3}$$

De Euler-Lagrange-vergelijkingen zullen in de volgende paragrafen worden gebruikt om de bewegingsvergelijkingen af te leiden voor een grote verscheidenheid aan toepassingen. Voordat we naar deze voorbeelden gaan, is het echter belangrijk om te benadrukken dat de actieformulering meer biedt dan alleen het afleiden van de bewegingsvergelijkingen; er kunnen nu diverse bewegingseigenschappen en behoudswetten worden afgeleid.

3.1.1 Mechanische eigenschappen aangegeven door actieformulering

In eerdere paragrafen werd herhaaldelijk verwezen naar Goldsteins leerboek [25], en een deel van de ontwikkeling (sterke wet van actie-reactie) kwam voort uit het oplossen van problemen daaruit. Hierna lossen we in detail veel van de problemen op die in Landau en Lifshitz' leerboek over mechanica [27] worden gepresenteerd, en volgen we deels hun wiskundige ontwikkeling, aangezien het een uiteenzetting is van de mogelijke differentiaalvergelijkingen van de tweede orde die kunnen voorkomen. De op gewone differentiaalvergelijkingen gerichte aanpak wordt ook in Percivals tekst [28] gedaan, dus dit is een populaire aanpak. De rol van gewone differentiaalvergelijkingen in de ontwikkeling van de mechanica wordt in de hier gepresenteerde inspanning echter nog explicieter gemaakt, met een grote appendix over gewone differentiaalvergelijkingen en problemen/oplossingen daarvoor (ontleend aan aantekeningen gemaakt tijdens mijn tijd aan Caltech in AMa101, een wiskundecursus op masterniveau over gewone differentiaalvergelijkingen). Een deel van de hier gepresenteerde ontwikkeling koppelt klassen van gewone differentiaalvergelijkingen aan klassen van beweging, en laat van daaruit zien hoe men tot algemene systemen kan komen, inclusief systemen met chaos. Het chaosgedeelte van de discussie wordt voornamelijk gedaan in de Hamiltoniaanse formulering, vergelijkbaar met het leerboek van Percival [28]. De secties over geavanceerde dynamica zijn gebaseerd op probleemoplossingen voor problemen uit de leerboeken van Goldstein [25], Landau en Lifshitz [27] en Fetter & Walecka [29]; en op aantekeningen van de cursussen Dynamica (Ph 106) en Geavanceerde Dynamica (Aph107) die aan Caltech zijn gevolgd (ca. 1986).

Volgens de beschrijving van Landau en Lifschitz in Mechanics [27] beschouwen we eerst een systeem dat bestaat uit twee delen met een verwaarloosbare interactie. We schrijven de totale systeem-Lagrangian als de eenvoudige optelling van hun twee delen:

$$L = L_1 + L_2.$$

De additieve eigenschap impliceert een ontkoppeling van niet-interagerende systemen, maar met een gemeenschappelijke constante (bijvoorbeeld de keuze van eenheden). Om dit aan te tonen, beschouw het vermenigvuldigen van de Lagrangiaan met een constante; de resulterende bewegingsvergelijkingen blijven ongewijzigd en de afzonderlijke termen delen allemaal diezelfde vermenigvuldigingsfactor. Beschouw vervolgens, in navolging hiervan, het toevoegen van een totale tijdsafgeleide van een functie (afhankelijk van coördinaten en tijd) aan de gegeven definitie van een Lagrangiaan:

$$\tilde{L} = L + \frac{d}{dt} f(q,t)$$

De nieuwe actiefunctionaliteit die is verkregen, is:

$$\tilde{S} = S + f(q(t_2), t_2) - f(q(t_1), t_1)$$

waarbij de variatie hetzelfde blijft wanneer de eindpunten vastliggen:

$$\delta\tilde{S} = \delta S.$$

Een Lagrange-functie definieert dus dezelfde bewegingsvergelijking voor elke variatie, mits deze verschilt door een totale tijdsafgeleide. (Als er niet-vaste of niet-triviale randvoorwaarden zijn, is er geen sprake meer van invariantie na toevoeging van een totale tijdsafgeleide.)

Als de Lagrange-functie niet afhankelijk is van de ruimtelijke coördinaat, zeggen we dat er sprake is van homogeniteit in de ruimte, hetzelfde geldt voor de tijd. Als de Lagrange-functie niet afhankelijk is van de richting in de ruimte, zeggen we dat er sprake is van ruimtelijke isotropie, terwijl dit voor tijd, een eendimensionale parameter, equivalent is aan tijdsinvariantie. Dus, als we zeggen dat er niets bijzonders is aan de positie of de tijd bij het beschrijven van de vrije beweging van een deeltje, dan zeggen we dat de Lagrange-functie voor zijn beweging geen q, tafhankelijkheid van de ruimte mag hebben. Bovendien mag de snelheidsafhankelijkheid alleen afhangen van de grootte (voor isotropie), wat handig kan worden geschreven als een afhankelijkheid van de grootte van het kwadraat van de snelheid:

$$L = L(v^2).$$

Als dit een geldige functionele vorm is voor de Lagrangiaan, dan verwachten we geen verandering bij een snelheidsverschuiving (dit geldt voor een niet-relativistisch, d.w.z. Galileïsch, absoluut tijdreferentiestelsel). Laten we het eens proberen $\vec{v}' = \vec{v} + \vec{\varepsilon}$:

$$L' = L(v'^2) = L(v^2 + 2\vec{v}\cdot\vec{\varepsilon} + \varepsilon^2) = L(v^2) + \frac{\partial L}{\partial v^2} 2\vec{v}\cdot\vec{\varepsilon} + O(\varepsilon^2),$$

waarbij de afleiding tot de eerste orde in $\vec{\varepsilon}$expliciet wordt getoond. Om dit in eerste orde ongewijzigd te laten, moet de term van de eerste orde een totale tijdsafgeleide zijn. Aangezien deze al een tijdsafgeleide in de snelheid heeft, is dit alleen mogelijk als $\frac{\partial L}{\partial v^2}$onafhankelijk is van de snelheid (maar niet nul), dus hebben we $L \propto v^2$, en volgens de conventie met Newtons specificatie van massa en inertie hebben we:

$$L = \frac{1}{2}mv^2, \tag{3-4}$$

voor het vrije deeltje, waaruit toepassing van de Euler-Lagrange-vergelijking de bewegingsvergelijking v= constant oplevert, waarmee de wet van de inertie wordt hersteld. Merk ook op dat $v^2 = \left(\frac{dl}{dt}\right)^2 = \frac{(dl)^2}{(dt)^2}$, waarbij uitdrukkingen voor de metriek, $(dl)^2$, in verschillende coördinatensystemen zijn:

Cartesiaans: $(dl)^2 = (dx)^2 + (dy)^2 + (dz)^2 \Rightarrow L = \frac{1}{2}m(\dot{x}^2 + \dot{y}^2 + \dot{z}^2)$

Cilindrisch: $(dl)^2 = (dr)^2 + (r\,d\varphi)^2 + (dz)^2 \Rightarrow L = \frac{1}{2}m(\dot{r}^2 + r^2\dot{\varphi}^2 + \dot{z}^2)$

Bolvormig: $(dl)^2 = (dr)^2 + (r\,d\theta)^2 + (r\,\sin\theta\,d\varphi)^2 \Rightarrow L = \frac{1}{2}m\left(\dot{r}^2 + r^2\dot{\theta}^2 + r^2\sin^2\theta\,\dot{\varphi}^2\right)$

(3-5abc)

3.1.2 De actie voor vrije beweging

Voorbeeld 3.1. De actie voor vrije beweging – minimaal praktisch gebruik, maximale theoretische implicaties

Voor een vrij deeltje met eendimensionale beweging geldt $L = T = \frac{1}{2}\dot{x}^2$, waarbij de actie als volgt luidt:

$$S = \int_{t_A}^{t_B} L\,dt = \int_{t_A}^{t_B} \frac{1}{2}v^2\,dt,$$

waarbij $v = \frac{x_B - x_A}{t_B - t_A}$uit de EL-vergelijking. Dus,

$$S = \frac{1}{2}\frac{(x_B - x_A)^2}{(t_B - t_A)} \quad \to \quad S = \frac{1}{2}\frac{(\Delta x)^2}{(\Delta t)} \quad \to \quad (\Delta x)^2 \cong (\Delta t)\; if\; S = constant.$$

Als er $\Delta t = N$tijdstappen zijn, dan geldt $|\Delta x| \approx \sqrt{\Delta t}$, net als bij een willekeurige wandeling (verdere details in [45]).

Oefening 3.1. Herhaal met $L = \cosh v$.

Merk op dat de actie voor vrije beweging lijkt op de oplossing van de diffusievergelijking (oplossing van de 1D-warmtevergelijking), wat onze eerste aanwijzing is voor de mogelijkheid van de Schrödingervergelijking, en de eerste aanwijzing voor Ito-integraalformuleringen (Wiener-integraalformuleringen), die later opnieuw te zien zijn met de geëuclideaniseerde kwantumvorm via analytische tijd (via Wick-rotatie, zie [43,44]). De relatie met de diffusierelatie in één dimensie is ook een vroege aanwijzing voor de diepe verbanden tussen dynamica en thermodynamica in het algemeen -- via (kwantum)mechanica met complexe tijd of analyticiteit (wordt besproken in [43,44]). De reïficatie van analytische trigintaduonion-emanatieassociaties of -projecties, met de opkomst van thermaliteit (martingaalthermodynamica), geometrie (standaardkosmologie) en ijkgeometrie (het standaardmodel), wordt verder besproken in [45].

Voorbeeld 3.2. Lagrange-functie met tijdsafgeleiden van hogere orde

Beschouw een systeem met de volgende Lagrange-functie:

$$L = A\ddot{x}^2 + \frac{1}{2}m\dot{x}^2.$$

De bewegingsvergelijking voor een dergelijk systeem kan eenduidig worden verkregen als we eisen dat de actie een extremum is voor alle paden met dezelfde waarden van x, en al zijn tijdsafgeleiden, aan de eindpunten van de paden:

$$S = \int_{t_1}^{t_2} \left(A\ddot{x}^2 + \frac{1}{2}m\dot{x}^2\right) dt = \int_{t_1}^{t_2} L(\dot{x}, \ddot{x}) dt$$

$$0 = \delta S = \int_{t_1}^{t_2} \left(\frac{\partial L}{\partial \dot{x}} \delta \dot{x} + \frac{\partial L}{\partial \ddot{x}} \delta \ddot{x}\right) dt$$

$$= \int_{t_1}^{t_2} \left(-\frac{d}{dt}\left(\frac{\partial L}{\partial \dot{x}}\right) \delta x - \frac{d}{dt}\left(\frac{\partial L}{\partial \ddot{x}}\right) \delta \dot{x}\right) dt$$

en nog een partiële integratie (waarbij randtermen worden weggelaten, waardoor de totale afgeleiden worden weggelaten):

$$\delta S = \int_{t_1}^{t_2} \left(-\frac{d}{dt}\left(\frac{\partial L}{\partial \dot{x}}\right) + \frac{d^2}{dt^2}\left(\frac{\partial L}{\partial \ddot{x}}\right)\right) \delta x dt = 0$$

$$\rightarrow \frac{d^2}{dt^2}\left(\frac{\partial L}{\partial \ddot{x}}\right) - \frac{d}{dt}\left(\frac{\partial L}{\partial \dot{x}}\right) = 0$$

De bewegingsvergelijking is dus:

$$2Ax^{(4)} - m\ddot{x} = 0,$$

waarbij (4) een tijdsafgeleide van de vierde orde aanduidt.

Oefening 3.2. Herhaal met$L = A\ddot{x}^3 + \frac{1}{2}m\dot{x}^2 + B\dddot{x}$

3.2 Minimale invloed van sterk oscillerende integralen en stationaire fase

Het variatie-extremum dat wordt aangegeven in Hamiltons principe van de minste actie kan ook worden verkregen via een exponentiële functionele integraal met grote magnitude [6], waarbij de actie wordt geëvalueerd langs elk pad dat een exponentiële term met een grote constante factor bijdraagt (zodat een variatie-minimum domineert, volgens de onderstaande conventie met negatieve tekens). Dit wordt ook gebruikt in de kwantumpadintegraalformulering [48] (en [42]), waar nog steeds een grote constante is (de inverse van de constante van Planck), maar de exponentiële term imaginair wordt gemaakt, d.w.z. elk pad draagt nu zijn actie bij als een faseterm, waarbij de stationaire fase vervolgens het variatie-extremum selecteert. Zo kan de klassieke integraalvorm analytisch worden voortgezet in een kwantumintegraalvorm die direct relevant is:

$$\int e^{-Mf(x)}\, dx \quad \rightarrow \quad \int e^{iMf(x)}\, dx, \ \ M \gg 1. \tag{3-6}$$

Merk op dat de klassieke integraalvorm een vreemde representatie was, die niet veel gebruikt werd omdat deze toch terug te voeren was op Hamiltons kleinste actie. In zijn complexe vorm, echter, wanneer gereduceerd tot een differentiaalvorm die consistent is met de kleinste actie, krijgen we de Schrödingervergelijking en herstellen we de klassieke theorie in de laagste orde, met kwantumcorrecties in hogere orde (zie [42] voor details).

Het idee van meerdere paden, waaruit het pad dat stationariteit verleent wordt geselecteerd, is fundamenteel voor de kwantum-PI-benadering van de kwantummechanica. PI-kwantisatie is in verschillende domeinen equivalent aan de operator/golffunctie (Schrödinger) of zelf-adjuncte operator/Hilbertruimte (Heisenberg) formuleringen, zoals zal worden aangetoond in [42], waar de keuze van de formulering om een probleem op te lossen cruciaal kan zijn voor de oplossing ervan. De variationeel gedefinieerde klassieke constructies, met name die welke in hoofdstuk 8 worden beschreven, zullen uiteindelijk generaliseren naar de volledige kwantummechanische formulering (in termen van meerdere voortplantingspaden en een stationaire actiefunctionaal over die paden). In de praktijk is de volledige kwantumtheorie, vooral voor gebonden systemen, veel gemakkelijker te analyseren als we overschakelen van de padintegraalrepresentatie naar een van de equivalente formuleringen van Heisenberg [16], Schrödinger [17] of Dirac [18], zoals zal worden aangetoond in [42]. De Heisenberg-operatorcalculusformulering is gebaseerd op een operatorherformulering van de klassieke Hamiltoniaan (hoofdstuk 6); de Schrödingervergelijking is gebaseerd op een operator-golffunctionele herformulering van de Hamilton-Jacobi-vergelijkingen (hoofdstuk 8); en Diracs axiomatische herformulering [42] verschuift naar algemene systemen zonder noodzakelijkerwijs een klassiek analogon te hebben (en vormt ook een brug naar de relativistische golfvergelijking voor spin ½ fermionen in verdere ontwikkelingen [18]).

Merk op dat de klassieke integraalrepresentatie een eenvoudige som over paden inhield (zonder weging) en dat we later, met analytische voortzetting naar een kwantumformulering, nog steeds een som over paden hadden die niet gewogen was. Deze eigenschap wordt overgenomen in de statistische mechanica en vormt het equipartitiestelling, die kan worden gevonden via analytische voortzetting (Wick-rotatie) van de kwantumpropagator naar de statistisch-mechanische partitiefunctie (beschreven in Boek 7 en 8 van de serie). Er is dus steeds meer bewijs dat de onderliggende theorieën, of theoretische representaties, analytisch zijn, en mogelijk op meerdere manieren, wat erop wijst dat ze fundamenteel hypercomplex zijn (verder besproken in Boek 9).

3.3 Lagrange-functie voor een systeem van deeltjes

Beschouw nu een groep vrij bewegende deeltjes; de Lagrangiaan bestaat uit termen voor kinetische energie:

$$L = T = \sum_{a} \frac{1}{2} m_a \, v_a{}^2, \tag{3-7}$$

waarbij de index 'a' varieert over de verschillende deeltjes, met de Lagrange-functie voor eendimensionale beweging expliciet. Multidimensionale beweging (doorgaans driedimensionaal) is impliciet, waarbij de componentindices van vectorgrootheden worden weggelaten. Laten we nu aannemen dat de deeltjes met elkaar interageren en dit uitdrukken als een "potentiële energie"-term, zoals aangegeven in de voorgaande D'Alembert/Newtoniaanse formulering:

$$L = \sum_{a=1} \frac{1}{2} m_a \, v_a{}^2 - U(\vec{r}_1, \vec{r}_2, \dots) = T - U, \tag{3-8}$$

waarbij de standaardnotatie "T" voor kinetische energie en "U" voor potentiële energie is geïntroduceerd. De Euler-Lagrange-vergelijkingen, die expliciet gebruikmaken van de standaardvectornotatie voor snelheden, leveren dan het volgende op:

$$m_a \frac{d\vec{v}_a}{dt} = -\frac{\partial U}{\partial \vec{r}_a} = \vec{F}, \tag{3-9}$$

waarbij F de bekende Newtoniaanse kracht is. Merk op dat we, om dit vanuit de Lagrangiaan af te leiden, opnieuw een potentiële functie introduceren zonder verwijzing naar tijd of informatieoverdracht; het verwijst bijvoorbeeld naar een impliciete Galileïsche absolute tijd, met een ogenblikkelijke voortplanting van interacties. Dit zal uiteraard aanzienlijk gaan afwijken wanneer snelheden relativistisch worden, maar in dit stadium, waarin we klassieke mechanische eigenschappen in klassieke contexten onderzoeken (zoals de beweging van een slinger), is dit een verwaarloosbare fout. Bedenk dat de Lagrangiaan onveranderd blijft op een additieve constante of een totale tijdsafgeleide na. Tot nu toe beschouwen we geen potentialen met tijdsafhankelijkheid, dus door ons te concentreren op "onveranderd op een additieve constante na" kunnen we onze Lagrangiaanformulering naar believen aanpassen, zodat de potentiaal naar nul daalt naarmate de afstand tussen de deeltjes groter wordt.

Laten we nu een systeem van twee deeltjes bekijken vanuit het oogpunt van een systeem gedefinieerd in termen van het eerste deeltje (nu beschouwd als een open systeem). Ten eerste is de Lagrange-functie voor slechts twee deeltjes:

$$L = T_1(q_1, \dot{q}_1) + T_2(q_2, \dot{q}_2) - U(q_1, q_2).$$

Stel dat we een oplossing hebben voor het tweede deeltje als functie van de tijd: $q_2 = q_2(t)$, en dat we deze oplossing terug substitueren in onze Lagrangiaan. Wat resulteert is een kinetische term waarbij de enige onafhankelijke variabele nu de tijd is, die dus kan worden beschouwd als een totale tijdsafgeleide en daarom uit de Lagrangiaan kan worden weggelaten zonder de bewegingsvergelijkingen te wijzigen. De equivalente Lagrangiaan, waarbij het eerste deeltje nu wordt beschreven in een "open" systeem, is dus:

$$L = T_1(q_1, \dot{q}_1) - U(q_1, q_2(t)).$$

De Lagrangian heeft nu zijn belangrijkste vorm bereikt $L = T - U$: kinetische energie min potentiële energie. Het lijkt misschien vreemd om op dit punt een fundamentele entiteit $T - U$in het variationele formalisme te hebben, terwijl behoud van totale energie de boventoon zou voeren $T + U$. (Het blijkt dat dit laatste ook als basis kan dienen voor een variationeel, Hamiltoniaans formalisme, waar we in latere hoofdstukken op terugkomen.) Voorlopig blijven we bij de

Lagrangiaanse formulering en gaan we over naar het type "potentiaal" dat impliciet in een systeem aanwezig is door middel van beperkingen.

3.3.1 Beperkingen

Mechanische systemen hebben vaak te maken met beweging onder beperkingen door middel van stangen, touwen en scharnieren. Twee nieuwe vraagstukken doen zich dan voor: (1) het bepalen van het effect van de beperking op de vrijheidsgraden (N deeltjes in 3D hebben 3N vrijheidsgraden zonder beperkingen; als ze bijvoorbeeld tegen een oppervlak worden gedrukt, worden ze gereduceerd tot 2N vrijheidsgraden, enzovoort); en (2) wrijving. In de volgende voorbeeldproblemen gaan we ervan uit dat wrijving verwaarloosbaar is, maar we komen in hoofdstuk 9 terug op een bespreking van wrijving en andere fenomenologische krachten.

Als een beperking niet-holonomisch is, kunnen de vergelijkingen die de beperking uitdrukken niet worden gebruikt om de afhankelijke coördinaten te elimineren. Beschouw algemene lineaire differentiaalvergelijkingen van beperkingen van de vorm:

$$\sum_{i=1}^{n} g_i(x_1, \dots, x_n) dx_i = 0.$$

Beperkingen kunnen vaak in deze vorm worden geformuleerd, maar ze zijn alleen integreerbaar (en holonomisch) als er een integrerende functie bestaat $f(x_1, \dots, x_n)$:

$$\frac{\partial(f g_i)}{\partial x_j} = \frac{\partial(f g_j)}{\partial x_i}.$$

De tweede-orde gemengde afgeleiden van een integreerbare functie mogen dus niet afhangen van de orde van differentiatie. Neem bijvoorbeeld een schijf die in een vlak rolt, met een beperking die wordt beschreven door een paar differentiaalvergelijkingen (waarbij de nul-factoren expliciet worden weergegeven):

$$0 d\theta + dx - a \sin\theta \, d\varphi = 0 \quad and \quad 0 d\theta + dy + a \cos\theta \, d\varphi = 0.$$

Hiervoor hebben we:

$$\frac{\partial(f(1))}{\partial\theta} = \frac{\partial(f(0))}{\partial x} = 0 \quad \rightarrow \quad \frac{\partial f}{\partial\theta} = 0,$$

Dus f is θonafhankelijk. Maar dit is in tegenspraak met:

$$\frac{\partial(f(1))}{\partial\varphi} = \frac{\partial(f(-a\sin\theta))}{\partial x},$$

waarbij f θafhankelijk is. Rollende objecten zijn dus een bekend voorbeeld van een systeem met niet-holonome beperkingen.

3.3.2 Lagrangians voor eenvoudige systemen

Als er eenvoudige beperkingen of koppelingen zijn, is directe evaluatie van kinetische termen mogelijk. Neem bijvoorbeeld de eenvoudigste dubbele slinger (weergegeven in figuur 3.2, gemaakt van massaloze staven die puntmassa's verbinden). Merk op dat algemene systemen met meerdere elementen vrijwel volledig behandeld zullen worden in [44] over statistische mechanica.

Voorbeeld 3.3 De dubbele slinger

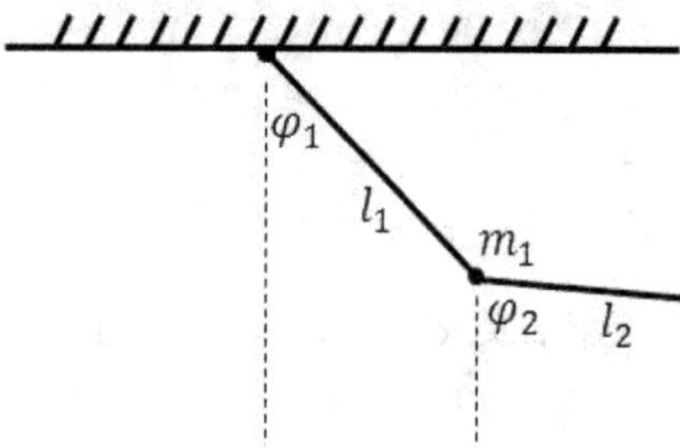

Figuur 3.2. De dubbele slinger.

Laten we de coördinaten van de beschrijvenm_2 massa door (x ,y):

$$x = l_1 sin\varphi_1 + l_2 sin\varphi_2 \quad and \quad y = l_1 cos\varphi_1 + l_2 cos\varphi_2$$

bepalen we , door de Lagrange-functie te nemen als kinetische energie min potentiële energie, $L = K.E. - P.E.$, eerst de KE:

$$K.E. = \frac{1}{2}m_1(l_1\dot{\varphi}_1)^2 + \frac{1}{2}m_2[(l_1 cos\varphi_1\dot{\varphi}_1 + l_2 cos\varphi_2\dot{\varphi}_2)^2 + (-l_1 sin\varphi_1\dot{\varphi}_1 - l_2 sin\varphi_2\dot{\varphi}_2)^2]$$

$$= \frac{1}{2}(m_1 + m_2)(l_1\dot{\varphi}_1)^2 + \frac{1}{2}m_2(l_2\dot{\varphi}_2)^2 + m_2(l_1\dot{\varphi}_1)(l_2\dot{\varphi}_2)\cos(\varphi_1 - \varphi_2)$$

$$P.E. = (m_1 + m_2)g(sin\varphi_1)l_1 + m_2 g l_2 sin\varphi_2$$

en de Lagrangiaan is dus:

$$L = \frac{1}{2}(m_1 + m_2)(l_1\dot{\varphi}_1)^2 + \frac{1}{2}m_2(l_1\dot{\varphi}_1)^2 + m_2(l_1\dot{\varphi}_1)(l_2\dot{\varphi}_2)\cos(\varphi_1 - \varphi_2) - (m_1 + m_2)g l_1 sin\varphi_1 - m_2 g l_2 sin\varphi_2$$

Oefening 3.3. Bepaal de bewegingsvergelijkingen.

Laten we nu eens kijken naar het effect op een eenvoudige slinger van het moduleren van het steunpunt op verschillende manieren (horizontaal in voorbeeld 3.4; verticaal in voorbeeld 3.5; en cirkelvormig in voorbeeld 3.6):

Voorbeeld 3.4. De enkele slinger met horizontaal oscillerende steun. Laten we nu de enkele slinger (figuur 3.3) bekijken, waarbij het steunpunt zich nu op bevindt $m_1$en deze horizontaal oscilleert:

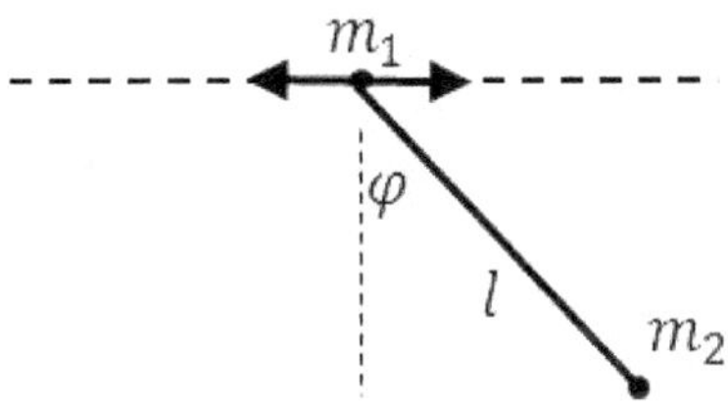

Figuur 3.3. De enkele slinger met horizontaal oscillerende ondersteuning.

Door de tweede massa nauwkeurig te specificeren in termen van Cartesiaanse coördinaten, verkrijgen we:

$$x_2 = x_1 + lsin\varphi \quad and \quad y_2 = lcos\varphi.$$

Als we de Lagrangiaan vervolgens definiëren als volgt, $L = K.E. - P.E.$krijgen we:

$$K.E. = \frac{1}{2}m_1{\dot{x}_1}^2 + \frac{1}{2}m_2[(\dot{x}_1 + lcos\varphi\dot{\varphi})^2 + (-lsin\varphi\dot{\varphi})^2]$$

$$= \frac{1}{2}m_1{\dot{x}_1}^2 + \frac{1}{2}m_2\left[{\dot{x}_1}^2 + (l\dot{\varphi})^2 + 2lcos\varphi\dot{x}_1\dot{\varphi}\right]$$

$$= \frac{1}{2}(m_1 + m_2)\dot{x}_1{}^2 + \frac{1}{2}m_2(l\dot{\varphi})^2 + m_2 l cos\varphi \dot{x}_1\dot{\varphi}$$

$$P.E. = -lgm_2 cos\varphi$$

$$L = \frac{1}{2}(m_1 + m_2)\dot{x}_1{}^2 + \frac{1}{2}m_2(l\dot{\varphi})^2 + m_2 l cos\varphi(\dot{x}_1\dot{\varphi} + gl)$$

Oefening 3.4. Bepaal de bewegingsvergelijkingen.

Voorbeeld 3.5. Enkele slinger met verticaal oscillerende ophanging. Beschouw figuur 3.3, maar dan met *een verticaal* oscillerende ondersteuning. Door de tweede massa in Cartesiaanse coördinaten te specificeren, verkrijgen we:

$$x_2 = x_1 + lsin\varphi \quad and \quad y_2 = lcos\varphi.$$

Als we de Lagrangiaan vervolgens definiëren als volgt, $L = K.E. - P.E.$krijgen we:

$$K.E. = \frac{1}{2}m_1\dot{x}_1{}^2 + \frac{1}{2}m_2[(\dot{x}_1 + lcos\varphi\dot{\varphi})^2 + (-lsin\varphi\dot{\varphi})^2]$$

$$= \frac{1}{2}m_1\dot{x}_1{}^2 + \frac{1}{2}m_2\left[\dot{x}_1{}^2 + (l\dot{\varphi})^2 + 2lcos\varphi\dot{x}_1\dot{\varphi}\right]$$

$$= \frac{1}{2}(m_1 + m_2)\dot{x}_1{}^2 + \frac{1}{2}m_2(l\dot{\varphi})^2 + m_2 lcos\varphi\dot{x}_1\dot{\varphi}$$

$$P.E. = -lgm_2 cos\varphi$$

$$L = \frac{1}{2}(m_1 + m_2)\dot{x}_1{}^2 + \frac{1}{2}m_2(l\dot{\varphi})^2 + m_2 lcos\varphi(\dot{x}_1\dot{\varphi} + gl)$$

Oefening 3.5. Bepaal de bewegingsvergelijkingen.

Voorbeeld 3.6. De enkele slinger met roterende schijf (oscillerende) ondersteuning.

Beschouw figuur 3.3, maar dan met *een roterende schijf* als oscillerende ondersteuning. Beginnend met de coördinaten van de slingermassa:

$$x = lsin\varphi + asin\gamma t \quad and \quad y = lcos\varphi + acos\gamma t.$$

De kinetische energie is dan:

$$K.E. = \frac{1}{2}m([lcos\varphi\dot{\varphi} + a\gamma cos\gamma t]^2 + [-lsin\varphi\dot{\varphi} + a\gamma sin\gamma t]^2)$$
$$= \frac{1}{2}m(l\dot{\varphi})^2 + m\gamma al\dot{\varphi}[cos\varphi cos\gamma t + sin\varphi sin\gamma t]$$
$$= \frac{1}{2}m(l\dot{\varphi})^2 + m\gamma al\dot{\varphi}(\cos(\varphi - \gamma t))$$

en de potentiële energie is:

$$P.E. = \ -gmlcos\varphi + gmacos\gamma t$$

$$L = \frac{1}{2}m(l\dot{\varphi})^2 + m\gamma al\dot{\varphi}(\cos(\varphi - \gamma t) + gm(lcos\varphi - acos\gamma t)$$
$$= \frac{1}{2}m(l\dot{\varphi})^2 + mla\gamma^2 sin(\varphi - \gamma t) + mglcos\varphi$$

***Oefening 3.6*.** Bepaal de bewegingsvergelijkingen.
Laten we nu eens kijken naar de situatie waarin de slingerarm een veer is (zie figuur 3.4).

***Voorbeeld 3.7 De enkele slinger met veer voor de ondersteuning van de slingerarm*.**

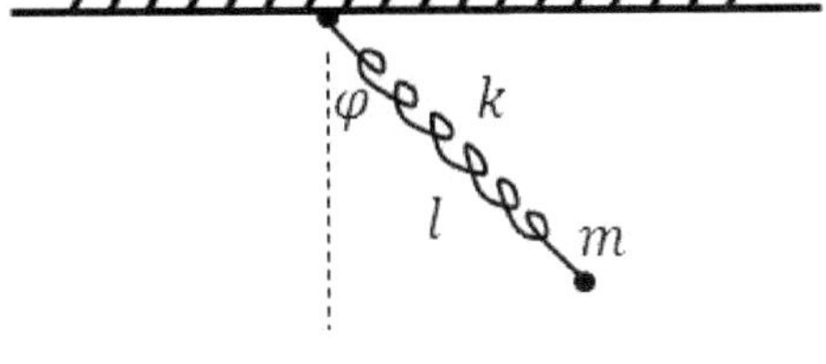

Figuur 3.4. De enkele slinger met veer voor de ondersteuning van de slingerarm.

$$L = \frac{1}{2}m(\dot{r}^2 + r^2\dot{\theta}^2) + mgrcos\theta$$
$$- \frac{1}{2}k(r - l)^2$$
$$\frac{d}{dt}\left(\frac{\partial L}{\partial \dot{r}}\right) - \frac{\partial L}{\partial r} = m\ddot{r} - mgcos\theta + k(r - l)$$
$$+ mr\dot{\theta}^2 = 0$$
$$\frac{d}{dt}\left(\frac{\partial L}{\partial \dot{\theta}}\right) - \frac{\partial L}{\partial \theta} = mr^2\ddot{\theta} + mgrsin\theta = 0$$

Laten we kleine trillingen als gevolg van de veer beschouwen, waarbij de armlengte kan worden geschreven als $r = l + \varepsilon$met $\varepsilon \ll l$en rekening houdend met een kleine trillingshoek, kunnen we een resultaat voor kleine trillingen schrijven en resonantiefrequenties identificeren (dit is een voorbeeld van een eenvoudige analyse van kleine trillingen; een uitgebreidere beschrijving voor complexere analyses van kleine trillingen is te vinden in paragraaf 3.8). In eerste orde hebben we:

$$m\ddot{\varepsilon} - mg + k\varepsilon = 0 \quad and \quad ml^2\ddot{\theta} + mgl\theta = 0.$$

Er zijn dus oplossingen met kleine oscillaties:

$$\varepsilon = Acos\left(\omega_0^{(1)}t + \alpha\right) + \frac{mg}{k} \quad \rightarrow \quad \omega_0^{(1)} = \sqrt{\frac{k}{m}}$$

En

$$\theta = Bcos\left(\omega_0^{(2)}t + \beta\right) \rightarrow \quad \omega_0^{(2)} = \sqrt{\frac{g}{l}}.$$

Oefening 3.7. Wat gebeurt er als $\omega_0^{(1)} = \omega_0^{(2)}$.

Laten we nu eens kijken naar de situatie waarin de slingerarm wel trekkracht, maar geen drukkracht kan opnemen (bijvoorbeeld als het een touw is).

Voorbeeld 3.8. De enkele slinger met uitsluitend trekkrachtondersteuning voor de slingermassa.

Beschouw figuur 3.4, maar dan met *spanningsondersteuning* . We hebben opnieuw de eenvoudige slinger, met massa m die wordt vastgehouden door een touw (of draad) met lengte l, en we beschouwen nu de spanning in de draad. We willen het holonome regime onderzoeken waarin de spanning in het touw niet verslapt. We hebben opnieuw in poolcoördinaten, voor potentiaal $U = -mgrcos\theta$:

$$L = \frac{1}{2}m(\dot{r}^2 + r^2\dot{\theta}^2) + mglcos\theta$$

Dus

$$E_T = \frac{1}{2}ml^2\dot{\theta}^2 - mglcos\theta$$

waarbij de effectieve kracht die op de draad werkt radiaal is. Laten we de EL-vergelijking gebruiken voor de coördinaat r:

$$\frac{d}{dt}\left(\frac{\partial L}{\partial \dot{r}}\right) - \frac{\partial L}{\partial r} = Q_r \tag{3-10}$$

Aangezien $Q_r = -T_r$de snaarspanning gelijk is aan , hebben we dan:

$$m\ddot{r} - mr\dot{\theta}^2 - mgcos\theta = -T_r \quad \rightarrow \quad T_r = \frac{2}{l}E_T + 3mgcos\theta$$

$$0 \leq \frac{2}{l}E_T + 3mgcos\theta \quad \rightarrow \quad E_T \geq -\frac{3}{2}mglcos\theta,$$

Voor een strak gespannen touw of snaar. Als er een maximale hoek bestaat, θ_{max}, dan geldt:

$$E_T = -mglcos\theta_{max} \quad and \quad 0 \leq \frac{2}{l}E_T + 3mgcos\theta_{max}$$

$$0 \leq -2mgcos\theta_{max} + 3mgcos\theta_{max} \quad \rightarrow \quad 0 \leq cos\theta_{max} \quad \rightarrow \quad 0 \leq \theta_{max} \leq 90$$

Dus, als er een maximale hoek is voor de beweging met een gespannen draad, dan moet die in liggen $0 \leq \theta_{max} \leq 90$, met systeemenergie:

$$-mgl \leq E_T \leq 0.$$

Als er geen maximale hoek is met spanning, dan voldoen we aan de voorwaarde $E_T \geq -\frac{3}{2}mglcos\theta$voor elke hoek, dus geldt:

$$E_T \geq \frac{3}{2}mgl$$

Laten we nu de potentiële energie zo verschuiven dat de slinger in rust een energie heeft van $E = 0$, dan is het bereik van energiewaarden waarbij de snaarspanning behouden blijft:

$$0 \leq E_T < mgl \quad and \quad \frac{5}{2}mgl \leq E_T < \infty.$$

Oefening 3.8. Hoe ga je van libratie naar rotatie?

Voorbeeld 3.9. Een slinger met horizontale ondersteuning en een terugstelkracht van de veer .

Laten we het probleem beschouwen van een slinger die vrij kan bewegen in de horizontale richting, waarbij het steunpunt ook vrij kan bewegen in de horizontale richting met een veerconstante $k/2$aan zowel de linker- als de rechterkant (vergelijkbaar met probleem 3.7 in [29]). De slingerbol heeft een massa $m$die via een massaloze staaf met lengte is verbonden $l$met het steunpunt. De beweging van de slingerbol is beperkt tot een verticaal vlak van de slingerbeweging, waarbij we de coördinaten nemen als:

$$X = x + l\sin\theta \quad and \quad Y = -l\cos\theta$$

De Lagrangiaan is dan:

$$L = \frac{1}{2}m(\dot{X}^2 + \dot{Y}^2) - U, \quad where\ U = \frac{1}{2}kx^2 - mgl\cos\theta$$

wat zich vereenvoudigt tot:

$$L(x,\theta) = \frac{1}{2}m\dot{x}^2 + \frac{1}{2}m(l\dot{\theta})^2 + m\dot{x}\dot{\theta}l\cos\theta - U.$$

De EL-vergelijking $x$geeft:

$$m\ddot{x} + \frac{d}{dt}(m\dot{\theta}l\cos\theta) - kx = 0$$

en de EL-vergelijking voor θgeeft:

$$ml^2\ddot{\theta} + \frac{d}{dt}(m\dot{x}l\cos\theta) + m\dot{x}\dot{\theta}l\sin\theta + mgl\sin\theta = 0.$$

In de benadering van kleine trillingen worden de bewegingsvergelijkingen vereenvoudigd tot:

$$\ddot{x} + l\ddot{\theta} - \frac{k}{m}x = 0 \quad and \quad \ddot{x} + l\ddot{\theta} + g\theta = 0.$$

We kunnen ze combineren om een relatie te zien tussen (x,θ): $x = \frac{mg}{k}\theta$, wat zich reduceert tot één enkele relatie:

$$L\ddot{\theta} + g\theta = 0 \quad where\ \ L = l + \frac{mg}{k}.$$

Bij een kleine oscillatie hebben we dus een slinger met een effectieve lengte $L = l + \frac{mg}{k}$.

Oefening 3.9. Herhaal met massa M voor de staaf (uniform).

Voorbeeld 3.10. Hoe hoog kun je zwaaien voordat de spanning op de steun nul wordt?

De twee dynamische systemen die we hierna bekijken, hebben identieke Lagrangians, afgezien van een verschuiving in de hoekcoördinaat. Beide systemen hebben dezelfde beperking van een constante radiale afstand, waarbij het moment waarop de beperkende kracht nul wordt, aangeeft of de spanning in een slingerkoord verslapt, of wanneer een glijdend object een halfrond oppervlak verlaat. Laten we eerst het slingerprobleem bekijken en ingaan op de vraag wanneer de spanning in het slingerkoord nul wordt.

Het eerste probleem beantwoordt ook de vraag of je op een schommel kunt stappen en steeds grotere bogen kunt maken, wellicht parametrisch aangedreven, en een voldoende hoeksnelheid kunt bereiken om volledige rotaties te gaan uitvoeren... Het antwoord is nee, omdat daarvoor een hoeksnelheid (onderaan de boog) $\omega > \surd(5g/l)$nodig zou zijn, met een 'sprong' of impuls, aangezien zodra de hoeksnelheid toeneemt tot het punt waarop de $\omega = \surd(2g/l)$spanning in de steunlijn nul wordt, verdere (incrementele of adiabatische) groei van de systeemenergie niet meer mogelijk is.

De Lagrange-functie voor de slinger wordt nu geschreven met expliciete Lagrange-multiplicatoren τ(zie onderstaande opmerking) voor een slingerstraal $r$die beperkt is tot lengte l:

$$L = \frac{1}{2}m\left(\dot{r}^2 + r^2\dot{\theta}^2\right) + mgr\cos\theta - \tau(r - l)$$

De EL-vergelijkingen leveren ons de bewegingsvergelijkingen op:

$$r: \quad m\ddot{r} - mr\dot{\theta}^2 - mg\cos\theta - \tau = 0$$

$$\theta: \quad \frac{d}{dt}\left(mr^2\dot{\theta}\right) + mgr\sin\theta = 0$$

$$\tau: \quad r - l = 0$$

Merk op dat er een “Lagrange-multiplicator” wordt geïntroduceerd, zodat deze, wanneer behandeld als een variatieparameter op zich, met zijn eigen EL-vergelijking (hierboven weergegeven), de beperkingsvergelijking herstelt. Het gebruik van Lagrange-multiplicatoren in het vervolg zal eveneens zeer eenvoudig zijn, waarbij we bijvoorbeeld een term verkrijgen $-\tau(contraint\_body)$, wanneer de beperkingsvergelijking is $contraint\_body = 0$(dit werkt uiteraard alleen voor gelijkheidsbeperkingen, maar er bestaat een zeer vergelijkbare procedure voor ongelijkheidsbeperkingen [24]).

Uit de θvergelijking verkrijgen we een behoudswet (behoud van energie):

$$\frac{d}{dt}\left(\frac{1}{2}\dot{\theta}^2 - \frac{g}{l}\cos\theta\right) = 0$$

Als $\theta = 0$we definiëren $\dot{\theta} = \omega$:

$$\frac{1}{2}\dot{\theta}^2 - \frac{g}{l}\cos\theta = \frac{1}{2}\omega^2 - \frac{g}{l}$$

De spanning berekenen τ:

$$\tau = ml\omega^2 - 2mg + 3mg\cos\theta$$

Denk eens aan het moment waarop de spanning (of de beperkende kracht) nul wordt:

$$\omega^2 = \frac{g}{l}(2 - 3\cos\theta).$$

We zien dat er oplossingen met nul spanning bestaan wanneer $\frac{g}{l}(2 - 3\cos\theta) \geq 0$. De hoek waarbij de nulbeperking voor het eerst optreedt is voor:

$$\cos\theta = \frac{2}{3} \quad \rightarrow \quad \theta \cong 48°.$$

De energieformule kent drie aandachtsgebieden:

Geval 1: $l\omega^2 < 2g$: $2mg\cos\theta = ml\dot{\theta}^2 - ml\omega^2 + 2mg > -2mg + 2mg = 0$.We hebben dus $\cos\theta > 0$, $\theta \leq 45°$en aangezien kleiner is dan $\theta \cong 48°$, is de spanning $\tau > 0$.

Geval 2: $2g < l\omega^2 < 5g$: $2mg\cos\theta = ml\dot{\theta}^2 - (x - 2)mg, where\ 2 < x < 5$. Dus kan het voorkomen $\tau = 0$wanneer , $\cos\theta = \frac{2}{3} - \frac{l\omega^2}{3g}$zoals reeds opgemerkt.
Geval 3: $l\omega^2 > 5g$: $\omega^2 = \frac{g}{l}(2 - 3\cos\theta)$kan nooit worden voldaan, dus de spanning wordt nooit nul -- de slinger roteert (volledig), in plaats van te libraten.

Oefening 3.10. Beschrijf de beweging terwijl je van $l\omega^2 > 5g$en naar een lagere waarde gaat ω.

Voorbeeld 3.11. Beweging op het oppervlak van een hemisfeer
Voor het tweede, verwante probleem beschouwen we de beweging van een schijf (hockeypuck) op het oppervlak van een halve bol. We willen weten onder welke hoek de glijdende schijf de halve bol verlaat, oftewel wanneer de dwangkracht nul is. De Lagrange-functie is

$$L = \frac{1}{2}m\left(\dot{r}^2 + r^2\dot{\theta}^2\right) - mgr\cos\theta - \tau(r - l),$$

en de analyse verloopt zoals voorheen, met hetzelfde resultaat voor de hoek waarbij de beperking voor het eerst nul wordt ($\theta \cong 48°$) als voorheen.

Oefening 3.11. Welke veerconstante k zorgt ervoor dat de veer, wanneer deze terugkeert naar de bovenkant van de halve bol, het contact met de beperking tot stand houdt?$\theta = 50°$

3.4 Behoudswetten in eenvoudige systemen

De Hamiltoniaan voor een eenvoudig systeem van deeltjes wordt hierna beschreven (doorgaans één element of een kleine groep elementen (twee) die op de een of andere manier met elkaar verbonden zijn), maar alleen in de context van het identificeren van behoudswetten voor de beweging, zoals behoud van energie, impuls en hoekmoment. Een verdere bespreking van Hamiltoniaanse operatoren volgt in hoofdstuk 6.

Beschouw een gegeneraliseerd coördinatensysteem q_i, waarbij 'i' de component is in een systeem met s vrijheidsgraden (de cumulatieve dimensies van de vrije beweging van de deeltjes worden allemaal meegeteld bij s). Hetzelfde geldt voor de bijbehorende snelheden: $\dot{q}_i$. Er zijn dus s vrijheidsgraden voor het gegeneraliseerde coördinatensysteem en s vrijheidsgraden voor de gegeneraliseerde snelheid. Dit leidt tot 2s beginvoorwaarden om de beweging te specificeren. In een gesloten mechanisch systeem zou dit 2s voorwaarden en bijbehorende constanten of behoudswetten lijken aan te duiden, maar de aanwezigheid van tijd in de snelheid als differentiaal betekent dat $t$en $t + t_0$dezelfde bewegingsvergelijking hebben, dus een van deze 2s constanten is slechts t_0, een keuze van het tijdstip nul. Laten we de symmetrieën van de bewegingsruimte en de implicaties van de Lagrangiaanse formulering bekijken:

$$\frac{dL(q_i, \dot{q}_i, t)}{dt} = \sum_i \left[\left(\frac{\partial L}{\partial q_i} \right) \dot{q}_i + \left(\frac{\partial L}{\partial \dot{q}_i} \right) \ddot{q}_i \right] + \frac{\partial L}{\partial t}$$

Laten we eerst homogeniteit in de tijd beschouwen, wat betekent een gesloten systeem of een open systeem met een tijdsafhankelijk extern veld. In beide gevallen geldt $\frac{\partial L}{\partial t} = 0$, en met hergebruik van de Euler-Lagrange-relaties:

$$\frac{dL}{dt} = \sum_i \left[\left(\frac{\partial L}{\partial q_i} \right) \dot{q}_i + \left(\frac{\partial L}{\partial \dot{q}_i} \right) \ddot{q}_i \right] = \sum_i \left[\dot{q}_i \frac{d}{dt} \left(\frac{\partial L}{\partial \dot{q}_i} \right) + \left(\frac{\partial L}{\partial \dot{q}_i} \right) \ddot{q}_i \right]$$

$$= \sum_i \left[\frac{d}{dt} \left(\dot{q}_i \frac{\partial L}{\partial \dot{q}_i} \right) \right]$$

Dus,

$$\frac{d}{dt} \left[\sum_i \left(\dot{q}_i \frac{\partial L}{\partial \dot{q}_i} \right) - L \right] = 0$$

De behouden grootheid in de tijd is energie, aangeduid met E:

$$E = \sum_i \left(\dot{q}_i \frac{\partial L}{\partial \dot{q}_i} \right) - L \tag{3-11}$$

Merk op dat de additiviteit van energie op subsystemen dan volgt uit de additiviteit van de Lagrangiaan en de expliciete additiviteit die door de som wordt aangegeven. Als $L = T(q, \dot{q}) - U(q)$en $T(q, \dot{q}) \propto$

$(\dot{q})^2$, wat typisch is, dan *resulteert de standaard energiebehoudswet in de vorm van kinetische energie plus potentiële energie:*

$$E = T(q, \dot{q}) + U(q).$$

(3-12)

Beschouw vervolgens de homogeniteit in de ruimte en begin met een variatie-uitdrukking voor de Lagrangiaan, die naar verwachting niet expliciet tijdsafhankelijk is:

$$\delta L(q, \dot{q}) = \sum_i \left[\left(\frac{\partial L}{\partial q_i} \right) \delta q_i + \left(\frac{\partial L}{\partial \dot{q}_i} \right) \delta \dot{q}_i \right]$$

waarbij een infinitesimale verschuiving de evaluatie van de Lagrangiaan niet mag veranderen wanneer $\delta q_i \neq 0$:

$$\delta L(q, \dot{q}) = 0 = \sum_i \left(\frac{\partial L}{\partial q_i} \right) = \sum_i - \left(\frac{\partial U}{\partial q_i} \right) \Rightarrow \sum_i F_i = 0.$$

De nettokrachten en -momenten op een gesloten systeem tellen op tot nul (een specifiek gebruik hiervan wordt getoond in paragraaf 5.1). Als we de Euler-Lagrange-relatie terugsubstitueren om een expliciete totale tijdsafgeleide term te verkrijgen:

$$\sum_i \frac{d}{dt} \left(\frac{\partial L}{\partial \dot{q}_i} \right) = \frac{d}{dt} \sum_i \left(\frac{\partial L}{\partial \dot{q}_i} \right) = 0 .$$

Uit de relatie voor de totale tijdsafgeleide verkrijgen we een behoudswet die overeenkomt met het behoud van impuls:

$$\sum_i \left(\frac{\partial L}{\partial \dot{q}_i} \right) = \vec{P} ,$$

(3-13)

waarbij dit voor systemen met $T(q, \dot{q}) \propto (\dot{q})^2$voor elk van de deeltjes vereenvoudigt tot de standaardvorm:

$$\vec{P} = \sum_i m_i v_i .$$

(3-14)

Opmerking: met twee deeltjes hebben we $\vec{F}_1 + \vec{F}_2 = 0$, wat gelijkwaardig is aan de bewering dat actie gelijk is aan reactie (oftewel de derde wet van Newton [is] een speciaal geval van behoud van impuls en de vergelijking van Lagrange).

Bij onze gegeneraliseerde coördinaten en snelheden horen de volgende gegeneraliseerde impulsen en krachten:

$$p_i = \frac{\partial L}{\partial \dot{q}_i} \quad and \quad F_i = \frac{\partial L}{\partial q_i},$$

(3-15)

waarbij de vergelijkingen van Lagrange eenvoudigweg luiden:

$$\dot{p}_i = F_i.$$

(3-16)

Laten we nu eens kijken wat er gebeurt als gevolg van de isotropie van de ruimte. Hiervoor schakelen we over van gegeneraliseerde coördinaten naar een driedimensionale radiale positievector met een infinitesimale rotatieverplaatsing, gegeven door:

$$\delta\vec{r} = \delta\vec{\varphi} \times \vec{r} \; and \; \delta\vec{v} = \delta\vec{\varphi} \times \vec{v}.$$

De variatie in de Lagrange-functie moet nul zijn (nu indexering over individuele deeltjes):

$$0 = \delta L(\vec{r}_a, \dot{\vec{r}}_a) = \delta L(\vec{r}_a, \vec{v}_a) = \sum_a \left[\left(\frac{\partial L}{\partial \vec{r}_a}\right) \cdot \delta\vec{r}_a + \left(\frac{\partial L}{\partial \vec{v}_a}\right) \cdot \delta\vec{v}_a\right]$$

Door de EL-vergelijking en de definitie van gegeneraliseerd momentum te substitueren:

$$\sum_a [\dot{\vec{p}}_a \cdot \delta\vec{r}_a + \vec{p}_a \cdot \delta\vec{v}_a] = 0 \Rightarrow \delta\vec{\varphi} \cdot \sum_a [\vec{r}_a \times \dot{\vec{p}}_a + \vec{v}_a \times \vec{p}_a]$$

Zo komen we tot de volgende conclusie:

$$\frac{d}{dt}\left[\sum_a \vec{r}_a \times \vec{p}_a\right] = 0 \Rightarrow \vec{M} = \sum_a \vec{r}_a \times \vec{p}_a = constant.$$

(3-17)

De grootheid $\vec{M}$is het impulsmoment, en dat blijft behouden. Er zijn geen andere additieve integralen van de beweging (bijvoorbeeld geen andere globale ruimtelijke symmetrieën dan homogeniteit en isotropie van de ruimte).

Nu we weten dat het impulsmoment behouden blijft, kunnen we de gevolgen hiervan gaan onderzoeken. Het impulsmoment in 1D is triviaal nul, dus moeten we overgaan naar problemen met onbeperkte

2D-beweging of 3D-beweging. Laten we beginnen met de *sferische* slinger.

Voorbeeld 3.12. De bolvormige slinger.

Beschouw figuur 3.4, maar dan met *trekondersteuning* en met beweging van de massa toegestaan in 3D (dus niet langer horizontaal vlak). De Cartesiaanse coördinaat van de massa is:

$$x = lsin\varphi cos\theta \quad and \quad y = lsin\varphi sin\theta \quad and \quad z = lcos\varphi$$

Hun tijdsafgeleiden zijn eenvoudig:

$$\dot{x} = lcos\varphi\dot{\varphi}\, cos\theta + lsin\varphi(-sin\theta)\dot{\theta}, \quad etc.$$

De Lagrangiaan is dus

$$L = \frac{1}{2}m\{l^2(cos^2\varphi\dot{\varphi}^2) + l^2sin^2\varphi\dot{\varphi}^2 + l^2sin^2\varphi\dot{\theta}\} - mglcos\varphi$$

$$= \frac{1}{2}m(l\dot{\varphi})^2 + \frac{1}{2}m(lsin\varphi\dot{\theta})^2 - mglcos\varphi$$

Voor de bewegingsvergelijkingen beginnen we met het elimineren van het behoud van het impulsmoment rond de z-as:

$$\frac{d}{dt}\left(\frac{\partial L}{\partial\dot{\theta}}\right) - \frac{\partial L}{\partial\theta} = 0 \rightarrow \frac{d}{dt}\left(ml^2sin^2\varphi\dot{\theta}\right) = 0$$

$$ml^2sin^2\varphi\dot{\theta} = P_\theta \;, a\ conserved\ quantity, \ alternatibvely \Rightarrow \dot{\theta} = \frac{P_\theta}{ml^2sin^2\varphi}$$

Door de $\dot{\theta}$afhankelijkheid in de Lagrange-functie te elimineren met behulp van de behouden grootheid, verkrijgen we de herziene Lagrange-functie:

$$L = \frac{1}{2}m(l\dot{\varphi})^2 + \frac{{P_\theta}^2}{2ml^2sin^2\varphi} - mglcos\varphi$$

waar nu:

$$\frac{d}{dt}\left(\frac{\partial L}{\partial\dot{\varphi}}\right) - \frac{\partial L}{\partial\varphi} = 0 \Rightarrow ml^2\ddot{\varphi} = \frac{-{P_\theta}^2sin\varphi cos\varphi}{ml^2sin^4\varphi} + mglsin\varphi$$

dus,

$$\ddot{\varphi} + \frac{{P_\theta}^2}{(ml)^2}\frac{cos\varphi}{sin^3\varphi} - \frac{g}{l}sin\varphi = 0$$

Oefening 3.12. Wat is de eigenfrequentie in de benadering voor kleine hoeken?

Voorbeeld 3.13. Tafel met een gat, waar een lijn met gewichten aan de uiteinden doorheen loopt.

Laten we een ander scenario bekijken waarbij het impulsmoment rond een bepaalde as behouden blijft. Stel je een tafel voor met een gat. Een spankabel loopt door het gat. Aan het uiteinde van de kabel dat onder de tafel hangt, is massa $m_2$bevestigd (de kabel zelf heeft een verwaarloosbare massa), terwijl het uiteinde dat op het tafelblad rust, massa heeft m. De initiële krachtevenwichtsvergelijkingen leveren het volgende op:

$$F_2 = m_2 g - T_2, \qquad T_2 = T_1 = F_1 = m a_1, \qquad y_2 = l - r_1,$$
$$\dot{y}_2 = -\dot{r}_1, \qquad \ddot{y}_2 = -\ddot{r}_1$$

De kracht levert, in termen van de potentiële functie, het volgende op:

$$F_i = -\frac{\partial U}{\partial q_i}, \quad F_1 = m_1 a_1 = m_1\left(\ddot{r}_1 + r_1{}^2\ddot{\theta}\right) = m_1 \ddot{r}_1, \quad \text{and} \quad F_2 = m_2 g + \frac{m_1}{m_2} F_2$$

De Lagrange-functie is dus:

$$L = \frac{1}{2} m_1 \left(\left(\ddot{r}_1 + \ddot{r}_2 \dot{\theta}^2\right) + \frac{1}{2} m_2 (\dot{y}_2)^2 - U_2 - U_1, \quad \text{where } U_2 = y_2 F_2 \text{ and } U_1 = -r_1 F_1$$

die als volgt kan worden herschreven:

$$L = \frac{1}{2}(m_1 + m_2)(\dot{r})^2 + \frac{1}{2} m_1 r_1{}^2 \dot{\theta}^2 - (l - r_1)\left(\frac{m_2{}^2}{m_1 + m_2}\right) g + r_1 \left(\frac{m_1 m_2}{m_1 + m_2}\right) g$$

We kunnen de constante termen uit de Lagrange-functie weglaten (omdat ze geen verandering teweegbrengen in de EL-vergelijkingen, en dus ook niet in de bewegingsvergelijkingen). Dus na het weglaten van de constante term en het hergroeperen:

$$L = \frac{1}{2}(m_1 + m_2)(\dot{r})^2 + \frac{1}{2}m_1 r^2\dot{\theta}^2 + rm_2 g$$

We kunnen nu verdergaan met de evaluatie van de Lagrange-functie, wederom beginnend met de term voor behoud van impulsmoment:

$$\frac{d}{dt}\frac{\partial L}{\partial \dot{\theta}} - \frac{\partial L}{\partial \theta} = 0 \;\rightarrow\; \frac{d}{dt}\left(m_1 r^2\dot{\theta}\right) = 0 \;\rightarrow\; m_1 r^2\dot{\theta} = p_\theta$$

Aldus hebben we:

$$L = \frac{1}{2}(m_1 + m_2)(\dot{r})^2 + \frac{{p_\theta}^2}{2m_1 r^2} + m_2 gr$$

De resterende bewegingsvergelijking is:

$$\frac{d}{dt}\frac{\partial L}{\partial \dot{r}} - \frac{\partial L}{\partial r} = 0 \;\rightarrow\; (m_1 + m_2)\ddot{r} - m_2 g + \frac{{p_\theta}^2}{m_1 r^3} = 0$$

Voor $r$kleine bedragen geldt dan:

$$\ddot{r} = -\frac{{p_\theta}^2}{(m_1 + m_2)m_1}\frac{1}{r^3} = -\beta\frac{1}{r^3}, \qquad where\, \beta = \frac{{p_\theta}^2}{(m_1 + m_2)m_1}$$

We kunnen dus schrijven:

$$\dot{r}\ddot{r} = -\beta\frac{\dot{r}}{r^3} \;\rightarrow\; (\dot{r})^2 = +\beta\left(\frac{1}{r^2}\right) \longrightarrow \dot{r} = \frac{\sqrt{\beta}}{r} \longrightarrow r\dot{r} = \sqrt{\beta} = \frac{1}{2}\frac{d}{dt}r^2$$

$$\rightarrow\; r = \sqrt{2\sqrt{\beta}t}$$

Het laatstgenoemde resultaat voor de $r$bewegingsvergelijking wijst op een afstotende potentiaal, wat de vraag oproept: wanneer hebben we stabiele banen?

$$L = \frac{1}{2}m_1(\dot{r})^2 + \frac{{p_\theta}^2}{2(m_1 + m_2)r^2} + m_2 gr \quad\rightarrow\quad -U$$

$$= \frac{{p_\theta}^2}{2(m_1 + m_2)r^2} + m_2 gr,$$

Dus,

$$\frac{dU}{dr} = 0 \;\Rightarrow\; -\frac{{p_\theta}^2}{(m_1 + m_2){r_{eq}}^3} + m_2 g = 0 \;\Rightarrow\; r_{eq} = \sqrt[3]{\gamma},\;\; where\; \gamma = \frac{{p_\theta}^2}{(m_1 + m_2)m_2 g}$$

Oefening 3.13. *Zou dit apparaat gebruikt kunnen worden om een onbekende massa te wegen* m_2*? Beschrijf een proces om dit te doen.*

Voorbeeld 3.14. Bekijk de enkele slinger met horizontaal oscillerende ondersteuning opnieuw .
Laten we nu de enkele slinger nog eens bekijken, waarbij het steunpunt horizontaal oscilleert. De slinger beweegt in het vlak van het papier. Het touw met lengte $l$buigt niet. Het steunpunt P beweegt heen en weer in horizontale richting volgens de vergelijking $x =$ acos(ωt), en ($\omega \neq \sqrt{(g/l)}$):

(i) Laten we beginnen met het schrijven van de Lagrange-functie voor dit systeem en de bewegingsvergelijkingen van Lagrange afleiden. (Vergeet de gegeneraliseerde kracht niet bij het schrijven van de vergelijking van Lagrange voor x).
Hebben: $x' = x + lsin\theta$, dus $\dot{x}' = \dot{x} + lcos\theta\dot{\theta}$. Hebben $y' = -lcos\theta$, dus $\dot{y}' = lsin\theta\ \dot{\theta} = -mglcos\theta$. Hebben ook de gebruikelijke $U = mgy$, om vervolgens de Lagrangiaan te schrijven:

$$L = \frac{1}{2}m\left(\left[-a\omega\sin(\omega t) + lcos\theta\ \dot{\theta}\right]^2 + [lsin\theta\dot{\theta}]^2\right) + mglcos\theta$$

$$= \frac{1}{2}ml^2\dot{\theta}^2 + \ mglcos\theta + am\omega^2 lcos(\omega t)sin\theta$$

$$\frac{d}{dt}\left(\frac{d}{\partial\dot{\theta}}\right) - \frac{\partial L}{\partial\theta} = 0$$

$$\rightarrow\ ml^2\ddot{\theta} + mglsin\theta - am\omega^2 lcos(\omega t)cos\theta = 0$$

(ii) Los vervolgens de bovenstaande bewegingsvergelijkingen op in eerste orde in θ(kleine trillingen) en vind de stationaire oplossing voor $\theta(\ t)$, uitgedrukt in termen van m, l, a en ω. (We zijn niet geïnteresseerd in de oplossing die oscilleert met de natuurlijke frequentie van de slinger.) Dus:

$$ml^2\ddot{\theta} + mgl\theta - am\omega^2 lcos(\omega t) = 0$$

$$\ddot{\theta} + \frac{g}{l}\theta - \frac{a}{l}\omega^2 cos(\omega t) = 0.$$

Dus, het volgende:

$$\ddot{\theta} + \frac{g}{l}\theta = \frac{a}{l}\omega^2 \, cos(\omega t)$$

waarbij de rechterkant een effectieve kracht/meter is. En we hebben de oplossing:

$$\theta = \frac{(a/l)\omega^2}{\omega_0^2 - \omega^2}\cos(\omega t + \beta).$$

Oefening 3.14. *Herhaal, maar met een verticaal oscillerende steun.*

3.5 Gelijksoortige systemen en de viriaalstelling

Tot nu toe hebben we gezien hoe globale symmetrieën een rol spelen bij het vaststellen van (additieve) behoudswetten. Laten we nu eens kijken naar symmetrieën die intern zijn aan de Lagrangiaan, zodat deze kan worden uitgedrukt als een andere Lagrangiaan met een algemene constante vermenigvuldiger. In zo'n geval zullen we zien dat de bewegingsvergelijkingen hetzelfde zijn. Om te zien of een Lagrangiaan een dergelijke "gelijkenis" vertoont, is een specificatie van de potentiële energieterm in dit opzicht noodzakelijk. Laten we daarom de systeemlengtes en de tijd herschalen en de potentiële energie een homogene functie van de parameterherschaling laten zijn (waarbij de mate van homogeniteit wordt gegeven door parameter k):

$$\vec{q}_a \longrightarrow \alpha\vec{q}_a(\, l' = \alpha l, \text{ lengtevergroting})$$
$$\dot{\vec{q}}_a \longrightarrow \left(\frac{\alpha}{\beta}\right)\dot{\vec{q}}_{a}, (\, t' = \beta t, \text{ tijdsdilatatie})$$
$$U(\alpha\{\vec{q}_a\}) \longrightarrow \alpha^k \, U(\{\vec{q}_a\}), \text{(homogeen, graad k)}. \qquad \text{(3-18abc)}$$

Nu de dilataties zijn gespecificeerd, is het, om een gelijkenis in de Lagrange-functie te verkrijgen zodat er een algemene constante factor ontstaat, met een typische Lagrange-specificatie $L = T - U$, noodzakelijk dat het potentiële energiegedeelte al herschaald is. De herschaling van het kinetische energiegedeelte is eenvoudigweg die van de snelheid hierboven (in het kwadraat). Om een vergelijkbaar systeem te verkrijgen:

$$(\frac{\alpha}{\beta})^2 = \alpha^k \longrightarrow \beta = \alpha^{1-\frac{1}{2}k}, \qquad \left(\frac{E'}{E}\right) = \alpha^k \; and \; \left(\frac{M'}{M}\right) = \alpha^{1+\frac{1}{2}k}.$$

(3-19)

Laten we eens kijken naar enkele gevallen waarin we een homogeen potentiaal hebben:

(1) Voor kleine trillingen, of de klassieke veer, is de potentiële energie een kwadratische functie van de coördinaten (k=2). De kritische relatie hierboven met k=2 wordt: $\beta = \alpha^0 = 1$, d.w.z. het maakt niet uit hoe groot de verplaatsing ten opzichte van de rustpositie is (amplitude), de tijdsverhouding van het systeem zal 1 zijn, d.w.z. de periode van het systeem is onafhankelijk van de amplitude.

(2) Voor een uniform krachtveld is de potentiële energie een lineaire functie van de coördinaten, zoals de benadering voor beweging als gevolg van de zwaartekracht nabij het aardoppervlak (PE = mgh). Voor k=1 hebben we: $= \sqrt{\alpha}$, dus in-val onder invloed van de zwaartekracht. De valtijd is bijvoorbeeld evenredig met de wortel van de beginhoogte.

(3) Voor de Newtoniaanse of Coulomb-potentiaal geldt: k = -1. Nu hebben we $= \sqrt[3]{\alpha}$, het kwadraat van de periode van een baan is evenredig met de derde macht van de grootte van de baan (Keplers 3e ^{wet}).

Viriaalstelling

Dit is een van de weinige voorbeelden, of contexten, waarin een systeem met meerdere elementen wordt beschouwd (en voor zeer grote aantallen elementen), vanwege de universele toepasbaarheid ervan. Elk homogeen potentiaalveld waarin de beweging begrensd is, maakt het mogelijk om de Viriaalstelling toe te passen, waarbij de tijdsgemiddelden van de potentiële en kinetische energie van het systeem een eenvoudige relatie hebben. Deze relatie zal als volgt worden afgeleid, beschouw het volgende:

$$E = \sum_i \left(\dot{q}_i \frac{\partial L}{\partial \dot{q}_i}\right) - L \Rightarrow \sum_i \left(\dot{q}_i \frac{\partial L}{\partial \dot{q}_i}\right) = 2T$$

(3-20)

Het schrijven $v_i = \dot{q}_i$en definiëren van gegeneraliseerde impulsen, en vervolgens overschakelen naar vectornotatie met deeltjes aangeduid met index 'a':

$$\sum_i (v_i p_i) = \sum_a \vec{v}_a \cdot \vec{p}_a = \frac{d}{dt}\left(\sum_a \vec{r}_a \cdot \vec{p}_a\right) - \sum_a \vec{r}_a \cdot \dot{\vec{p}}_a$$

Laten we nu het tijdsgemiddelde van 2T nemen, waarbij de totale tijdsafgeleide een gemiddelde waarde van nul heeft als we een begrensde beweging hebben. Om precies te zijn, het tijdsgemiddelde voor een functie $f(t)$van de tijd wordt als volgt gedefinieerd:

$$\overline{f} = \lim_{\tau\to\infty} \frac{1}{\tau}\int_0^\tau f(t)dt$$

(3-21)

Stel dat $f(t) = \frac{d}{dt}F(t)$, dan geldt:

$$\overline{f} = \lim_{\tau\to\infty} \frac{1}{\tau}[F(\tau) - F(0)] = 0$$

Voor begrensde beweging.

Omdat we te maken hebben met begrensde beweging als we in een eindig gebied van de ruimte blijven met eindige snelheden, geldt het volgende:

$$2\overline{T} = -\overline{\sum_a \vec{r}_a \cdot \dot{\vec{p}}_a} = \overline{\sum_a \vec{r}_a \cdot \frac{\partial U}{\partial \vec{r}_a}} = k\overline{U}$$

Laten we nog eens bekijken wat dit betekent voor de drie hierboven genoemde gevallen ($E = \overline{E} = \overline{T} + \overline{U}$):

(1) Kleine oscillaties (k=2) hebben $\overline{T} = \overline{U}, E = 2\overline{T}$.

(2) Uniform veld (k=1), hebben $\overline{T} = (1/2)\,\overline{U}, E = 3\overline{T}$

(3) Newtoniaans of Coulomb-potentiaal (k = –1): $\overline{U} = -2\overline{T}$, $E = -\overline{T}$. Dit resultaat is consistent met het feit dat de totale energie van een begrensde beweging in dit type potentiaal negatief is, zoals zal blijken uit de volgende voorbeelden.

3.6. Eendimensionale systemen

Systeemanalyses reduceren vaak tot een lagere dimensionaliteit (vanwege symmetrieën). Neem bijvoorbeeld de baan van een planeet om de zon, waarbij het 3D-probleem door behoud van impulsmoment wordt gereduceerd tot een 2D-probleem. Meestal hoeven we alleen beweging in één of twee dimensies te beschouwen. Laten we beginnen met eendimensionale beweging.

Beschouw de volgende Lagrange-functie voor een eendimensionale beweging, waarbij een willekeurig potentiaalveld is weergegeven zoals in figuur 3.5.

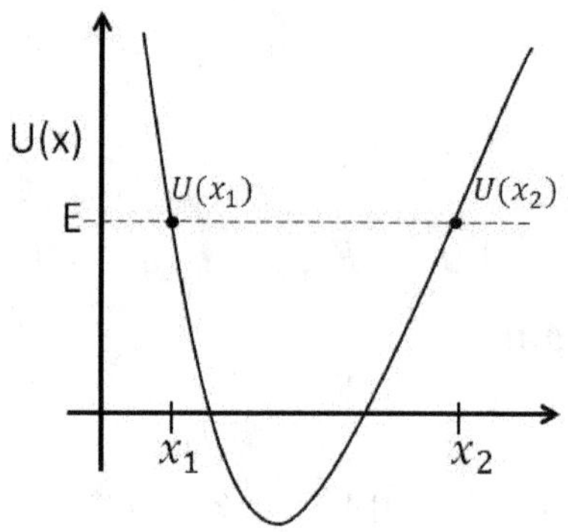

Figuur 3.5 . Een eendimensionaal potentiaal $U(x_1) = E = U(x_2)$.

$$L = \frac{1}{2} m\, \dot{x}^2 - U(x) \;\longrightarrow E = \frac{1}{2} m\, \dot{x}^2 + U(x) \tag{3-22}$$

Aangezien $U(x) \leq E$en door de positieve wortel te nemen (de negatieve wortel komt overeen met tijdomkering, met hetzelfde type oplossingen):

$$\frac{dx}{dt} = \sqrt{\frac{2[E - U(x)]}{m}} \rightarrow t = \sqrt{m/2} \int dx/\sqrt{E - U(x)} + C$$

De bewegingsgrenzen worden gegeven door $U(x_1) = E = U(x_2)$, en de periode van de beweging wordt gegeven door tweemaal de integraal van $x_1$tot x_2:

$$Period = \sqrt{2m} \int_{x_1}^{x_2} dx/\sqrt{E - U(x)}. \tag{3-23}$$

Voorbeeld 3.15. Beweging op een gebogen helling.

Een kleine massa glijdt wrijvingsloos over een blok met massa M, zoals weergegeven in figuur 3.6. M zelf glijdt wrijvingsloos over een horizontale tafel, en de gebogen zijde ervan heeft de vorm van een cirkel met straal a .

a) Bepaal de Lagrange-vergelijkingen voor het systeem in termen van twee gegeneraliseerde coördinaten.

b) Zoek twee behouden grootheden.

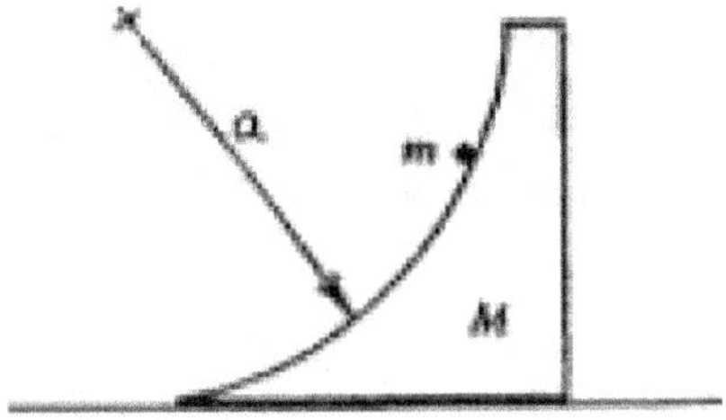

Figuur 3.6. Een massa m glijdt wrijvingsloos over een blok met massa M, met een cirkel met straal a .

De coördinaten: $x_1 = x + a\cos\theta$; $y_1 = -a\sin\theta$; en $x_2 = x$.
De tijdsafgeleiden van de coördinaten: $\dot{x}_1 = \dot{x} + a\sin\theta\,\dot{\theta}$; $\dot{y}_1 = -a\cos\theta\,\dot{\theta}$; en $\dot{x}_2 = \dot{x}$.
De potentiële energie: $U = -mga\sin\theta$.
Dus,

$$L = T - U = \frac{1}{2}m\left(\left[\dot{x} - a\sin\theta\,\dot{\theta}\right]^2 + \left[-a\cos\theta\,\dot{\theta}\right]^2\right) + \frac{1}{2}M(\dot{x})^2 - U$$

$$L = \frac{1}{2}(m + M)\dot{x}^2 + \frac{1}{2}m\left(a\dot{\theta}\right)^2 - am\dot{x}\dot{\theta}\sin\theta + mga\sin\theta$$

En,

$$\frac{d}{dt}\left(\frac{\partial L}{\partial \dot{x}}\right) - \frac{\partial L}{\partial x} = 0 \Rightarrow (m + M)\ddot{x} - \frac{d}{dt}\left(am\dot{\theta}\sin\theta\right) = 0, \text{ dus,}$$

$$\frac{d}{dt}\left\{(m + M)\dot{x} - am\dot{\theta}\sin\theta\right\} = 0.$$

Dus we hebben:

$$(m+M)\dot{x} - am\dot{\theta}\sin\theta = const,$$

En,

$$E = T + U = \frac{1}{2}(m+M)\dot{x}^2 + \frac{1}{2}m\left(a\dot{\theta}\right)^2 - am\dot{x}\dot{\theta}\sin\theta + mga\sin\theta.$$

Oefening 3.15. *Bepaal de snelheden van de massa's als functie van de tijd wanneer massa m vanuit rust bovenaan de gebogen zijde wordt losgelaten.*

3.7 Beweging in een centraal veld

Beschouw een enkel deeltje in een centraal potentiaalveld. Het impulsmoment van het deeltje blijft behouden: $\vec{M} = \vec{r} \times \vec{p} = constant$. Omdat de constante $\vec{M}$loodrecht staat op $\vec{r}$, bevindt de positie zich altijd in een vlak loodrecht op $\vec{M}$(behoud van impulsmoment heeft het probleem daardoor van 3D naar 2D gereduceerd). De geschikte vorm voor de Lagrange-functie voor beweging in een vlak met een centraal potentiaalveld is dus:

$$L = \frac{1}{2}m\dot{r}^2 + \frac{1}{2}m(r\dot{\varphi})^2 - U(r)$$

(3-24)

Merk op dat er geen directe verwijzing naar de coördinaat is φ; in het Hamiltoniaanse formalisme betekent dit dat:

$$F_\varphi = \frac{\partial L}{\partial \varphi} = 0$$

dus

$$\dot{p}_\varphi = F_\varphi = 0 \;\rightarrow\; p_\varphi = constant = "M".$$

$$p_\varphi = \frac{\partial L}{\partial \dot{q}_i} = mr^2\dot{\varphi} = M.$$

(3-25)

Bedenk dat het oppervlak van een radiale sector $r$met straal en veeghoek gelijk $\varphi$is aan $A = (1/2)r \cdot r\varphi$, en dat de sectorale snelheid dus $V_{sectorial} = (1/2)r^2\dot{\varphi} = M/2m$constant is, oftewel "gelijke oppervlakken worden in gelijke tijden bestreken", oftewel de derde wet van Kepler. Zoals gebruikelijk bij dit soort analyses worden eerst integralen van de beweging (bijvoorbeeld behoudswetten) gebruikt om de analyse te vereenvoudigen. Voor energie geldt dus:

$$E = \frac{1}{2}m\dot{r}^2 + \frac{1}{2}m(r\dot{\varphi})^2 + U(r) \rightarrow \frac{1}{2}m\dot{r}^2 = [E - U] - \frac{M^2}{2mr^2},$$

waarbij de laatste term de centrifugale energie is. Herschikken:

$$\frac{dr}{dt} = \sqrt{\frac{2}{m}[E - U] - \frac{M^2}{m^2r^2}}$$

Door integratie krijgen we

$$t = \int \frac{dr}{\sqrt{\frac{2}{m}[E - U] - \frac{M^2}{m^2r^2}}} + C_1$$

(3-26)

Gebruikmakend van $d\varphi = \frac{M}{mr^2}\,dt$,

$$\varphi = \int \frac{Mdr/r^2}{\sqrt{2m[E - U] - \frac{M^2}{r^2}}} + C_2$$

(3-27)

Merk op $\dot{\varphi} = M$dat φde veranderingen monotoon verlopen, dus voor een gesloten pad, dat noodzakelijkerwijs een (begrensde) minimale en maximale straal heeft, geldt voor de faseverandering bij het overgaan van de minimale straal naar de maximale straal en vervolgens terug:

$$\Delta\varphi = 2\int_{r_{min}}^{r_{max}} \frac{Mdr/r^2}{\sqrt{2m[E - U] - \frac{M^2}{r^2}}}$$

waarbij de grenzen van de beweging worden gegeven door de energie die geen kinetisch deel heeft, $E = U_{eff}$waar

$$U_{eff} = U + \frac{M^2}{2mr^2}.$$

(3-28)

Om $\Delta\varphi$een gesloten pad te verkrijgen, moet exact gelijk zijn aan $2\pi$of een veelvoud zijn van $\Delta\varphi$moet resulteren in een veelvoud van 2π(d.w.z. $\Delta\varphi = 2\pi\ (m/n)$). Dit gebeurt alleen voor alle paden in de bovenstaande integraal wanneer de potentialen Ude vorm $1/r$of hebben r^2, en in die gevallen treedt een extra integraal van de beweging op (bekend als de Runge-Lens-vector). Voordat we echter verdergaan met de kritische $1/r$potentiaal, laten we de implicaties van een niet-nul impulsmoment met een centrale potentiaal bekijken. Het is over het algemeen onmogelijk om in dergelijke gevallen het centrum te bereiken, zelfs in aantrekkelijke potentialen. Om het centrum te bereiken wanneer $M \neq 0$, beschouwen we uiteraard een situatie waarin we ons niet op de keerpunten van de beweging bevinden, dus

$$\frac{1}{2}m\dot{r}^2 = [E - U] - \frac{M^2}{2mr^2} > 0,$$

Door te hergroeperen en de limiet te nemen wanneer de straal naar nul gaat, vinden we dat de enige potentialen die dit mogelijk maken, moeten voldoen aan:

$$\lim_{r\to 0} r^2 U < -\frac{M^2}{2m}$$

Dit is alleen mogelijk voor negatieve potentialen $U(r) = -\alpha/r^n$ met $n >$ 2of met $n = 2\ and\ \alpha > \frac{M^2}{2m}$.

In het voorgaande voorbeeld zagen we dat de Kepler- en Coulomb-potentialen ($U(r) = -\alpha/r$) niet tot de groep potentialen behoorden die beweging door het centrum mogelijk maakten wanneer het impulsmoment niet nul was. Laten we nu de aantrekkingskrachtpotentiaal die relevant is voor zwaartekracht (en voor aantrekking tussen tegengestelde ladingen) met $U(r) =$

$-\alpha/r$nader bekijken. Om te beginnen kan de hoekintegraal eenvoudig worden opgelost voor deze situatie, waarbij de effectieve potentiaal is:

$$U_{eff} = -\frac{\alpha}{r} + \frac{M^2}{2mr^2}, and \min_r U_{eff} = -\frac{m\alpha^2}{2M^2} \; at \; r = \frac{M^2}{m\alpha} \tag{3-29}$$

waarbij de domeinen met functieminimum en significante energie zijn aangegeven in figuur 3.7.

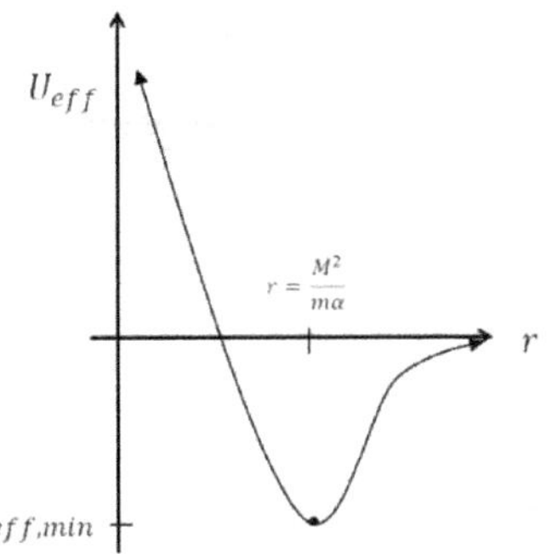

Figuur 3.7. Een schets van de effectieve potentiaal. $U_{eff,min} = -\frac{m\alpha^2}{2M^2}$De beweging is eindig als $E < 0$, oneindig als $E \geq 0$.

Integratie levert dan op:

$$\varphi = \cos^{-1} \frac{\left(\frac{M}{r} - \frac{m\alpha}{M}\right)}{\sqrt{2mE + \frac{m^2\alpha^2}{M^2}}} + constant \tag{3-30}$$

Laten we aannemen $\varphi = 0$dat het om het moment van de dichtstbijzijnde nadering (perihelium, r_{min}in het vervolg) gaat, waarbij de constante nul is. Laten we ook twee manieren vergelijken om banen te beschrijven $\{p, e\}$, waarbij $2p$bekend staat als de latus rectum en $e$de excentriciteit, en de kegelsnedeparameters $\{a, b\}$, waarbij $2a$de lengte van de grote as en $2b$de lengte van de kleine as is:

$$p = \frac{M^2}{m\alpha} \quad and \quad e = \sqrt{1 + \frac{2EM^2}{m\alpha^2}}$$

(3-31)

om tot de baanvergelijking te komen:

$$p = r(1 + e\cos\varphi)$$

(3-32)

Uit de baanvergelijking kunnen we afleiden dat:

$$r_{min} = \frac{p}{1+e} \quad and \ r_{max} = \frac{p}{1-e}$$

(3-33)

Sinds $2a = r_{min} + r_{max}$:

$$a = \frac{p}{1-e^2} = \frac{\alpha}{2|E|}$$

(3-34)

We zien ook dat de verhoudingen b/r_{min}en r_{max}/bherschaalinvarianten zijn en evenredig met elkaar moeten zijn, waarbij voor $e = 0$gelijkheid wordt aangetoond, dus $b = \sqrt{r_{min} \cdot r_{max}}$en we krijgen:

$$b = \frac{p}{\sqrt{1-e^2}} = \frac{M}{\sqrt{2m|E|}}$$

(3-35)

Laten we nu de verschillende gevallen bekijken in termen van de excentriciteitsparameter $e = \sqrt{1 + \frac{2EM^2}{m\alpha^2}}$van de baan:

Voor $e = 0$(treedt op wanneer $E = -\frac{m\alpha^2}{2M^2}$): We hebben een cirkelvormige baan $r_{min} = r_{max} = p$.

Voor $0 < e < 1$(treedt op wanneer $E < 0$):_We hebben een elliptische baan $r_{min} \neq r_{max}$.
Voor ellipsen en cirkels hebben we gebonden banen, waardoor we de volledige sectorale integraal van zo'n baan kunnen uitvoeren en zo eenvoudig de oppervlakte van de ellips of cirkel kunnen berekenen. Ter herinnering:

$$\frac{d(area)}{dt} = V_{sectorial} = \frac{1}{2}r^2\dot{\varphi} = \frac{M}{2m}$$

(3-36)

Integreren over de tijdsduur van één omlooptijd T:

$$T = \frac{2m(area)}{M} = \frac{2m\pi ab}{M} = \pi\alpha\sqrt{\frac{m}{2|E|^3}}.$$

(3-37)

Uit deze exacte oplossing kunnen we afleiden dat , wat de $T^2 \propto \frac{1}{|E|^3} \propto a^{3\,\text{derde}}$ wet van Kepler is .

<u>Voor $e = 1$</u>(treedt op wanneer $E = 0$): We hebben een parabolische baan (onbegrensd) met $r_{min} = \frac{p}{2}$ and $r_{max} = \infty$, die een invallend deeltje beschrijft dat vanuit rust in het oneindige komt.

<u>Voor $e > 1$</u>(treedt op wanneer $E > 0$): We hebben een hyperbolische baan (onbegrensd).

De Laplace-Runge-Lenz-vector

Beschouw een centraal werkende kracht met een omgekeerd kwadratisch effect die op een enkel deeltje inwerkt en die wordt beschreven door de vergelijking

$$A = p \times L - mk\hat{r} \rightarrow e = \frac{A}{mk},$$

(3-38)

waar

m is de massa van het puntdeeltje dat beweegt onder invloed van de centrale kracht.
p is de impulsvector,
L = **r** × **p** is de vector van het impulsmoment.
r is de positievector van het deeltje (Figuur 3.8),
$\hat{r}$is de corresponderende eenheidsvector , d.w.z. $\hat{r}$, en
r is de grootte van **r** , de afstand van de massa tot het krachtmiddelpunt.

De constante parameter k beschrijft de sterkte van de centrale kracht; deze is gelijk aan $G \cdot M \cdot m$ voor zwaartekracht en $-k_e \cdot Q \cdot q$ voor elektrostatische krachten. De kracht is aantrekkelijk als $k > 0$ en afstotend als $k < 0$.

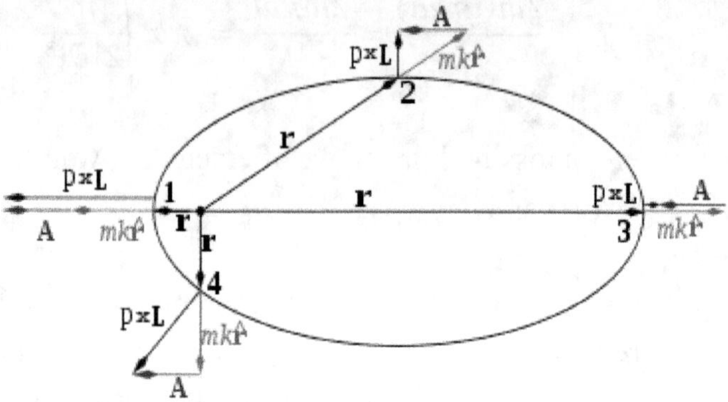

Figuur 3.8 . De LRL-vector **A** op vier punten op de elliptische baan onder invloed van een centraal werkende kracht met een omgekeerd kwadraatfunctie. Het aantrekkingspunt wordt weergegeven als een kleine zwarte cirkel van waaruit de positievectoren vertrekken. De impulsmomentvector **L** staat loodrecht op de baan. De coplanaire vectoren $\mathbf{p} \times \mathbf{L}$ en (mk / r) **r** worden weergegeven. De vector **A** is constant in richting en grootte.

De zeven scalaire grootheden E , **A** en **L** (die vectoren zijn, waarbij de laatste twee elk drie behouden grootheden bijdragen) zijn met elkaar verbonden door twee vergelijkingen, $\mathbf{A} \cdot \mathbf{L} = 0$ en $A^2 = m^2 k^2 + 2 mEL^2$, wat vijf onafhankelijke behoudswetten oplevert . Dit is consistent met de zes beginvoorwaarden (de beginpositie en snelheidsvectoren van het deeltje, elk met drie componenten) die de baan van het deeltje specificeren, aangezien de begintijd niet wordt bepaald door een behoudswet. De resulterende 1-dimensionale baan in de 6-dimensionale faseruimte is dus volledig gespecificeerd.

Voorbeeld 3.16. Een testmassa wordt boven de noordpool losgelaten.

Een testmassa wordt in rust losgelaten, één aarddiameter boven de (rotatie)noordpool. Negeer atmosferische wrijving. (Gebruik voor de zwaartekrachtversnelling nabij het aardoppervlak $10\frac{m}{sec^2}$en voor de straal van de aarde $R_e = 6{,}400\ km.$)

a) Bereken de snelheid (in meter/seconde) van de massa op het moment dat deze de aarde raakt.
b) Vind een uitdrukking voor de tijdsduur die de massa nodig heeft om de aarde te raken. Je uitdrukking moet een dimensieloze integraal bevatten.

Oplossing:

(a) Snelheid aan het aardoppervlak: de potentiële energie van de testmassa: $\Phi = -\frac{mGM}{R}$. Behoud van energie betekent dat de kinetische energie gelijk is aan de verandering in potentiële energie:

$$\frac{1}{2}mv^2 = \Delta PE = (\frac{-mGM}{R})\Big|_{R_e}^{3R_e} = \frac{2}{3}m\,R_e\,g$$

(b) Tijd tot impact, laten we eerst de relatie tussen valhoogte en straal r bepalen:

$$\frac{1}{2}mv^2 = (\frac{-mGM}{R})\Big|_{r}^{3R_e} \qquad v = \frac{dr}{dt}\ since\ no\ coriolis\ force\ at\ North\ pole$$

$$\frac{1}{2}m\left(\frac{dr}{dt}\right)^2 = \frac{mGM}{r} - \frac{mGM}{3R_e}$$

$$\frac{dr}{dt} = \sqrt{\frac{2GM}{r} - \frac{2GM}{3R_e}} = \sqrt{2GM}\sqrt{\frac{1}{r} - \frac{1}{3R_e}}$$

$$\mathrm{dt} = \frac{1}{\sqrt{2GM}}\frac{dr}{\sqrt{\frac{1}{r} - \frac{1}{3R_e}}}$$

$$T = \frac{1}{\sqrt{2GM}} \int_{R_e}^{3R_e} \frac{dr}{\sqrt{\frac{1}{r} - \frac{1}{3R_e}}} = \frac{(3R_e)^{\frac{3}{2}}}{\sqrt{2GM}} \int_{\left(\frac{1}{3}\right)}^{1} \frac{dx}{\sqrt{\frac{1}{x} - 1}}$$

$$\cong 1.43 \frac{(3R_e)^{\frac{3}{2}}}{\sqrt{2GM}}$$

Oefening 3.16 *. Een testmassa wordt boven de evenaar losgelaten.*

Voorbeeld 3.17. Een planeet met massa M….

Een planeet met massa m draait om een zon met massa M. We zagen in de algemene eigenschappen van Kepler-systemen dat de planeet beweegt in een vlak dat het krachtcentrum bevat. (a) Introduceer poolcoördinaten voor het bewegingsvlak en schrijf de Lagrange-functie op; (b) Bepaal het impulsmoment en de energie van het planetenstelsel; en (c) uit de Kepler-analyse weten we dat de baan een ellips is, dus relateer de lengte van de halve grote as *a* en de excentriciteit εvan die ellips aan de behouden energie en het behouden impulsmoment verkregen in (b), gebruikmakend van de volgende parameterisering van de baan als een ellips:

$$\frac{1}{e} = \frac{1}{a(1-\varepsilon^2)} + \frac{\varepsilon}{a(1-\varepsilon^2)} \cos\theta$$

Oplossing:

(a) We hebben de zwaartekracht van Newton en we schakelen over naar het referentiestelsel van het massamiddelpunt:

$$F = \frac{mMG}{r^2} = \frac{M_T \mu G}{r^2}, \text{where } M_T = (m+M) \text{ and } \mu = \frac{mM}{m+M}$$

Hiervoor kunnen we de potentiële energie als volgt schrijven:

$$U = -\frac{M_T \mu G}{r}$$

In poolcoördinaten is de Lagrange-functie dus $L = T - U$:

$$L = \frac{1}{2}\mu\left(\dot{r}^2 + r^2\dot{\theta}^2\right) - U(|\vec{r}|) \; and \; \vec{r} = \vec{r}_m - \vec{r}_M, r = |\vec{r}|$$

(b) Om de energie te verkrijgen, beginnen we met het afleiden van de bewegingsvergelijkingen voor de cyclische coördinaten, hier de omloophoek, om andere bewegingsconstanten te verkrijgen, en gebruiken we vervolgens $E = T + U$:

$$\frac{d}{dt}\left(\mu r^2\dot{\theta}\right) = 0 \rightarrow l = \mu r^2\dot{\theta}, angular\ momemtum\ conserved$$

$$E = \frac{1}{2}\mu\dot{r}^2 + \frac{l^2}{2\mu r^2} - \frac{\mu M_T G}{r}$$

(c) Relatie tot de parameterisering van een ellips. Bij r_{min}en r_{max}hebben we $\dot{r} = 0$, dus krijgen we:

$$E = \frac{l^2}{2\mu r_{min}{}^2} - \frac{\mu M_T G}{r_{min}}\ and\ E = \frac{l^2}{2\mu r_{max}{}^2} - \frac{\mu M_T G}{r_{max}}$$

Uit de parameterisering van de ellips volgt voor r_{min}en r_{max}:

$$\frac{1}{r_{min}} = \frac{1}{a(1-\varepsilon^2)} + \frac{\varepsilon}{a(1-\varepsilon^2)} \quad \Longrightarrow \quad r_{min} = a(1-\varepsilon)$$
$$\frac{1}{r_{max}} = \frac{1}{a(1-\varepsilon^2)} + \frac{\varepsilon}{a(1-\varepsilon^2)} \quad \Longrightarrow \quad r_{max} = a(1+\varepsilon)$$

Door de twee vergelijkingen voor de energie op de maximale en minimale r-posities te gebruiken, verkrijgen we:

$$\frac{l^2}{2\mu}\left(\frac{1}{r_{max}{}^2} - \frac{1}{r_{max}{}^2}\right) - \mu M_T G\left(\frac{1}{r_{min}} - \frac{1}{r_{max}}\right) = 0 \quad \rightarrow \quad l^2 = \mu^2 M_T G a(1-\varepsilon^2)$$

Door de relatie voor l^2in de twee energievergelijkingen te substitueren, evenals $r_{min} = a(1-\varepsilon)$en $r_{max} = a(1+\varepsilon)$, verkrijgen we:

$$E = \frac{-\mu M_T G}{r_{min} + r_{max}} = \frac{-\mu M_T G}{2a}$$

Dus,

$$a = \frac{-\mu M_T G}{2E} = \frac{mMG}{2|E|} = \frac{\alpha}{2|E|}, where\ a = \mu M_T G = mMG.$$

En door substitutie in de l^2relatie hergroeperen we om de uitdrukking voor excentriciteit te verkrijgen:

$$\varepsilon = \sqrt{1 + \left(\frac{2El^2}{\mu\alpha^2}\right)}.$$

Oefening 3.17. *Wat is de excentriciteit van het aarde-maan-systeem? En van het aarde-zon-systeem?*

Voorbeeld 3.18. Een deeltje met massa m…

Een deeltje met massa m beweegt in een potentiaalveld.$U = \alpha/r - \beta/r^3, \alpha, \beta > 0$.

a) Voor welk bereik van stralen, *r* , zijn cirkelbanen stabiel? (Druk de voorwaarde voor r uit in termen van α en β.)

b) Bepaal in termen van *r, α, β* en m de frequentie Ω van een cirkelbaan en de frequentie *w* van kleine trillingen rond een cirkelbaan.

Oplossing:

(a) $U = \alpha/r - \beta/r^3, \alpha, \beta > 0$, en voor banen: $L = \frac{1}{2}m(\bar{r}^2 + r^2\dot{\theta}^2) - U$en $E = \frac{1}{2}m\dot{r}^2 + \frac{M_\theta^2}{2mr^2} + U$, dus

$$U_{eff} = \frac{M_\theta^2}{2mr^2} - \frac{\alpha}{r} - \frac{\beta}{r^3}.$$

Cirkelvormige banen voor:

$$\frac{U_{eff}}{\partial r} = 0 \rightarrow -\frac{M_\theta^2}{mr^3} + \frac{\alpha}{r^2} + \frac{3\beta}{r^4} = 0$$

Stabiele banen voor:

$$\frac{\partial^2 U_{eff}}{\partial r^2} = \frac{3M_\theta^2}{mr^4} - \frac{2\alpha}{r^3} - \frac{12\beta}{r^5} > 0.$$

(b) Houd rekening met de relatie tussen het geveegde oppervlak, A: $M_\theta = mr^2\dot{\theta} = 2m\frac{dA}{dt}$, dan kunnen we schrijven:

$$dt = \frac{2m}{M_\theta}dA \Rightarrow T = \frac{2m}{M_\theta}(\pi r_c^2)$$

$$\alpha r_c^2 - \frac{M_\theta^2}{m} r_c + 3\beta = 0$$

De frequentie van de cirkelvormige baan, Ω, is:

$$\Omega = \frac{2\pi}{T} = \frac{M_\theta}{mr_c^2},$$

en de frequentie van kleine trillingen rond die cirkelvormige baan:

$$\omega = \sqrt{\frac{1}{2m}\frac{\partial^2 U_{eff}}{\partial r^2}\bigg|_{r_c}} = \sqrt{\frac{1}{m}\left\{\frac{\alpha}{r^3} - \frac{3\beta}{r^5}\right\}}.$$

Oefening 3.18. *Wat gebeurt er als* α *en* β zo worden gekozen dat $\Omega = \omega$***?***

Voorbeeld 3.19. Deeltje in een centraal krachtveld.

Een deeltje beweegt in een centraal krachtveld gegeven door de potentiaal: $U = -K\frac{e^{-r/a}}{r}$, waarbij Ken $a$positieve constanten zijn. (a) Vind de relatie tussen r, l en E voor cirkelbanen. (b) Vind de periode van kleine oscillaties (in het r- θvlak) rond een cirkelbaan.

Oplossing:

(a) Dus, hebben we $U = -K\frac{e^{-r/a}}{r}$en $L = \frac{1}{2}m(\dot{r}^2 + r^2\dot{\theta}^2) - U$. Voor de centrifugale barrière geldt:

$$\frac{d}{dt}\left(\frac{\partial L}{\partial \dot{\theta}}\right) = 0 \Rightarrow mr^2\dot{\theta} = |L|$$

Dus,

$$L = \frac{1}{2}m\dot{r}^2 - \frac{|L|^2}{2mr^2} - U$$

en de bewegingsvergelijkingen zijn:

$$\frac{d}{dt}(m\dot{r}) - \left\{-\frac{|L|^2}{mr^3} - \frac{\partial U}{\partial r}\right\} = 0$$

Gebruik cirkelvormige banen $r = const$voor:

$$\frac{|L|^2}{mr_0^3} = -\frac{\partial U}{\partial r}\bigg|_{r=r_0} \rightarrow \frac{l^2}{mr_0^3} + \frac{E}{r_0} = +\frac{K}{ar_0}e^{-r_0/a} \rightarrow E$$

$$= \frac{l^2}{2mr_0^2} + \frac{K}{a}e^{-r_0/a}$$

(b) We hebben $\omega = \sqrt{\frac{1}{2m}\frac{\partial^2 U_{eff}}{\partial r^2}}$ en $U_{eff} = \frac{+l^2}{2mr^2} - \frac{Ke^{-r/a}}{r}$, en bij oscillatie-evenwicht:

$$\frac{U_{eff}}{\partial r} = \frac{-l^2}{mr^3} + \frac{Ke^{-r/a}}{r^2} + \frac{Ke^{-r/a}}{ar} = 0,$$

dus,

$$\frac{\partial^2 U_{eff}}{\partial r^2} = \frac{3l^2}{mr^4} - \frac{2Ke^{-r/a}}{r^3} - \frac{Ke^{-r/a}}{ar^2} - \frac{Ke^{-r/a}}{ar^2} - \frac{Ke^{-r/a}}{a^2 r}.$$

Van

$$\left(\frac{1}{r^2} + \frac{1}{ar}\right)Ke^{-r/a} = \frac{l^2}{mr^3} \quad and \quad Ke^{-r/a} = \left(\frac{ar}{a+r}\right)\frac{l^2}{mr^2}$$

$$= \frac{a}{a+r}\frac{l^2}{mr}$$

We kunnen ons dan hergroeperen om verder te gaan.

$$\omega = \sqrt{\frac{l^2}{m^2 r^2}\left\{\frac{a}{a+r}\right\}\left(\frac{1}{r^2} + \frac{1}{ar} - \frac{1}{a^2 r}\right)}.$$

Oefening 3.19. *Stel dat* $\left.\frac{\partial^2 U_{eff}}{\partial r^2}\right|_{r_c}$ *voor een bepaalde keuze vanK En* aAls *we de frequentieformule afleiden tot de derde orde afgeleide in de potentiaal, wat is dan de nieuwe oscillatiefrequentie?*

Voorbeeld 3.20. De ***derde wet*** ***van Kepler , afgeleid van de wetten van Newton.***

(a) Toon rechtstreeks vanuit de wetten van Newton aan dat voor twee sterren met massa m1 en m2 in cirkelvormige banen om hun massamiddelpunt de derde wet van Kepler de vorm heeft: $T^2 = \frac{4\pi^2}{G(m_1+m_2)}R^3$, waarbij T de periode en R de afstand tussen de sterren is.

(b) Toon aan dat de formule kan worden herschreven in de vorm $T^2 = (m_1 + m_2)^{-1}R^3$, waarbij T in jaren, R in AU (astronomische eenheden) en m in

zonnemassa's is. (Als R de halve grote as is, geldt dit ook voor elliptische banen.)
(c) Toon aan dat voor een klein object in een cirkelbaan aan het oppervlak van een groot object geldt, $T = K\rho^{-1/2}$, en bepaal de constante K. Wat is de periode van een kiezelsteen in een baan aan het oppervlak van een bolvormige rots ($\rho = 3g/cm^3$)?

Oplossing:
(a) Herinneren: $L = r \times \mu v = \text{constend}A = \frac{1}{2} r \cdot rd\theta$
Dus,

$$L = \mu r \times \left(\dot{r}\hat{r} + r\dot{\theta}\hat{\theta}\right) = \mu r^2 \dot{\theta} = 2\mu \frac{dA}{dt} = \text{const}$$

$$2\mu dA = Ldt \rightarrow 2\mu(\pi ab) = LT$$

Denk even terug aan de relatie tussen massa's en de grote en kleine as:

$$a = \frac{G(m_1 + m_2)\mu}{2|E|} \qquad b = \frac{L}{\sqrt{2\mu|E|}}$$

Dus,

$$LT = 2\mu\pi \frac{G(m_1 + m_2)\mu}{2|E|} \frac{L}{\sqrt{2\mu|E|}}$$

$$\rightarrow \quad \frac{4\pi^2}{G(m_1 + m_2)} \left\{\frac{G(m_1 + m_2)\mu}{2|E|}\right\}^3 = T^2$$

Door a = R te vervangen (evaluatie op de halve lange as):

$$T^2 = \frac{4\pi^2}{G(m_1 + m_2)} R^3.$$

(b) Eenheidsverandering verloopt als volgt:

$$T^2 \left(\frac{365 \times 24 \times 3600\text{sec}}{1yr}\right)^2$$

$$= \frac{4\pi^2}{G(m_1 + m_2)\left(\frac{2 \times 10^{30} kg}{M_\Theta}\right)} R^3 \left(\frac{1.5 \times 10^8 km}{1A.U.}\right)^3,$$

dus, $T^2 = (m_1 + m_2)^{-1} R^3 KenK =$
$\frac{(1.5\times10^8 km)^3 4\pi^2}{6.67\times10^{-11} Nm^2/kg^2 (3.15\times10^7 sec)^2 (2\times10^{30} kg)} \left[\frac{M_\Theta \cdot yr^2}{(A.U.)^3}\right] = 1.0 \left[\frac{M_\Theta \cdot yr^2}{(A.U.)^3}\right]$.
Dus,

$$T^2 = (m_1 + m_2)^{-1} R^3.$$

(c) $T^2 = (m_1 + m_2)^{-1} R^3 \simeq m_{Large}^{-1} R^3 \simeq \frac{\frac{4}{3}\pi R^3}{m_{Large}} \frac{1}{\frac{4}{3}\pi} = \frac{\rho}{\frac{4}{3}\pi}$, dus $T = K\rho^{-1/2}$waar $K = \frac{1}{2\sqrt{\frac{\pi}{3}}}$(waarbij T in jaren is, $R = AU's$, $m = M_\Theta's$, en $m_1 \gg m_2$. Voor $\rho = 3g/cm^3 = 3 \times 10^3 kg/m^3$, dus:

$$T = \sqrt{\frac{3\pi}{6.67 \times 10^{-11}}} (3 \times 10^3)^{-1/2} sec = 6.86 \times 10^3 sec$$
$$= 114\, min.$$

Oefening 3.20. Wat is de omlooptijd van een kiezelsteen in een baan aan het aardoppervlak ($\rho = 1g/cm^3$) en aan het oppervlak van een neutronenster ($\rho = 10^{16} g/cm^3$)?

Voorbeeld 3.21. Binaire systemen.
De massa van sterren wordt bepaald door binaire systemen te observeren. Meestal zijn de sterren niet te onderscheiden, maar het spectrum vertoont twee periodiek veranderende Dopplerverschuivingen, die de snelheid van elke ster in de kijkrichting aangeven. Noem de snelheden V_1en V_2. Toon aan dat als de baan een hoek maakt θmet de kijkrichting:

$$R = (V_1 + V_2)/\Omega \sin\theta \text{en } M_2/M_1 = V_1/V_2 \text{en } \frac{m_2^3}{(m_1+m_2)^2} \sin^3\theta = (a_1 \sin\theta)^3/T^2.$$

Begin met : $V_1 = \mho_1 \sin\theta$ *and* $V_2 = \mho_2 \sin\theta$, waarbij $\mho_1 = r_1\Omega$ *and* $\mho_2 = r_2\Omega$. Laat $R = r_1 + r_2$, dan:

$$V_1 + V_2 = (\mho_1 + \mho_2)\sin\theta = R\Omega \sin\theta \rightarrow R = (V_1 + V_2)/\Omega \sin\theta$$

Met de oorsprong in het zwaartepunt: $M_1 r_1 + M_2 r_2 = 0$en $M_1 \mho_1 + M_2 \mho_2 = 0$, dus:$|M_1 V_1/\sin\theta| = |M_2 V_2/\sin\theta|$

En $\frac{M_2}{M_1} = \frac{V_1}{V_2}$.om de laatste relatie te verkrijgen, bedenk dat op de halve lange as (voor R):

$$T^2 = (m_1 + m_2)^{-1} R^3,$$

dus:

$$T^2 = (m_1 + m_2)^{-1} \left\{ \frac{(V_1 + V_2)}{\Omega \sin\theta} \right\}^3 = (m_1 + m_2)^{-1} \left\{ \frac{\left(1 + \frac{m_1}{m_2}\right) V_1}{\Omega \sin\theta} \right\}^3$$

$$= (m_1 + m_2)^{-1} \left(1 + \frac{m_1}{m_2}\right)^3 a_1^3$$

Waaruit we het volgende verkrijgen:

$$\frac{m_2^3}{(m_1 + m_2)^2} \sin^3\theta = \frac{(a_1 \sin\theta)^3}{T^2}.$$

Oefening 3.21. *Dubbelster met neutronenster.*
Beschouw een dubbelster met één neutronenster. De waargenomen Dopplerverschuiving van de neutronenster heeft een magnitude $\frac{\Delta\lambda}{\lambda} = 2 \times 10^{-6}$van en een periode van 4 dagen. Als de massa van de neutronenster kleiner is dan 3 M_Θ, wat is dan de maximale massa van zijn begeleidende ster?

Voorbeeld 3.22. Beweging binnen een omwentelingsparaboloïde.
Een deeltje met massa m is gedwongen om wrijvingsloos onder invloed van de zwaartekracht te bewegen aan de binnenzijde van een omwentelingsparaboloïde waarvan de as verticaal is. Vind het eendimensionale probleem dat equivalent is aan zijn beweging. Wat is de voorwaarde voor de beginsnelheid van het deeltje om een cirkelbeweging te produceren? Bepaal de periode van kleine oscillaties rond deze cirkelbeweging.

Laten we cilindrische coördinaten aannemen: $x = \rho \sin\theta$, $y = \rho \cos\theta$, in welk geval we de volgende coördinaten hebben: $z = \frac{a}{2}\rho^2, \quad \rho^2 = x^2 + y^2, \quad y = x^2$, en potentieel $U = mgz$. De Lagrangiaan is dus:

$$L = \frac{1}{2} m(\dot{x}^2 + \dot{y}^2 + \dot{z}^2) - mg\frac{a}{2}\rho^2,$$

waar

$$\dot{z} = a\rho\dot{\rho}, \quad \dot{x} = \dot{\rho}\sin\theta + \rho\cos\theta\,\dot{\theta}, \quad \dot{y} = \dot{\rho}\cos\dot{\theta} + \rho\sin\theta\,\dot{\theta}.$$

Dus,

$$L = \frac{1}{2}m\left(\dot{\rho}^2 + (a\rho\dot{\rho})^2 + \left(\rho\dot{\theta}\right)^2\right) - mg\frac{a}{2}\rho^2$$

Gebruikmakend van de Euler-Lagrange-vergelijking voor θ:

$$\frac{d}{dt}\left(\frac{\partial L}{\partial \theta}\right) - \frac{\partial L}{\partial \theta} = 0 \quad gives \quad m\rho^2\theta = M_\theta.$$

Dus,

$$L = \frac{1}{2}m(\dot{\rho}^2 + (a\rho\dot{\rho})^2) + \frac{1}{2}m\left(\rho\dot{\theta}\right)^2 - mg\frac{a}{2}\rho^2$$

Met behulp van de Euler-Lagrange-vergelijking ρkrijgen we:

$$m\ddot{\rho} + \frac{d}{dt}(m(a\rho)^2\dot{\rho}) - m(a\dot{\rho})^2\rho - m\rho\dot{\theta}^2 + mga\rho = 0$$

$$m\ddot{\rho}(1 + a^2\rho^2) + ma^2\rho\dot{\rho}^2 - \frac{M_\theta^2}{m\rho^3} + mga\rho = 0$$

Cirkelbeweging $\dot{\rho} = 0$:

$$\left(\frac{M_\theta}{m\rho}\right)^2 = ga\rho^2 \quad and \quad M_o = m\rho v.$$

Dus

$$v = \rho\sqrt{ga} = \sqrt{2gz}$$

Laten we nu eens kijken naar kleine oscillaties voor

$$m\ddot{\rho}(1 + a^2\rho^2) + ma^2\rho\dot{\rho}^2 - \frac{M_\theta^2}{m\rho^3} + mga\rho = 0$$

Laat $\rho = \rho_o + \eta$, en behoud dan termen tot de eerste orde in η:

$$(1 + a^2\rho_o^2)m\ddot{\eta} - \frac{M_\theta^2}{m\rho_o^3}\left(1 - \frac{3\eta}{\rho_o}\right) + mga(\rho_o + \eta) = 0$$

Dus,

$$\ddot{\eta} + \frac{4ga\eta}{(1 + a^2\rho_o^2)} = 0 \quad \Rightarrow \quad \omega = \sqrt{\frac{4ga}{(1 + a^2\rho_o^2)}} \quad \Rightarrow \quad T = \pi\sqrt{\frac{(1 + a^2\rho_o^2)}{ga}}.$$

Oefening 3.22. In-fall tijd.
Twee deeltjes bewegen onder invloed van zwaartekracht in cirkelvormige banen om elkaar heen met een periode T. Hun beweging wordt plotseling gestopt en ze worden losgelaten en vallen op elkaar. Toon aan dat ze botsen in tijd $t/4\sqrt{2}$.

Voorbeeld 3.23. Aantrekkingskracht in het midden.

(a) Toon aan dat als een deeltje een cirkelbaan beschrijft onder invloed van een aantrekkende centrale kracht die gericht is naar een punt op de cirkel, de kracht varieert als de inverse vijfde macht van de afstand.
(b) Toon aan dat voor de beschreven baan de totale energie van het deeltje nul is.
(c) Bepaal de periode van de beweging.
(d) Bepaal $\dot{x}$, $\dot{y}$, en $v$als functie van de hoek rond de cirkel en toon aan dat alle drie grootheden oneindig zijn wanneer het deeltje door het krachtcentrum gaat.

Oplossing
(a) Begin met de positie gegeven door $r - 2a\sin\theta \;\; for \quad 0 \leq \theta \leq 180°$. En heb de Lagrange-functie:

$$L = \frac{1}{2}m(\dot{r}^2 + r^2\dot{\theta}^2) - U(r) \quad with \quad \dot{r} = 2a\cos\theta\,\dot{\theta}.$$

Dan,

$$\frac{d}{dt}\left(\frac{\partial L}{\partial \dot{\theta}}\right) - \frac{\partial L}{\partial \theta} = 0 \Rightarrow M_\theta = mr^2\dot{\theta} = \text{const. of motion}$$

Gebruik $r^2 + r^2\dot{\theta}^2 = 4_a^2\cos^2\theta\,\dot{\theta}^2 + 4_a^2\sin^2\theta\,\dot{\theta}^2 = 4_a^2\dot{\theta}^2$de "beperking" op r om de bijbehorende kracht te identificeren. Op dezelfde manier krijgen we $E = 2ma^2\dot{\theta}^2 + U(r)$= integraal van de beweging, dus constant:

$$E = 2ma^2 \frac{M_\theta^2}{(mr^2)^2} + U(r) = \frac{2a^2M_\theta^2}{mr^4} + U(r) = \text{const}$$

Dus,

$$\frac{dE}{dr} = -\frac{8a^2M_\theta^2}{mr^5} + \frac{dU}{dr} = 0$$

geeft aan dat de (aantrekkingskracht) is:

$$F(r) = \frac{8a^2M_\theta^2}{mr^5}.$$

(B) $E = \frac{2a^2M_\theta^2}{mr^4} - \int_\infty^r -\frac{8a^2M_\theta^2}{mr^5} = 0$

(C) $T = ?$ $M_\theta = mr^2\dot{\theta} = m(4a^2)\sin^2\theta \frac{d\theta}{dt}$

$$dt = m(4a^2)\frac{\sin^2\theta}{M_\theta}d\theta$$

$$T = \frac{1}{M_\theta}\int_0^\pi (4a^2)\, m \sin^2\theta\, d\theta = \frac{2\pi ma^2}{M_\theta}$$

Als alternatief:

$M_\theta = mr^2\dot{\theta} = mr \cdot r\frac{d\theta}{dt} = m2\frac{dA}{dt} \quad \rightarrow \quad dt = \frac{2mdA}{M_\theta} \quad \rightarrow \quad T = \frac{2\pi ma^2}{M_\theta}$

(D) $x = r\cos\theta = 2a\sin\theta\cos\theta = a\sin 2\theta$ $\quad \dot{x} = 2a(\cos^2\theta - \sin^2\theta)\dot{\theta}$

$y = r\sin\theta = 2a\sin^2\theta$ $\quad \dot{y} = 4a\sin\theta\cos\theta\,\dot{\theta}$

Dus,

$$\dot{x} = (2a)(1 - 2\sin^2\theta)\dot{\theta} = 2a\left(1 - \frac{1}{2}\left(\frac{r}{a}\right)^2\right)\frac{M_\theta}{mr^2}; \qquad \dot{y} = 2r\sqrt{1 - \left(\frac{r}{a}\right)^2}\frac{M_\theta}{mr^2}$$

En

$$v = \sqrt{4a^2\{\cos^4\theta - 2\cos^2\theta\sin^2\theta + \sin^4\theta\} + 16a^2\sin^2\theta\cos^2\theta} \cdot \dot{\theta} = 2a\dot{\theta}\sqrt{\cos^4\theta + \sin^4\theta}.$$

Oefening 3.23. Deeltje in een centraal harmonisch potentiaalveld. Een deeltje met massa m beweegt in een centraal harmonisch potentiaalveld $V(r) = (1/2)kr^2$met een positieve veerconstante k. (a) Gebruik het effectieve potentiaalveld om aan te tonen dat alle banen gebonden zijn en dat de effectieve E_{min}waarde groter moet zijn dan $\sqrt{kl^2/m}$. (b) Controleer of de baan een gesloten ellips is met de oorsprong in het middelpunt. Als de relatie $E/E_{min} = \cosh\xi$de grootheid definieert ξ, toon dan aan dat de baanparameters voor a, b en excentriciteit gelijk zijn aan . Bespreek het grensgeval $E \to E_{min}$en $E \gg E_{min}$. (c) Toon aan dat de periode onafhankelijk is van E en l.

3.8 Kleine schommelingen rond stabiele evenwichten

Tot nu toe hebben we de basisprincipes van de orbitale mechanica behandeld en het klassieke orbitale resultaat van een ellips verkregen (met een cirkel als speciaal geval). Maar hoe stabiel is dit geïdealiseerde resultaat voor meer realistische systemen waar af en toe externe interacties de boel kunnen beïnvloeden? Hoe stabiel zijn deze oplossingen in de 'werkelijkheid'? Het blijkt dat dit een vraag is die te maken heeft met kleine oscillaties (die in detail in deze sectie worden beschreven) en met de algehele stabiliteit (die wordt beschreven in hoofdstuk 6, waar de dynamica in de faseruimte wordt beschreven en in het daar beschreven formalisme de criteria voor stabiliteit gemakkelijker kunnen worden vastgesteld). Merk op dat het verbreden van de klasse van oplossingen om kleine verstoringen toe te staan de eerste stap is naar een algemene mechanische oplossing, maar hoe ver kan dit gaan? Het antwoord, dat ook in een latere sectie zal volgen, is tot aan de "grens van de chaos", die op een kenmerkende manier wordt bereikt, wat aanleiding geeft tot universele constanten, inclusief C_∞de mogelijk speciale relatie met alfa (details in [45]).

Laten we eens kijken naar kleine oscillaties in het geval van een cirkelvormige baan. In de potentiaal bevinden we ons in een situatie waarin we ons al op het minimum van de potentiaal bevinden (onveranderlijk in de tijd). Als we deze configuratie een beetje verschuiven, zien we dat we een potentiële omgeving zullen ervaren die gedomineerd wordt door de potentiaal in de buurt van het evenwicht. Omdat deze zich op een minimum bevindt (wat vereist is voor evenwicht in systemen in het algemeen, dus deze discussie is ook van toepassing op die gevallen), is er geen term van de eerste orde, alleen van de tweede tot en met de daaropvolgende hogere orde.

$$U(r) - U(r_{min}) \cong \frac{1}{2}k(r - r_{min})^2 \ldots$$

plus termen van hogere orde.

(3-39)

Als we ons nu concentreren op de kleine verplaatsing $x = r - r_{min}$en de constante $U(r_{min})$term weglaten, krijgen we de klassieke Lagrange-functie van een veeroscillator in variabele x:

$$L = \frac{1}{2}m\dot{x}^2 - \frac{1}{2}kx^2$$

(3-40)

Waarvoor de Euler-Lagrange-vergelijkingen de bewegingsvergelijking van de tweede orde opleveren:

$$m\ddot{x} + kx = 0 \quad \rightarrow \quad \ddot{x} + \omega^2 x = 0, \qquad where\ \omega^2 = \frac{k}{m}.$$

(3-41)

Omdat het gebruikelijk is om in deze context over positieve frequenties te spreken, nemen we de positieve wortel: $\omega = \sqrt{k/m}$. De algemene oplossing voor de differentiaalvergelijking is dan: $x(t) = a\cos(\omega t) + b\sin(\omega t)$. De klassieke 1D-veer heeft dus twee onafhankelijke trillingsmogelijkheden. Randvoorwaarden reduceren zich vaak tot één onafhankelijke trillingsvrijheidsgraad. Zoals bij het probleem van de cirkelbaan met kleine trilling, waarbij het orbitale impulsmoment wordt gemodificeerd door de kleine trilling (typisch), waarbij de randvoorwaarden worden gekozen voor een veertrilling die zich vertaalt in een golfvoortplanting rond de evenwichtscirkelbaan in dezelfde oriëntatie als het impulsmoment van het systeem, wat resulteert in een groter netto impulsmoment van het systeem, of het tegenovergestelde, met een kleiner netto impulsmoment. Stel dat dit vervolgens een oplossing selecteert waarbij slechts één van de trillingen consistent is, en we kiezen voor het gemak $x(t) = a\cos(\omega t)$, dan hebben we:

$$E = \frac{1}{2}m\omega^2 a^2 \propto (amplitude)^2. \tag{3-42}$$

De systeemfrequentie is dus niet afhankelijk van de amplitude, maar de systeemenergie is evenredig met het kwadraat van de amplitude. Merk op dat de bewegingsvergelijking voor een 1D-veeroscillatie als volgt kan worden herschreven:

$$\frac{d^2x}{dt^2} + \omega^2\frac{d^2x}{dX^2} = 0, \tag{3-43}$$

waarbij de twee oplossingsklassen nu in de volgende vorm zijn vastgelegd:

$$x(t,X) = a\cos(\omega t - X) + b\cos(\omega t + X). \tag{3-44}$$

Hieraan nauw verwant is de eendimensionale (partiële differentiaal) golfvergelijking voor trillingen op een snaar $y(t,X)$:

$$\frac{\partial^2 y}{\partial t^2} - \omega^2\frac{\partial^2 y}{\partial X^2} = 0,$$

waarbij de twee onafhankelijke oplossingsklassen nu worden vastgelegd in de vorm (D'Alembert [7]):

$$y(t,X) = \mathrm{f}(\omega t - X) + \mathrm{g}(\omega t + X).$$

Zowel bij de 1D-oscillator als bij de 1D-snaartrilling hebben de randvoorwaarden invloed op de beoordeling van de beschikbare functionele vrijheidsgraden.

3.8.1 Aangedreven systemen

Nu we de 'natuurlijke' trillingen van het systeem begrijpen, wat gebeurt er als we herhaaldelijk een kracht op het systeem uitoefenen (nog steeds binnen de benadering van kleine trillingen)? Door binnen het regime van kleine trillingen te blijven, moeten we een voldoende zwakke potentiaal hebben, en in dat geval kunnen we deze uitbreiden tot de laagste orde in verplaatsing van het systeem ten opzichte van zijn evenwichtspositie. Dus, naast de herstellende kracht van de veer uit de potentiële energie, $\frac{1}{2}kx^2$hebben we nu ook

$$U_{external}(x,t) \cong U_{ext}(0,t) + x[\partial U_{ext}/\partial x]_{x=0}$$

(3-45)

Door de term zonder x-afhankelijkheid weg te laten en $F(t) = -[\partial U_{ext}/\partial x]_{x=0}$in plaats daarvan 'kracht' te schrijven, verkrijgen we de Lagrange-functie voor de aangedreven oscillator:

$$L = \frac{1}{2}m\dot{x}^2 - \frac{1}{2}kx^2 + xF(t).$$

(3-46)

Hieruit volgt de differentiaalvergelijking:

$$\ddot{x} + \omega^2 x = \frac{F(t)}{m},$$

(3-47)

waarvan de algemene oplossing op de gebruikelijke manier voor inhomogene differentiaalvergelijkingen kan worden verkregen door voort te bouwen op de oplossingen van de homogene differentiaalvergelijking. Stel in dit geval dat dit wordt geschreven als algemene oplossing $x(t) = x_{hom}(t) + x_{inhom}(t)$, waarbij, $x_{hom}(t) = a\cos(\omega t + \alpha)$zoals eerder, met $\{a, \alpha\}$bepaald door de randvoorwaarden. Om het $x_{inhom}(t)$deel te berekenen, beschouwen we externe krachten die periodieke aandrijvingen zijn (sommatie over dergelijke krachten kan dan, door de volledigheid van de Fourier-transformatie, elke tijdsafhankelijke externe kracht modelleren):

$$F(t) = f\cos(\gamma t + \beta).$$

(3-48)

Als we een oplossing raden $x_{inhom}(t) = b\cos(\gamma t + \beta)$, blijkt deze te werken voor $b = f/m(\omega^2 - \gamma^2)$, en zo verkrijgen we als algehele oplossing:

$$x(t) = a\cos(\omega t + \alpha) + \left[\frac{f}{m(\omega^2 - \gamma^2)}\right]\cos(\gamma t + \beta).$$

(3-49)

Merk op dat deze oplossing bestaat uit een deel dat oscilleert met de eigenfrequentie van het systeem en een deel dat oscilleert met de aandrijffrequentie van de kracht. Merk ook op dat er iets bijzonders gebeurt als de aandrijffrequentie overeenkomt met de eigenfrequentie van het systeem. Dit is het verschijnsel resonantie.

Om te onderzoeken wat er bij resonantie gebeurt, willen we een vorm hebben voor het nemen van de limiet $\gamma \to \omega$. Hiervoor moet de tweede term een vorm hebben die geschikt is voor het gebruik van de regel van L'Hopital. Door simpelweg een deel van de eerste term te splitsen en de fasecomponent naar behoefte te verschuiven (allemaal geldig binnen de eerste-orde benadering van kleine oscillaties) kunnen we eenvoudig herschrijven:

$$x(t) = a' \cos(\omega t + \alpha) + \left[\frac{f}{m(\omega^2 - \gamma^2)}\right][\cos(\gamma t + \beta) - \cos(\omega t + \beta)], \tag{3-50}$$

en we krijgen:

$$\lim_{\gamma \to \omega} x(t) = a' \cos(\omega t + \alpha) + \left[\frac{ft}{2m\omega}\right][\sin(\omega t + \beta)]. \tag{3-51}$$

Zoals te zien is, komt de bekende instabiliteit bij resonantie naar voren in de tweede term, die lineair in de tijd toeneemt (waardoor al snel de aannames van kleine oscillaties worden geschonden). Systemen begeven het vaak wanneer ze op resonantie worden aangedreven, omdat ze in staat zijn om voldoende energie van de bestuurder te absorberen om niet alleen de aannames van kleine oscillaties te schenden (en de vatbaarheid voor verdere energieabsorptie door de bestuurder te verminderen), maar ook om een systeembeperking te doorbreken. Opmerking: dit is hoe een geparkeerde auto kan worden verplaatst door een kleine groep mensen die periodiek tegen de auto duwen ('veren' zonder 'op te tillen') als de ophanging op resonantie wordt aangedreven en er zijdelingse duwen worden gegeven op het punt waar de vering het sterkst is.

Laten we nu systemen met meer dan één vrijheidsgraad bekijken. Over het algemeen zullen de termen van lage orde in de potentiaaluitdrukking in de verplaatsingen kruistermen bevatten. Desondanks kan er doorgaans naar gestreefd worden om coördinaten te ontkoppelen tot een potentiaal van lage orde zonder kruistermen (bekend als "normale coördinaten"), waardoor het systeem met N vrijheidsgraden ontkoppelt in N 1-dimensionale oscillaties, zoals reeds besproken.

Laten we, in navolging van de notatie van [27], U beschouwen als een functie van meerdere coördinaten. We zijn geïnteresseerd in expansies van deze potentiaal met kleine verschuivingen ten opzichte van het minimum (aangezien we evenwicht met kleine oscillatie aannemen). Door de vrijheid te hebben om de energieschaal te verschuiven, kiezen we de minimale potentiaal op nul, en hebben we voor de potentiaal tot op kwadratische termen na (geen lineaire termen omdat deze zich op het minimum bevindt):

$$U = \frac{1}{2}\sum_{i,k} K_{ik} x_i x_k,$$

waarbij de x'en de coördinaatverplaatsingen vanaf het minimum van de potentiaal voorstellen. Op dezelfde manier zal de kinetische term in gegeneraliseerde coördinaten nog steeds kwadratisch zijn in de snelheden, maar de coëfficiënt zal over het algemeen coördinaatafhankelijk zijn:

$$T = \frac{1}{2}\sum_{i,k} m(x_i, x_k)\dot{x}_i\dot{x}_k \cong \frac{1}{2}\sum_{i,k} m_{ik}\dot{x}_i\dot{x}_k,$$

waarbij de laatstgenoemde benadering, met een constante inertiematrix, m_{ik}wordt verkregen door de term van de laagste orde in de gegeneraliseerde inertiefunctie te nemen $\sum_{i,k} m(x_i, x_k)$(consistent met de scenario's van kleine verplaatsing of kleine oscillatie). De Lagrange-functie is dus:

$$L = \frac{1}{2}\sum_{i,k} (m_{ik}\dot{x}_i\dot{x}_k - K_{ik}x_i x_k),$$

en de daaruit voortvloeiende Euler-Lagrange-vergelijkingen:

$$\sum_k (m_{ik}\ddot{x}_k + K_{ik}x_k) = 0.$$

Beschouw als mogelijke oplossingen verplaatsingen in de gegeneraliseerde coördinaten met verschillende groottes maar dezelfde frequentie: $x_k = A_k \exp i\omega t$. Door substitutie moeten we nu het volgende oplossen:

$$\sum_k (-\omega^2 m_{ik} + K_{ik})A_k = 0 \quad \rightarrow \quad det|-\omega^2 m_{ik} + K_{ik}| = 0,$$

We stellen de determinant dus gelijk aan nul, wat resulteert in een karakteristieke vergelijking van graad "N" (het aantal gegeneraliseerde coördinaten). De oplossingen $\{\omega_\alpha\}$zijn de karakteristieke frequenties van het systeem. Dit suggereert dat een algemene oplossing voor elke gegeneraliseerde coördinaatverplaatsing bestaat uit een som over alle karakteristieke frequenties (in overeenstemming met de notatie van [27]):

$$x_k = \sum_\alpha \Delta_{k\alpha}\theta_\alpha \ ; \quad \theta_\alpha = \mathrm{Re}[C_\alpha \exp i\omega_\alpha t], \tag{3-52}$$

waarbij $C_\alpha$willekeurige complexe constanten zijn, en de $\Delta_{k\alpha}$'s de minoren zijn van de determinant die geassocieerd is met elk van de karakteristieke frequenties ω_α(ervan uitgaande dat alle $\omega_\alpha$verschillend zijn). De tijdsafhankelijke variatie van elke coördinaat van het systeem is dus een superpositie van N eenvoudige periodieke oscillatoren (met willekeurige amplitudes en fasen, maar N bepaalde frequenties). Laten we voor de eenvoud aannemen dat alle $\omega_\alpha$verschillend zijn en simpelweg substitueren $x_k = \sum_\alpha \Delta_{k\alpha}\theta_\alpha$, waaruit we N ontkoppelde vergelijkingen verkrijgen na substitutie in de Lagrange-functie (bijvoorbeeld door gebruik te maken van de karakteristieke frequenties diagonaliseren we tegelijkertijd zowel de kinetische als de potentiële termen, afgezien van een inertiefactor $I_\alpha$voor elke frequentiebijdrage):

$$L = \frac{1}{2}\sum_\alpha I_\alpha(\dot{\theta}_\alpha{}^2 - \omega_\alpha{}^2\theta_\alpha{}^2), \tag{3-53}$$

Dit vereist een herschaling van de coördinaten om tot de conventie voor normale coördinaten te komen, waarbij hun kinetische term een coëfficiënt van 1/2 heeft. Dus $\theta_\alpha \to \theta_\alpha/\sqrt{I_\alpha}$, en als er een kracht aanwezig is, wordt de herziene Lagrangiaan:

$$L = \frac{1}{2}\sum_\alpha (\dot{\theta}_\alpha{}^2 - \omega_\alpha{}^2\theta_\alpha{}^2) + \sum_\alpha\sum_k \frac{F_k(t)}{\sqrt{I_\alpha}}\Delta_{k\alpha}\theta_\alpha. \tag{3-54}$$

Het gebruik van normale coördinaten maakt het dus mogelijk om een gedwongen oscillatie in een systeem met meer dan één vrijheidsgraad te reduceren tot een reeks eendimensionale gedwongen oscillatorproblemen.

3.8.2 Multimodale en vergrendelde-modale kleine oscillatievoorbeelden

Voorbeeld 3.24. Slinger opgehangen aan de rand van een cilindrische schijf.

Een eenvoudige slinger is opgehangen aan de rand van een cilindrische schijf, zoals weergegeven in figuur 3.9. De slinger heeft lengte $l$en massa m. De schijf heeft een straal $r = l/2$, een massa $M = 2m$en kan vrij roteren om een as door het middelpunt. Bepaal de normale trillingsmodi en frequenties in de benadering van kleine trillingen.

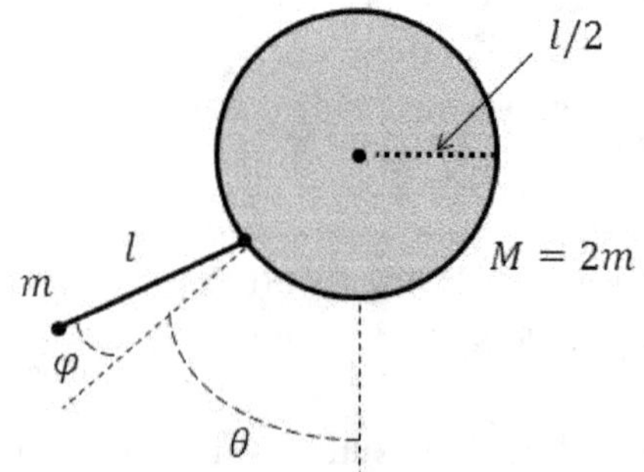

Figuur 3.9.

Om de Lagrange-functie te verkrijgen, hebben we eerst het traagheidsmoment van een massieve schijf nodig:

$$I = \int_0^r \rho r^2(2\pi r)dr = 2\pi\rho\frac{r^4}{4}, \qquad where\ \rho(\pi r^2) = M,$$

dus,

$$I = \frac{1}{2}Mr^2 = \frac{1}{2}(2m)(\frac{l}{2})^2 = \frac{1}{4}ml^2.$$

Voor de hoekcoördinaat van de schijfrotatie geldt θ, met hoekfrequentie $\omega = \dot{\theta}$. Laten we nu de coördinaten van de slingerbol bekijken:

$$y = \frac{l}{2}cos\theta + lcos(\theta + \varphi) \ \ and \ \ x = \frac{l}{2}sin\theta + lsin(\theta + \varphi)$$

met tijdsafgeleide:

$$\dot{y} = -\left\{\frac{l}{2}sin\theta\dot{\theta} + lsin(\theta + \varphi)(\dot{\theta} + \dot{\varphi})\right\} \ \ and \ \ \dot{x} = \left\{\frac{l}{2}co\dot{s}\theta\theta + lcos(\theta + \varphi)(\dot{\theta} + \dot{\varphi})\right\}.$$

De kinetische termen zijn dus:

$$T = \frac{1}{2}I\omega^2 + \frac{1}{2}m(\dot{x}^2 + \dot{y}^2)$$
$$= \frac{1}{2}\left(\frac{1}{4}ml^2\right)\dot{\theta}^2 + \frac{1}{2}m\left\{\left(\frac{l}{2}\dot{\theta}\right)^2 + \left[l(\dot{\theta} + \dot{\varphi})\right]^2 + l^2\dot{\theta}(\dot{\theta} + \dot{\varphi})cos\varphi\right\}$$

De mogelijke term is:

$$U = -mgy = -mgl\left(\frac{1}{2}cos\theta + cos(\theta + \varphi)\right).$$

Door dit samen te voegen om de Lagrange-functie te verkrijgen en over te schakelen naar de benadering voor kleine hoeken (en constanten weg te laten):

$$L = \frac{1}{8}ml^2\dot{\theta}^2 + \frac{1}{2}m\left\{\left(\frac{l}{2}\dot{\theta}\right)^2 + \left[l(\dot{\theta} + \dot{\varphi})\right]^2\right\} + mgl(\frac{1}{2}\left(-\frac{1}{2}\theta^2\right) - \frac{1}{2}(\theta - \varphi)^2$$

$$= \frac{5}{4}ml^2\dot{\theta}^2 + \frac{3}{2}ml^2\dot{\theta}\dot{\varphi} + \frac{1}{2}ml^2\dot{\varphi}^2 - \frac{3}{4}mgl\theta^2 - mgl\theta\varphi - \frac{1}{2}mgl\varphi^2$$

Met behulp van de EL-relatie zijn de bewegingsvergelijkingen als volgt:

$$\frac{5}{2}ml^2\ddot{\theta} + \frac{3}{2}ml^2\ddot{\varphi} + \frac{3}{2}mgl\theta + mgl\varphi = 0$$

$$ml^2\ddot{\varphi} + \frac{3}{2}ml^2\ddot{\theta} + mgl\varphi + mgl\theta = 0$$

$$\begin{vmatrix} \left(3\left(\frac{g}{l}\right) - 5\omega^2\right) & \left(2\left(\frac{g}{l}\right) - 3\omega^2\right) \\ \left(2\left(\frac{g}{l}\right) - 3\omega^2\right) & \left(2\left(\frac{g}{l}\right) - 2\omega^2\right) \end{vmatrix} = 0$$

$$\omega^2 = \frac{4\left(\frac{g}{l}\right) \pm \sqrt{\left(4\left(\frac{g}{l}\right)\right)^2 - 4\left(2\left(\frac{g}{l}\right)^2\right)}}{2} = \left(\frac{g}{l}\right)\{2 \pm \sqrt{2}\}$$

en we kunnen nu schrijven voor $\omega^2 = \left(\frac{g}{l}\right)\left(2 + \sqrt{2}\right)$:

$$(v - \omega^2 m)\rho^{(1)} = \begin{pmatrix} \{3 - 5(2+\sqrt{2})\}\left(\frac{g}{l}\right) & \{2 - 3(2+\sqrt{2})\}\left(\frac{g}{l}\right) \\ \{2 - 3(2+\sqrt{2})\}\left(\frac{g}{l}\right) & \{2 - 2(2+\sqrt{2})\}\left(\frac{g}{l}\right) \end{pmatrix}\begin{pmatrix} \theta \\ \varphi \end{pmatrix} = 0$$

$$\left(-7 - 5\sqrt{2}\right)\theta + \left(-4 - 3\sqrt{2}\right)\theta = 0$$

$$\left(-4 - 3\sqrt{2}\right)\theta + \left(-2 - 2\sqrt{2}\right)\theta = 0$$

$$\theta = -\frac{\left(4 + 3\sqrt{2}\right)\varphi}{\left(7 + 5\sqrt{2}\right)} \simeq -\frac{4.1}{7}\varphi$$

Dus:

$$\rho^{(1)} \simeq c\begin{pmatrix} 1 \\ -7/4 \end{pmatrix} \quad for \quad \omega^2 = \left(\frac{g}{l}\right)(2+\sqrt{2})$$

Op dezelfde manier geldt dit voor$\omega^2 = \left(\frac{g}{l}\right)(2-\sqrt{2})$

$$(v-\omega^2 m)\rho^{(2)} = \begin{pmatrix} \{3-5(2-\sqrt{2})\}\left(\frac{g}{l}\right) & \{2-3(2-\sqrt{2})\}\left(\frac{g}{l}\right) \\ \{2-3(2-\sqrt{2})\}\left(\frac{g}{l}\right) & \{2-2(2-\sqrt{2})\}\left(\frac{g}{l}\right) \end{pmatrix}\begin{pmatrix} \theta \\ \varphi \end{pmatrix} = 0$$

$$\theta = \frac{(-4-3\sqrt{2})\varphi}{(-7-5\sqrt{2})} \simeq 4\varphi$$

$$\rho^{(2)} \simeq c\begin{pmatrix} 1 \\ 1/4 \end{pmatrix} \; for \;\; \omega^2 = \left(\frac{g}{l}\right)(2-\sqrt{2})$$

Laten we de vectoren nu normaliseren:

$$M = m\begin{pmatrix} \frac{5}{2} & \frac{3}{2} \\ \frac{3}{2} & 1 \end{pmatrix}$$

$$mc^2\begin{pmatrix} 1 & \frac{-7}{4} \end{pmatrix}\begin{pmatrix} \frac{5}{2} & \frac{3}{2} \\ \frac{3}{2} & 1 \end{pmatrix}\begin{pmatrix} 1 \\ -\frac{7}{4} \end{pmatrix} = mc^2\begin{pmatrix} 1 & \frac{-7}{4} \end{pmatrix}\begin{pmatrix} -\frac{1}{8} \\ -\frac{1}{4} \end{pmatrix}$$

$$= mc^2\left(-\frac{1}{8}+\frac{7}{16}\right) = mc^2\left(\frac{5}{16}\right)$$

$$c \simeq \frac{4}{\sqrt{5m}}$$

$$\vec{\rho}^{(1)} = \frac{4}{\sqrt{5m}}\begin{pmatrix} 1 \\ -7/4 \end{pmatrix}$$

Op dezelfde manier verkrijgen we voor de andere modus:

$$c \simeq \frac{4}{\sqrt{53m}}$$

$$\vec{\rho}^{(2)} = \frac{4}{\sqrt{53m}}\begin{pmatrix} 1 \\ 1/4 \end{pmatrix}$$

De normale trillingsmodi combineren zich dus om de positie te bepalen door:

$$\vec{x} = \frac{4}{\sqrt{5m}}\begin{pmatrix} 1 \\ -7/4 \end{pmatrix}\left\{c_1 \cos\left(\sqrt{(2+\sqrt{2})\left(\frac{g}{l}\right)}t\right) + d_1 \sin(\sqrt{(2+\sqrt{2})\left(\frac{g}{l}\right)})t\right\}$$

$$+ \frac{4}{\sqrt{53m}}\begin{pmatrix} 1 \\ 1/4 \end{pmatrix}\left\{c_2 \cos\left(\sqrt{(2-\sqrt{2})\left(\frac{g}{l}\right)}t\right) + d_2 \sin(\sqrt{(2-\sqrt{2})\left(\frac{g}{l}\right)})t\right\}$$

Oefening 3.24. Gebruik in plaats van een massieve schijf een hoepel (met dezelfde massa). Herhaal de analyse.

Voorbeeld 3.25. Twee kleine kralen aan een ronde draad.
Neem voor het volgende voorbeeld twee kleine kralen met massa m en lading e die wrijvingsloos bewegen op een cirkelvormige draad met straal a. Op tijdstip t=0 bevinden de kralen zich diametraal tegenover elkaar. Als kraal 2 aanvankelijk in rust is en kraal 1 aanvankelijk snelheid heeft:

$$v \ll \sqrt{\left(\frac{e^2}{ma}\right)},$$

Bepaal voor kleine trillingen de positie van kraal 1 op tijdstip t.

Laten we eerst de Lagrange-functie opschrijven, waarbij de coördinaten simpelweg de hoekpositie van de kralen voorstellen:

$$L = \frac{1}{2}m\left(a^2\dot{\theta}_1^{\,2} + a^2\dot{\theta}_2^{\,2}\right) - U(r).$$

Het potentieel is te danken aan de Coulombkracht, dus

$$F = \frac{-e^2}{r^2} \quad \Rightarrow \quad U = \frac{e^2}{r}.$$

Nu gaan we de afstand r tussen de ladingen berekenen. Begin met het definiëren van de hoekafstand tussen de kralen: $\alpha = \theta_2 - \theta_1$en beschouw de uitlijning van de assen zodanig dat kraal één zich onderaan de draad en in de oorsprong bevindt en kraal twee zich op een andere positie bevindt.

$$x = asin\alpha \quad and \quad y = a(1 - cos\alpha) \quad and \quad r = a\sqrt{2(1 - cos\alpha)} = 2asin\frac{\alpha}{2}.$$

We kunnen de Lagrange-functie nu als volgt schrijven:

$$L = \frac{1}{2}ma^2\left(\dot{\theta_1}^2 + \dot{\theta_2}^2\right) - \frac{e^2}{2asin\frac{\alpha}{2}}$$

$$= \frac{1}{2}ma^2\left(\dot{\alpha}^2 + 2\dot{\theta}_1\dot{\alpha} + 2\dot{\theta_1}^2\right) - \frac{e^2}{2asin\frac{\alpha}{2}}$$

Voor kleine oscillaties willen we $\alpha = \pi + \eta$, waarbij ηklein is (nul bij het minimumpotentiaal), en aangezien we hebben, $\sin\left(\frac{\pi}{2} + \frac{\eta}{2}\right) = \cos\left(\frac{\eta}{2}\right)$krijgen we dan:

$$L = \frac{1}{2}ma^2\left(\dot{\eta}^2 + 2\dot{\theta}_1\dot{\eta} + 2\dot{\theta_1}^2\right) - \frac{e^2}{2asin\frac{2}{\eta}}$$

De bewegingsvergelijkingen volgen dan uit de EL-relatie, $\frac{d}{dt}\left(\frac{\partial L}{\partial \dot{q}}\right) - \frac{\partial L}{\partial q} = 0$, en geven:

$$\frac{1}{2}ma^2(2\ddot{\eta} + 4\ddot{\theta}_1) = 0 \Rightarrow \ddot{\theta}_1 = -\frac{1}{2}\ddot{\eta}$$

$$\frac{1}{2}ma^2(2\ddot{\eta} + 2\ddot{\theta}_1) + \frac{e^2}{2a}\left(\frac{-\left(-\sin\left(\frac{\eta}{2}\right)\frac{1}{2}\right)}{cos^2\left(\frac{\eta}{2}\right)}\right) = 0$$

En bij benadering voor kleine waarden η:

$$\ddot{\eta} + \frac{e^2}{2ma^3}\left(\frac{\eta}{2}\right) = 0,$$

en de frequentie van kleine trillingen voor het systeem is:

$$\omega^2 = \frac{e^2}{4ma^3}.$$

Op tijdstip t=0 hebben we $\alpha = \pi \Longrightarrow \eta = 0$. De algemene oplossing voor de gegeven oscillatiefrequentie schrijven we als volgt op:

$$\eta = Bsin(\omega t).$$

Nu $t = 0$hebben we $v_2 = v,\ v_1 = 0$dus:

$$v_2 = a\dot{\theta}_2 = v, \qquad and \qquad \dot{\eta} = \dot{\alpha} = \dot{\theta}_2 - \dot{\theta}_1 = \dot{\theta}_2 = \frac{v}{a} \qquad at\ t = 0$$

$$\dot{\eta} = B\omega cos(\omega t)\Big|_{t=0} = \left(\frac{v}{a}\right) \;\rightarrow\; B = \frac{v}{a\omega}$$

Dus, $\eta = \frac{v}{a\omega} sin(\omega t)$, en we kunnen schrijven

$$\ddot{\theta_1} = -\frac{1}{2}\ddot{\eta} \;\longrightarrow\; \frac{d}{dt}\left(\dot{\theta}_1 + \frac{1}{2}\dot{\eta}\right) = 0 \;\longrightarrow\; \dot{\theta}_1 + \frac{1}{2}\dot{\eta} = \frac{v}{2a}$$

En

$$\dot{\theta_1} = \frac{v}{2a} - \frac{1}{2}\dot{\eta} \;\longrightarrow\; \theta_1 = \frac{v}{2a}t - \frac{v}{2a\omega}sin(\omega t) + \theta_0$$

waarbij $\theta_0$de beginhoek voor is θ_1. Dus,

$$\theta_1 = \frac{v}{2a}\left\{t - \frac{sin(\omega t)}{\omega}\right\} + \theta_0,\quad \omega = \sqrt{\frac{e^2}{4ma^3}}$$

Oefening 3.25. Plaats de twee kralen in rust, 175 graden uit elkaar, en laat ze los. Bepaal voor kleine trillingen de posities van de kralen op tijdstip t.

Voorbeeld 3.26. Slinger in een rollende hoepel.

Beschouw nu een dunne cilindrische ring met straal R en massa M die slipvrij rolt over een ruw horizontaal oppervlak (Fig. 3.10). Een fysieke slinger met massa m is op de as van de cilinder gemonteerd door middel van een constructie van spaken met verwaarloosbare massa die samenkomen in de oorsprong en een slingerophanging vormen die vrij kan roteren om de cilindrische as. Het zwaartepunt van de slinger bevindt zich op een afstand h van de cilindrische as en de gyratiestraal is k. Bepaal voor kleine oscillaties rond de evenwichtspositie de oscillatieperiode in termen van de bovengenoemde variabelen.

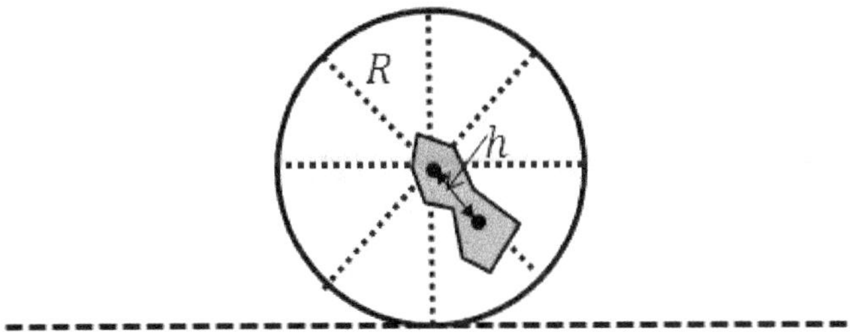

Figuur 3.10.

De kinetische energie van de hoepel is:

$$T_h = \frac{1}{2}I_h{\omega_h}^2 + \frac{1}{2}M{v_h}^2, \text{ where } I_h = MR^2 \text{ and } \omega_h = \dot{\theta},\ v_h = R\dot{\theta}$$

De kinetische energie van de slinger is:

$$T_p = \frac{1}{2}I_{\rho(cm)}{\omega_\rho}^2 + \frac{1}{2}m{v_\rho}^2$$

Het traagheidsmoment van de slinger wordt gegeven door de stelling van de parallelle assen:

$$I = I_{cm} + mh^2 \quad \rightarrow \quad I_{p(cm)} = mk^2 - mh^2$$

De positie van de slinger in Cartesiaanse coördinaten noteren:

$$x = hsin\varphi \quad \text{and} \quad y = -hcos\varphi,$$

met tijdsafgeleiden:

$$\dot{x} = hcos\varphi\dot{\varphi} \quad \text{and} \quad \dot{y} = hsin\varphi\dot{\varphi}.$$

Voor de snelheden kunnen we dan schrijven:

$$\omega_p = \dot{\varphi} \quad \text{and} \quad v_T = \left|\vec{v}_h + \vec{v}_p\right| = \sqrt{(v_h + h\dot{\varphi}cos\varphi)^2 + (h\dot{\varphi}sin\varphi)^2}$$

De totale snelheid van het zwaartepunt van de slinger is dus

$$v_T{}^2 = v_h{}^2 + (h\dot{\varphi})^2 + 2v_h(h\dot{\varphi})cos\varphi$$

en de potentiële energie van de slinger is:

$$U = -mghcos\varphi.$$

We kunnen nu de Lagrange-functie schrijven:

$$L = \frac{1}{2}MR^2\dot{\theta}^2 + \frac{1}{2}M(R\dot{\theta})^2 + \frac{1}{2}(mk^2 - mh^2)\dot{\varphi}^2$$
$$+\frac{1}{2}m\{v_h{}^2 - (h\dot{\varphi})^2 + 2v_h(h\dot{\varphi})cos\varphi\} + mghcos\varphi$$

En nu schakelen we over naar het formalisme van kleine oscillaties (waarbij we termen van de 3e orde en hoger weglaten ⁾:

$$L = MR^2\dot{\theta}^2 + \frac{1}{2}(mk^2 - mh^2)\dot{\varphi}^2$$
$$+\frac{1}{2}m\{(R\dot{\theta})^2 + (h\dot{\varphi})^2 + 2(R\dot{\theta})(h\dot{\varphi})\} - \frac{1}{2}mgh\varphi^2$$
$$= \left(MR^2 + \frac{1}{2}mR^2\right)\dot{\theta}^2 + \frac{1}{2}mk^2\dot{\varphi}^2 + mRh\dot{\theta}\dot{\varphi} - \frac{1}{2}mgh\varphi^2$$

Met behulp van de EL-vergelijkingen kunnen we nu de bewegingsvergelijkingen afleiden:

$$\theta\ equation: \quad 2\left(MR^2 + \frac{1}{2}mR^2\right)\ddot{\theta} + mRh\ddot{\varphi} = 0$$
$$\Rightarrow \quad \frac{d}{dt}\{(2M + m)R^2\dot{\theta} + mhR\dot{\varphi}\} = 0$$

Zo verkrijgen we $\ddot{\theta} = -\frac{mRh\ddot{\varphi}}{(2M+m)R^2}$, wat we in de andere vergelijking gebruiken:

$$\varphi\ equation: \quad mk^2\ddot{\varphi} + mhR\ddot{\theta} + mgh\varphi = 0$$

Herschrijven na vervanging:

$$\left\{mk^2 - \frac{m^2h^2}{(2M + m)}\right\}\ddot{\varphi} + mgh\varphi = 0$$

$$\omega^2 = \frac{mgh}{mk^2 - \frac{m^2h^2}{(2M + m)}} \quad \rightarrow \quad \omega = \sqrt{\frac{g}{h}\left\{\left(\frac{k}{h}\right)^2 - \frac{m}{(2M + m)}\right\}^{-1}}$$

En naarmate $M \to \infty$de hoepel verwaarloosbaar wordt en de frequentie zich ontwikkelt $\omega = \sqrt{\frac{gh}{k^2}}$zoals verwacht, krijgen we voor de periode het volgende:

$$T = \frac{2\pi}{\omega} = 2\pi\sqrt{\frac{k^2}{gh}}\sqrt{1 - \left(\frac{h}{k}\right)^2 \frac{m}{(2M + m)}}.$$

Merk op dat er geen R-afhankelijkheid in de oplossing zit.

Oefening 3.26. Vervang de hoepel door een massieve schijf. (Negeer de effecten van de dikte.)

Voorbeeld 3.27. Een deeltje in een potentiaalveld $V(\vec{r}) = V_0 \log r$. Een deeltje met massa m beweegt in een potentiaalveld $V(\vec{r}) = V_0 \log r$. Laat Ωde frequentie zijn van een cirkelbaan op r=R, en laat ωde frequentie zijn van kleine radiale trillingen rond die cirkelbaan. Vind ω/Ω.

Beginnend met de Lagrange-functie in poolcoördinaten:

$$L = \frac{1}{2}m\left(\dot{r}^2 + r^2\dot{\theta}^2\right) - V(\vec{r}) = \frac{1}{2}m\left(\dot{r}^2 + r^2\dot{\theta}^2\right) - V_0 \log r$$

Uit de EL-vergelijkingen voor de θcoördinaat verkrijgen we:

$$\frac{d}{dt}\left(mr^2\dot{\theta}\right) = 0 \to \quad mr^2\dot{\theta} = l.$$

Voor de r-coördinaat krijgen we:

$$m\ddot{r} - mr\dot{\theta}^2 + \frac{v_0}{r} = 0 \to \ \ddot{r} - \frac{l^2}{m^2r^3} + \frac{v_0}{m}\frac{1}{r} = 0$$

Voor cirkelvormige banen $r = R$krijgen we $R^2 = \frac{l^2}{mv_0}$, of:

$$R = \frac{l}{\sqrt{mv_0}}.$$

De periode van de cirkelbaan wordt verkregen door $mr^2\dot{\theta} = l$te integreren $mr^2(\frac{2\pi}{T}) = l$over één cyclus. De periode is dus $T = mr^2(\frac{2\pi}{l})$. Door de periode te relateren aan de frequentie, krijgen we:

$$\Omega = \frac{l}{mR^2} = \frac{v_0}{l}$$

Laten we nu eens kijken naar kleine radiale trillingen:

$$r = R + \eta \longrightarrow \ddot{\eta} - \frac{l^2}{m^2(R+\eta)^3} + \frac{v_0}{m}\frac{1}{(R+\eta)} = 0$$

wat voor klein vereenvoudigd kan ηworden tot:

$$\ddot{\eta} + \eta\left(\frac{{v_0}^2}{l^2}\right)2 = 0 \quad \Rightarrow \quad \omega = \frac{v_0}{l}\sqrt{2}.$$

De verhouding tussen de frequenties is dus:

$$\frac{\omega}{\Omega} = \sqrt{2}.$$

Oefening 3.27. Probeer het zoals in oefening 3.27, maar met$V(\vec{r}) = -V_0/r$

Voorbeeld 3.28. Massaloze hoepel met slinger.

Een massaloze hoepel met straal 2l rolt slipvrij over een vlakke vloer (Figuur 3.11). Aan de hoepel is een staaf bevestigd met lengte 2l en massa m, die vrij kan slingeren in het vlak van de hoepel. Bepaal de frequentie van de trillingsmodus voor kleine oscillaties rond de weergegeven evenwichtspositie.

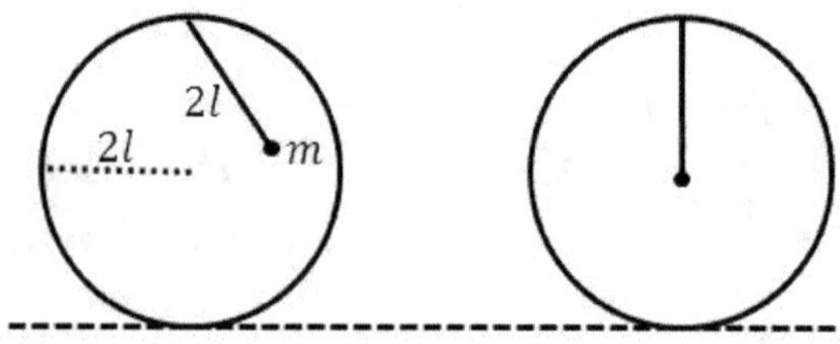

Figuur 3.11.

Laten we de hoek gebruiken θom de verplaatsing ten opzichte van de evenwichtspositie van het steunpunt te specificeren, $\omega_1 = \dot{\theta}$en de antislipvoorwaarde relateert dit aan de horizontale snelheid van de hoepel: $v_h = 2l\omega_1\dot{\theta}$.

Het traagheidsmoment van de staaf is:

$$I = \frac{1}{3}mR^2 = \frac{1}{3}(m)(2l)^2 = \frac{4}{3}ml^2$$

Laten we nu de positie van het steunpunt van de stang in Cartesiaanse coördinaten uitdrukken:

$$x_s = (2l)sin\theta \quad and \quad y_s = 2l + (2l)cos\theta,$$

waarvoor de tijdsafgeleiden van de coördinaten als volgt zijn:

$$\dot{x}_s = 2lcos\theta\dot{\theta} \quad and \quad \dot{y}_s = -2lsin\theta\dot{\theta}.$$

Laten we nu de positie van het zwaartepunt van de staaf, ten opzichte van het steunpunt, uitdrukken door de hoek φ:

$$x = (l)sin\varphi \quad and \quad y = -(l)cos\varphi,$$

waarvoor de tijdsafgeleiden van de coördinaten als volgt zijn:

$$\dot{x} = lcos\theta\dot{\varphi} \quad and \quad \dot{y} = -lsin\varphi\dot{\varphi}.$$

We kunnen de kinetische energie nu als volgt noteren:

$$v = |\overrightarrow{v_s} + \overrightarrow{v_{cm}}| = \sqrt{((v_s)_x + \dot{x})^2 + \left((v_s)_y + \dot{y}\right)^2}$$

na vervangingen:

$$v^2 = (v_h + (2l)\omega_1 cos\theta)^2 + 2(v_h + (2l)\omega_1 cos\theta)\dot{x} + \dot{x}^2 + (-(2l)\omega_1 sin\theta)^2 - 2\big((2l)\omega_1 sin\theta\big)\dot{y} + \dot{y}^2$$

$$v^2 = 2[(2l)\omega_1]^2 + 2[(2l)\omega_1]cos\theta + 2(2l)\omega_1(1 + cos\theta)\dot{x} - 2(2l)\omega_1 sin\theta\dot{y} + (l\dot{\varphi})^2$$

Dus,

$$T = \frac{1}{2}I\omega^2 + \frac{1}{2}mV^2$$

$$T = \frac{1}{2}\left(\frac{4}{3}ml^2\right)\dot{\varphi}^2 + \frac{1}{2}m\left\{2\big(2l\dot{\theta}\big)^2(1 + cos\theta) + 2\big(2l\dot{\theta}\big)(1 + cos\theta)\dot{x} - 2\big(2l\dot{\theta}\big)sin\theta\dot{y} + (l\dot{\varphi})^2\right\}$$

De potentiële energie wordt gegeven door:

$$U = -mgy_{cm} = -mg(y_s + y) = -mg\{2l + 2lcos\theta - lcos\varphi\}$$

Door dit samen te voegen om de Lagrange-functie te verkrijgen, ervan uitgaande dat de hoeken klein zijn:

$$L = T - U = \frac{2}{3}ml^2\dot{\varphi}^2 + 2m\left(2l\dot{\theta}\right)^2 + 2m\left(2l\dot{\theta}\right)(l\dot{\varphi}) + (l\dot{\varphi})^2$$
$$- mgl\theta^2 + mgl\left(\frac{\varphi^2}{2}\right)$$

We kunnen nu de bewegingsvergelijkingen berekenen:

$$\theta: \qquad 4m(2l)^2\ddot{\theta} + m(2l)^2\ddot{\varphi} + 2mgl\theta = 0$$
$$\varphi: \qquad \frac{1}{3}m(2l)^2\ddot{\varphi} + m(2l)^2\ddot{\theta} - mgl\varphi = 0$$

Na vereenvoudiging:

$$\theta: \qquad 4\ddot{\theta} + \ddot{\varphi} + \frac{g}{2l}\theta = 0$$
$$\emptyset: \qquad \frac{1}{3}\ddot{\varphi} + \ddot{\theta} - \frac{g}{4l}\varphi = 0$$

De berekening om de normale trillingsfrequenties te verkrijgen:

$$\begin{vmatrix} \frac{g}{2l} & -\omega^2 \\ -\omega^2 & \frac{g}{4l} - \frac{1}{3}\omega^2 \end{vmatrix} = 0 \rightarrow \qquad \omega^2 = \left(\frac{g}{2l}\right)\left\{\frac{-5 \pm \sqrt{25+6}}{2}\right\}$$

En voor de oscillerende modus nemen we de $\omega^2 > 0$wortel:

$$\omega^2{}_{osc} = \left(\frac{g}{2l}\right)\left(\frac{\sqrt{31}-5}{2}\right).$$

Oefening 3.28. Probeer het zoals in oefening 3.28, maar met een hoepel met massa M.

Voorbeeld 3.29. Probleem met ballen en veren.

Beschouw drie ballen B, C en D die met elkaar verbonden zijn in een lijn BCD door twee veren. Neem aan dat alle beweging langs de x-as plaatsvindt. Beschouw een bal A die van links komt en op een botsingskoers ligt met bal B. Neem de massa van alle vier de ballen gelijk aan m. Neem de twee veerconstanten gelijk aan k. De oorspronkelijke groep van drie ballen is in rust, terwijl de naderende bal A een snelheid v heeft. Laat de botsing plaatsvinden op tijdstip t=0 en neem aan dat de botsingstijd kort is in vergelijking met $\sqrt{(m/k)}$. Bepaal de positie van bal D als functie van de tijd.

De Lagrange-functie voor het BCD-systeem is als volgt:

$$L = \frac{1}{2}m\left(\dot{x_B}^2 + \dot{x}_C^2 + \dot{x}_D^2\right) - \frac{1}{2}k([x_C - x_B]^2 + [x_D - x_C]^2)$$

$$\tilde{v} = k\begin{vmatrix} 1 & -1 & 0 \\ -1 & 2 & -1 \\ 0 & -1 & 1 \end{vmatrix} \; and \;\; \tilde{m} = m\begin{vmatrix} 1 & 0 & 0 \\ 0 & 1 & 0 \\ 0 & 0 & 1 \end{vmatrix} \; and \; |\tilde{v} - \omega^2\tilde{m}| = 0$$

Geef vervolgens de determinant:

$$\begin{vmatrix} k - \omega^2 m & -k & 0 \\ -k & 2k - \omega^2 m & -k \\ 0 & -k & k - \omega^2 m \end{vmatrix} = 0$$

dus

$$m\omega^2(k - \omega^2 m)(3k - \omega^2 m) = 0$$

En de frequenties zijn: $\omega = 0$; $\omega = \sqrt{k/m}$; en $\omega = \sqrt{3k/m}$, waarbij $\omega = 0$overeenkomt met translatie. Voor modus$\omega_1 = 0$:

$$(\tilde{v} - \omega^2\tilde{m})\rho^{(1)} = \begin{pmatrix} 1 & -1 & 0 \\ -1 & 2 & -1 \\ 0 & -1 & 1 \end{pmatrix}\begin{pmatrix} x_B \\ x_C \\ x_D \end{pmatrix} = 0 \quad \rightarrow \quad \rho^{(1)} = c\begin{pmatrix} 1 \\ 1 \\ 1 \end{pmatrix}$$

Nu gaan we de normalisatie uitvoeren:

$$\rho^{(1)}m\rho^{(1)} = mc^2(1 \quad 1 \quad 1)\begin{pmatrix} 1 & & \\ & 1 & \\ & & 1 \end{pmatrix}\begin{pmatrix} 1 \\ 1 \\ 1 \end{pmatrix} = c^2(3)m = 1$$

Dus

$$\rho^{(1)} = \frac{1}{\sqrt{3m}}\begin{pmatrix} 1 \\ 1 \\ 1 \end{pmatrix}$$

Voor modus$\omega_2 = \sqrt{\frac{k}{m}}$:

$$\begin{pmatrix} 0 & -k & 0 \\ -k & k & -k \\ 0 & -k & 0 \end{pmatrix}\begin{pmatrix} x_B \\ x_C \\ x_D \end{pmatrix} = 0 \quad \rightarrow \quad \rho^{(2)} = c\begin{pmatrix} 1 \\ 0 \\ -1 \end{pmatrix} \quad \rightarrow \quad \rho^{(2)}$$
$$= \frac{1}{\sqrt{2m}}\begin{pmatrix} 1 \\ 0 \\ -1 \end{pmatrix}$$

En voor de modus$\omega_3 = \sqrt{\frac{3k}{m}}$:

$$\begin{pmatrix} -2k & -k & 0 \\ -k & k & -k \\ 0 & -k & -2k \end{pmatrix}\begin{pmatrix} x_B \\ x_C \\ x_D \end{pmatrix} = 0 \quad \rightarrow \quad \rho^{(3)} = c\begin{pmatrix} 1 \\ -2 \\ 1 \end{pmatrix} \quad \rightarrow \quad \rho^{(2)}$$
$$= \frac{1}{\sqrt{6m}}\begin{pmatrix} 1 \\ -2 \\ 1 \end{pmatrix}$$

De algemene vorm van de oplossing met deze drie modi is:

$$\vec{x}(t) = \vec{\rho}^{(1)}(c_1 + d_1 t) + \vec{\rho}^{(2)}(c_2 \cos \omega_2 t + d_2 \sin \omega_2 t)$$
$$+ \vec{\rho}^{(3)}(c_3 \cos \omega_3 t + d_3 \sin \omega_3 t)$$
$$\vec{x}(0) = \begin{pmatrix} 0 \\ 0 \\ 0 \end{pmatrix} \quad \Longrightarrow \quad c_1 = 0, c_2 = 0, c_3 = 0$$

Voor de snelheden beginnen we met

$$\dot{\vec{x}}(0) = \begin{pmatrix} v \\ 0 \\ 0 \end{pmatrix} = \vec{v}$$

Dan,

$$\dot{\vec{x}}(0)\tilde{m}\rho^{(1)} = d_1 = (v\ 0\ 0)\frac{m}{\sqrt{3m}}\begin{pmatrix} 1 \\ 1 \\ 1 \end{pmatrix} = \frac{mv}{\sqrt{3m}} \quad \rightarrow \quad d_1 = \frac{mv}{\sqrt{3m}}$$
$$\dot{\vec{x}}(0)\tilde{m}\rho^{(2)} = \omega_2 d_2 = (v\ 0\ 0)\frac{m}{\sqrt{2m}}\begin{pmatrix} 1 \\ 0 \\ -1 \end{pmatrix} = \frac{mv}{\sqrt{2m}} \rightarrow \quad d_2 = \frac{mv}{\sqrt{2k}}$$
$$\dot{\vec{x}}(0)\tilde{m}\rho^{(3)} = \omega_3 d_3 = (v\ 0\ 0)\frac{m}{\sqrt{6m}}\begin{pmatrix} 1 \\ -2 \\ 1 \end{pmatrix} = \frac{mv}{\sqrt{6m}} \rightarrow \quad d_3 = \frac{mv}{3\sqrt{2k}}$$

Dus,

$$\vec{x}(t) = \frac{v}{3}\begin{pmatrix} 1 \\ 1 \\ 1 \end{pmatrix}t + \frac{v}{2\omega_2}\begin{pmatrix} 1 \\ 0 \\ -1 \end{pmatrix}sin\omega_2 t + \frac{v}{6\omega_2}\begin{pmatrix} 1 \\ -2 \\ 1 \end{pmatrix}sin\omega_3 t$$

Specifiek voor bal D:

$$x_D(t) = \frac{v}{3}t - \frac{v}{2\omega_2}sin\omega_2 t + \frac{v}{6\omega_2}sin\omega_3 t.$$

Oefening 3.29. Probeer het zoals in oefening 3.29, maar met bal C met massa 2m in plaats van m.

Voorbeeld 3.30. Staven met torsieveren.

Twee uniforme dunne staven, elk met massa m en lengte l, zijn verbonden door een torsieveer. Het andere uiteinde van één van de staven is met een torsieveer aan een vast punt bevestigd. De torsieveren hebben een koppel van k θ. Het vrije uiteinde van de buitenste staaf wordt door een kracht F voortgedreven. (a) Wat zijn de Euler-Lagrange-vergelijkingen? (b) Wat zijn de frequenties in de benadering van kleine trillingen?

Oplossing

(a) De potentiële energie van de torsieveren is:

$$U = \frac{1}{2}k\left[\theta_1{}^2 + (\theta_2 - \theta_1)^2\right]$$

Merk op dat het traagheidsmoment voor de twee staven anders behandeld moet worden, omdat één staaf een vast uiteinde heeft en dus om dat vaste punt zal roteren, waarvoor het relevante traagheidsmoment geldt.

$$I_1 = \frac{1}{3}ml^2,$$

De andere staaf is niet vast, dus we beschouwen de beweging ervan in het referentiestelsel van het zwaartepunt, waar het relevante traagheidsmoment om het middelpunt draait:

$$I_2 = \frac{1}{12}ml^2.$$

We kunnen nu de Lagrange-functie schrijven:

$$L = \frac{1}{2}I_1\omega_1{}^2 + \frac{1}{2}I_2\omega_2{}^2 + \frac{1}{2}M_2v_2{}^2 - U.$$

Nu gaan we de snelheid van het zwaartepunt van de staaf met vrije uiteinden bepalen:

$$x = l\left(sin\theta_1 + \frac{1}{2}sin\theta_2\right) \quad and \quad y = l\left(cos\theta_1 + \frac{1}{2}cos\theta_2\right),$$

en de snelheden zijn:

$$\dot{x} = l\left(cos\theta_1\dot{\theta}_1 + \frac{1}{2}cos\theta_2\dot{\theta}_2\right) \quad and \quad \dot{y} = -l\left(sin\theta_1\dot{\theta}_1 + \frac{1}{2}sin\theta_2\dot{\theta}_2\right)$$

De snelheden zijn dus:

$${v_2}^2 = (l\dot{\theta}_1)^2 + \left(\frac{l}{2}\dot{\theta}_2\right)^2 + l^2\dot{\theta}_1\dot{\theta}_2\{cos\theta_1 cos\theta_2 + sin\theta_1 sin\theta_2\}$$

en afhankelijk van de gekozen hoeken:

$$\omega_1 = \dot{\theta}_1 \quad and \quad \omega_2 = -\dot{\theta}_2$$

De Lagrangiaan is dus:

$$L = \frac{1}{2}\left(\frac{1}{3}ml^2\right){\dot{\theta}_1}^2 + \frac{1}{2}\left(\frac{1}{12}ml^2\right){\dot{\theta}_2}^2 + \frac{1}{2}m\left\{(l\dot{\theta}_1)^2 + (\frac{l}{2}\dot{\theta}_2)^2 + l^2\dot{\theta}_1\dot{\theta}_2\cos(\theta_2 - \theta_1))\right\} - U$$

Waarvoor de bewegingsvergelijkingen gelden:

$$\theta_1: \left(ml^2 + \frac{ml^2}{3}\right)\ddot{\theta_1} + \frac{d}{dt}\left\{\frac{1}{2}ml^2\dot{\theta}_2 cos(\theta_2 - \theta_1)\right\} - \frac{1}{2}ml^2\dot{\theta}_1\dot{\theta}_2\sin(\theta_2 - \theta_1)) + \{k\theta_1 + k(\theta_2 - \theta_1)(-1)\} = F_1$$

$$\frac{4ml^2}{3}\ddot{\theta_1} + \frac{ml^2}{2}\left\{\ddot{\theta_2}cos(\theta_2 - \theta_1) - \left(\dot{\theta}_2\right)^2 sin(\theta_2 - \theta_1)\right\} + k\{2\theta_1 - \theta_2\} = F_1$$

En

$$\theta_2: \frac{ml^2}{3}\ddot{\theta_2} + \frac{ml^2}{2}\left\{\ddot{\theta_1}cos(\theta_2 - \theta_1) + \left(\dot{\theta}_1\right)^2 sin(\theta_2 - \theta_1)\right\} + k(\theta_2 - \theta_1) = F_2$$

waar

$$F_{\theta_2} = F_y\frac{\partial y}{\partial \theta_1} = (-F)(-lsin\theta_2) = Flsin\theta_2 \quad and \quad F_{\theta_1} = (-F)\frac{\partial y}{\partial \theta_1} = Flsin\theta_1$$

Dus,

$$\theta_1: \frac{4}{3}ml^2\ddot{\theta_1} + \frac{ml^2}{2}\left\{\ddot{\theta}_2 cos(\theta_2 - \theta_1) - \dot{\theta}_2{}^2 sin(\theta_2 - \theta_1)\right\}$$
$$+ k\{2\theta_1 - \theta_2\} = Flsin\theta_1$$

En

$$\theta_2: \frac{1}{3}ml^2\ddot{\theta_2} + \frac{ml^2}{2}\left\{\ddot{\theta}_1 cos(\theta_2 - \theta_1) - \dot{\theta}_1{}^2 sin(\theta_2 - \theta_1)\right\}$$
$$+ k\{\theta_2 - \theta_1\} = Flsin\theta_2$$

(b) Nu overschakelen naar kleine trillingen:

$$\frac{4}{3}ml^2\ddot{\theta_1} + \frac{ml^2}{2}\{\ddot{\theta_2}\} + k\{2\theta_2 - \theta_1\} - Fl\theta_1 = 0$$

En

$$\frac{1}{3}ml^2\ddot{\theta_2} + \frac{ml^2}{2}\{\ddot{\theta_1}\} + k\{\theta_2 - \theta_1\} - Fl\theta_2 = 0$$

Om nu de normale trillingsfrequenties te verkrijgen door de determinant te evalueren:

$$\begin{vmatrix} -[2k + Fl] - \frac{4}{3}ml^2\omega^2 & -k - \frac{1}{2}ml^2\omega^2 \\ -k - \frac{1}{2}ml^2\omega^2 & -[-k + Fl] - \frac{1}{3}ml^2\omega^2 \end{vmatrix} = 0$$

$$\left([-2k + Fl] + \frac{4}{3}ml^2\omega^2\right)\left([-k + Fl] + \frac{1}{3}ml^2\omega^2\right)$$
$$- \left(-k - \frac{1}{2}ml^2\omega^2\right) = 0$$

Wanneer $Fl \gg k$:

$$\left(Fl + \frac{4}{3}ml^2\omega^2\right)\left(Fl + \frac{1}{3}ml^2\omega^2\right) \cong 0 \rightarrow \omega_1{}^2 = -\frac{3F}{4ml} \quad and \quad \omega_2{}^2$$
$$= -\frac{3F}{ml}$$

Wanneer $Fl \ll k$:

$$\left(-2k + \frac{4}{3}ml^2\omega^2\right)\left(-k + \frac{1}{3}ml^2\omega^2\right) - (k + \frac{1}{2}ml^2\omega^2)^2 = 0$$

waarbij de frequenties zijn:

$$\omega^2 = \frac{3kml^2 \pm \sqrt{9 - \frac{28}{36}(kml^2)}}{2 * \frac{7}{36}(ml^2)^2} \quad (both\, positive).$$

Oefening 3.30. Probeer het zoals in oefening 3.30, maar nu met het vaste uiteinde vrij.

3.8.3 Demping

Nu we de vrije en gedwongen trillingen hebben behandeld, is het volgende belangrijke fenomenologische effect demping (wrijving), en dit geeft ons eindelijk een tijdsafgeleide term van de eerste orde in de bewegingsvergelijkingen, bijvoorbeeld: we hebben nu een tegenwerkende wrijvingskracht die lineair is in de snelheid ($F = -\alpha\dot{x}$):

$$m\ddot{x} + kx = -\alpha\dot{x} \quad \rightarrow \quad \ddot{x} + 2\lambda\dot{x} + \omega^2 x = 0, where\ \omega^2 = \frac{k}{m}\ and\ 2\lambda = \frac{\alpha}{m}.$$

Om dit op te lossen, probeer de vorm $x = \exp(rt)$die wortels heeft van de karakteristieke vergelijking: $r_{1,2} = -\lambda \pm \sqrt{\lambda^2 - \omega^2}$. Dus $x(t) = c_1 \exp(r_1 t) + c_2 \exp(r_2 t)$ in de algemene oplossing en hebben we de volgende gevallen:

Casus < ω: exponentieel gedempte oscillaties

$$x(t) = a \exp(-\lambda t) \cos(\omega' t + \alpha), \qquad \omega' = \sqrt{\omega^2 - \lambda^2}.$$

Merk op dat de frequentie afneemt, omdat wrijving de beweging vertraagt.

Geval = ω: exponentieel gedempt zonder oscillatie

$$x(t) = (c_1 + c_2 t) \exp(-\lambda t).$$

Casus > ω: Aperiodieke demping

$$x(t) = c_1 \exp(r_1 t) + c_2 \exp(r_2 t), with\ r_{1,2}\ roots\ real\ and\ negative.$$

3.8.4 Eerste kennismaking met de dissipatieve functie

Beschouw wrijving in het multidimensionale geval met N>1 vrijheidsgraden $F_i = -\sum_k \alpha_{ik}\dot{x}_k$. Om rotatie-instabiliteit of andere pathologieën van de statistische mechanica te vermijden, is α_{ik}symmetrie vereist. Daarom kunnen we een dissipatiefunctie introduceren $\mathcal{F}$:

$$\mathcal{F} = \frac{1}{2}\sum_{i,k} \alpha_{ik}\dot{x}_i\dot{x}_k, \qquad F_i = -\frac{\partial \mathcal{F}}{\partial x_i}$$

(3-55)

Laten we eens kijken naar de snelheid waarmee energie in het systeem verloren gaat:

$$\frac{dE}{dt} = \frac{d}{dt}\left(\sum_i \dot{x}_i \frac{\partial L}{\partial \dot{x}_i} - L\right) = -\sum_i \dot{x}_i \frac{\partial \mathcal{F}}{\partial \dot{x}_i} = -2\mathcal{F}.$$

(3-56)

dit dus $\mathcal{F}$evenredig met de snelheid waarmee energie verloren gaat.

2.8.5 Gedwongen trillingen onder wrijving

In dit gedeelte combineren we de wrijvingskracht en de aandrijfkracht. De algemene vorm van de differentiaalvergelijking die gedwongen trillingen met demping beschrijft (complexe vorm) is:

$$\ddot{x} + 2\lambda\dot{x} + \omega^2 x = \left(\frac{F}{m}\right)\exp i\gamma t.$$

(3-57)

Probeer $x(t) = B\exp(i\gamma t)$de particuliere oplossing te vinden, dan geeft de karakteristieke vergelijking ons:

$$B = \frac{F}{m(\omega^2 - \gamma^2 + 2i\lambda\gamma)} = b\exp(i\delta),$$

(3-58)

waar

$$b = \frac{F}{m\sqrt{(\omega^2-\gamma^2)^2 + (2\lambda\gamma)^2}}, \qquad \tan\delta = \frac{(2\lambda\gamma)}{(\omega^2-\gamma^2)}.$$

(3-59)

Door de particuliere oplossing bij de algemene oplossing van de homogene vergelijking op te tellen (en $\omega > \lambda$voor de duidelijkheid in het vervolg te nemen), en het reële deel als onze oplossing te nemen, verkrijgen we:

$$x(t) = a\exp(-\lambda t)\cos(\omega t + \alpha) + b\cos(\gamma t + \delta),$$

(3-60)

en na voldoende tijd is er gewoon $x(t) \cong b\cos(\gamma t + \delta)$.

Nabij resonantie, $\gamma = \omega + \epsilon$stel ook dat $\lambda \ll \omega$, dan

$$b = \frac{F}{2m\omega\sqrt{\epsilon^2 + \lambda^2}}, \qquad \tan\delta = \frac{\lambda}{\epsilon}. \tag{3-61}$$

Het faseverschil δtussen de trilling en de externe kracht is altijd negatief. Ver van resonantie, $\gamma < \omega$: $\delta \to 0$;en $\gamma > \omega$: $\delta \to -\pi$.tijdens het passeren van resonantie $\gamma = \omega$: $\delta \to -\frac{1}{2}\pi$. Zonder wrijving verandert de fase van de gedwongen trilling discontinu met πeen factor $\gamma = \omega$; wanneer wrijving wordt toegevoegd, wordt de discontinuïteit afgevlakt.

Zodra een stabiele beweging is bereikt, $x(t) \cong b\cos(\gamma t + \delta)$is de energie die door de externe kracht wordt geabsorbeerd gelijk aan de energie die door wrijving wordt gedissipeerd. We hebben de dissipatiesnelheid door wrijving eerder gegeven als $-2\mathcal{F}$, waarbij $\mathcal{F} = \frac{1}{2}\alpha\dot{x}^2 = \lambda m b^2\gamma^2 \sin^2(\gamma t + \delta)$, met een tijdsgemiddelde van: $2\bar{\mathcal{F}} = \lambda m b^2\gamma^2$. De geabsorbeerde energie per tijdseenheid is dus $\lambda m b^2\gamma^2$. Als we nu de integraal van de geabsorbeerde energie bij alle aandrijffrequenties willen berekenen, zal de absorptie worden gedomineerd door de frequenties in de buurt van resonantie, waarvoor de integraal bij benadering gelijk is aan $\pi F^2/4m$.

Merk op dat we in deze analyse de veer of slinger beschouwen met alleen een lineaire herstellende kracht. Voor de slinger in de benadering van kleine hoeken is dit echter het geval, waarbij de kracht als gevolg van de zwaartekracht gelijk is aan $-mgsin(\theta) \cong -mg\theta$. Wanneer we later terugkeren naar de gedempte aangedreven oscillator zonder deze benadering, zullen we zien dat chaotische beweging alomtegenwoordig wordt onder de mogelijke bewegingen die kunnen optreden.

Voordat we het onderwerp dissipatie achter ons laten en een glimp opvangen van de fasediagramweergave die in de hierna te bespreken

Hamiltoniaanse benadering wordt gebruikt, laten we het systeem eens bekijken:

$$m\ddot{x} + \gamma\dot{x} + \frac{dU}{dx} = 0, \tag{3-62}$$

wanneer de potentiaal een dubbele put is. Figuur 3.12 toont een schets van de potentiaal, van het fasediagram van het systeem wanneer $\gamma = 0$(geen dissipatie) en van het fasediagram van het systeem wanneer $\gamma \neq 0$. Voor het systeem met dissipatie zien we een afnemende spiraal die een put selecteert om zich te lokaliseren wanneer de energie dissipeert tot het niveau van de separatrix.

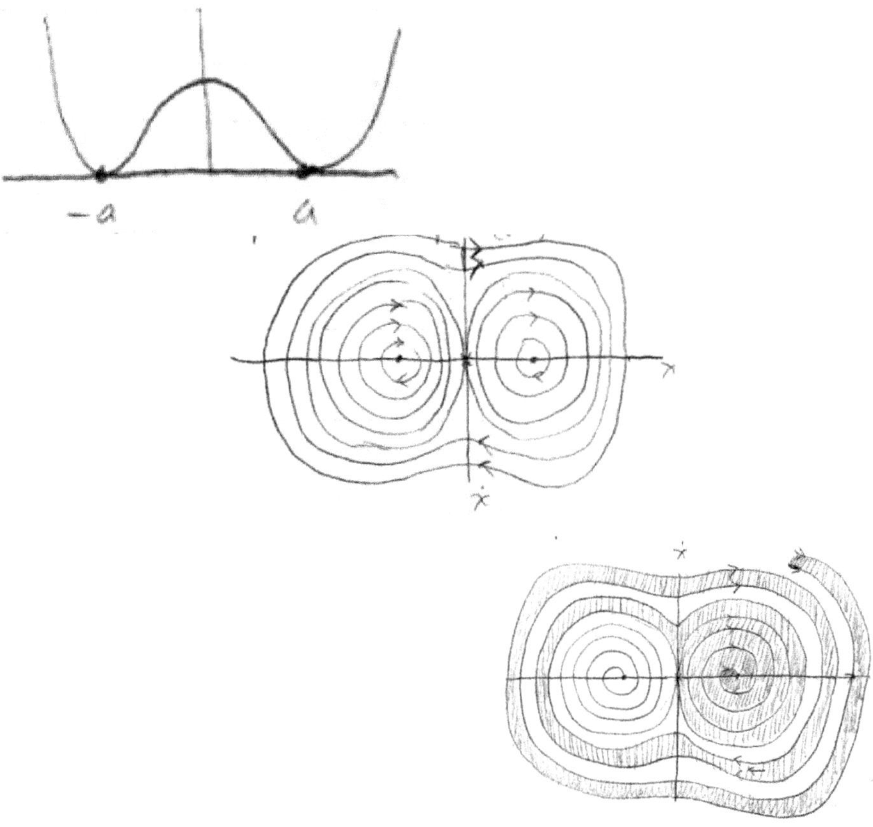

Figuur 3.12. Links: een schets van een dubbele-putpotentiaal; Midden: Schets van een fasediagram

zonder dissipatie; Fasediagram met dissipatie (en uiteindelijke stabilisatie in de rechterput).

2.8.6 Parametrische resonantie

In plaats van een externe kracht, laten we nu eens kijken naar modulaties van de systeemparameters zelf (het systeem is niet gesloten). Voor een externe kracht die het systeem in resonantie brengt, vonden we een lineaire groei in de tijd van de systeemverplaatsing ten opzichte van de evenwichtspositie. Bij parametrische resonantie zien we dat deze groei bij resonantie *exponentieel is* , waarbij de groei multiplicatief is. Dit betekent echter ook dat dit resonantiegroeifenomeen niet optreedt als de verplaatsing (of het systeem) zich in evenwicht bevindt (omdat de groei dan met nul vermenigvuldigd wordt). Een voorbeeld om in gedachten te houden is de bekende schommel. Eenmaal in beweging gezet (met een startwaarde die niet nul is), wordt de schommelbeweging in stand gehouden door de juiste (resonantie-afstemming) timing van de schommelbeweging met de schommelcyclus, een parametrische resonantie. Om dit fenomeen te beschrijven, beschouwen we een 1D-veersysteem met massa en veerconstante k:

$$\frac{d}{dt}(m\dot{x}) + kx = 0. \tag{3-63}$$

Laten we de tijd herschalen om de veronderstelde tijdsafhankelijke m(t) te kunnen scheiden:

$$d\tau = \frac{dt}{m(t)} \rightarrow \frac{d^2x}{d\tau^2} + mkx = 0.$$

wlog) kunnen we het probleem dus in de volgende vorm beschouwen:

$$\frac{d^2x}{dt^2} + \omega^2(t)x = 0, \tag{3-64}$$

dat we vanaf het begin hadden kunnen bereiken, door m=constant toe te staan, maar dan uitkomend op een vorm met een tijdsafhankelijke systeemfrequentie $\omega(t)$.

Beschouw het geval waarin $\omega(t)$periodiek is met frequentie γen periode $T = 2\pi/\gamma$. Als $\omega(t) = \omega(t + T)$, dan is de totale oplossing invariant ten opzichte van $t \rightarrow t + T$. Dit betekent op zijn beurt dat de twee onafhankelijke oplossingen voor de verplaatsingen $x_1(t)$en $x_2(t)$ook invariant moeten zijn ten opzichte van $t \rightarrow t + T$, zoals blijkt uit substitutie in de bovenstaande differentiaalvergelijking van de tweede orde, afgezien van een niet-tijdsafhankelijke constante factor. De algemene oplossingen moeten dus voldoen aan:

$$x_1(t + T) = c_1 x_1(t) \; and \; x_2(t + T) = c_2 x_2(t).$$

De meest algemene oplossing is dan:

$$x_1(t) = (c_1)^{t/T} P_1(t; T) \; and \; x_2(t) = (c_2)^{t/T} P_2(t; T), \tag{3-65}$$

waarbij $P_1(t; T)$en $P_2(t; T)$zuiver periodieke functies zijn met periode T. Het blijkt echter dat de constanten $c_1$en c_2(die in de oplossingen tot een macht zijn verheven) een relatie hebben die ervoor zorgt dat de ene altijd het omgekeerde van de andere is, waardoor er altijd een exponentiële groeiterm aanwezig zal zijn. Beschouw:

$$x_2(\ddot{x}_1 + \omega^2(t)x_1) = 0 \; and \; x_1(\ddot{x}_2 + \omega^2(t)x_2) = 0$$

$$\rightarrow \frac{d}{dt}(\dot{x}_1 x_2 - x_1 \dot{x}_2) = 0$$

Als $\dot{x}_1 x_2 - x_1 \dot{x}_2 = constant$, dan moet met $t \rightarrow t + T$de extra totale factor van $c_1 c_2$het resultaat gelijk zijn aan één, d.w.z. de ene $c$is het omgekeerde van de andere. Dit wordt parametrische resonantie genoemd, maar merk op dat dit optreedt voor elke parametrische aandrijffrequentie – in de praktijk is het toegankelijke domein voor dit type resonantie beperkter, zoals de afleiding hieronder laat zien. (Opmerking: de randvoorwaarden kunnen zodanig zijn dat de zuiver periodieke functies simpelweg nul zijn, een speciaal geval waarin exponentiële groei niet optreedt omdat deze in eerste instantie nul is.)

Aangezien parametrische resonantie een algemeen verschijnsel is bij het moduleren van een systeemparameter, bestaat er dan een optimale frequentie hiervoor? Het antwoord is ja, en dat is simpelweg het dubbele van de natuurlijke resonantiefrequentie van het systeem. In praktijktoepassingen met luchtweerstand kan deze geoptimaliseerde aansturingsfrequentie vaak nog steeds werken bij parametrische (exponentiële groei) resonantie. Om de specifieke resonantie in het geval zonder luchtweerstand te illustreren, beginnen we met de frequentieparameter opgesplitst in de tijdonafhankelijke resonantieterm ${\omega_0}^2$en de tijdsafhankelijke offsetvermenigvuldigerterm:

$$\omega^2(t) = {\omega_0}^2(1 + h\cos(\gamma t)),$$

(3-66)

waarbij $h \ll 1$, en we kiezen $\gamma = 2\omega_0 + \epsilon$, waarbij $\epsilon \ll \omega_0$. Laten we een oplossing van de vorm proberen zonder parametrische modulatie, en vervolgens rekening houden met die modulatie door een verschuiving van de natuurlijke frequentie die overeenkomt met de parametrische driverfrequentie:

$$x(t) = x_1(t) + x_2(t)$$

$$= a(t)\cos\left(\left[\omega_0 + \frac{1}{2}\epsilon\right]t\right) + b(t)\sin(\left[\omega_0 + \frac{1}{2}\epsilon\right]t)$$

Door de bovenstaande oplossing te substitueren en uit te breiden tot de eerste orde in h en de eerste orde in ϵ, waarbij a(t) en b(t) langzaam variëren ten opzichte van ω_0, en aannemende $\dot{a}{\sim}\epsilon a$en $\dot{b}{\sim}\epsilon b$(later geverifieerd in het resultaat), beschouwen we eerst de trigonometrische kruistermen:

$$\cos\left(\left[\omega_0 + \frac{1}{2}\epsilon\right]t\right)\cos([2\omega_0 + \epsilon]t)$$

$$= \frac{1}{2}\cos\left(3\left[\omega_0 + \frac{1}{2}\epsilon\right]t\right) + \frac{1}{2}\cos\left(\left[\omega_0 + \frac{1}{2}\epsilon\right]t\right).$$

Merk op dat de eerste term die hieruit voortvloeit een hogere meervoudige frequentie heeft. Termen met een hogere meervoudige frequentie dragen bij aan een hogere orde van kleinheid ten opzichte van h, en kunnen daarom, net als h van hogere orde, in de analyse van de eerste orde worden weggelaten. De resulterende vergelijking is:

$$-(2\dot{a} + \mathrm{b}\epsilon + \frac{1}{2}\mathrm{h}\omega_0\mathrm{b})\omega_0\sin\left(\left[\omega_0 + \frac{1}{2}\epsilon\right]t\right)$$

$$+(2\dot{b} - \mathrm{a}\epsilon + \frac{1}{2}\mathrm{h}\omega_0\mathrm{a})\omega_0\cos\left(\left[\omega_0 + \frac{1}{2}\epsilon\right]t\right) = 0$$

De coëfficiënten van de goniometrische termen moeten onafhankelijk van elkaar nul zijn. Laten we $a(t) \sim \exp(st)$en proberen $b(t) \sim \exp(st)$, wat leidt tot de karakteristieke vergelijkingen:

$$\mathrm{sa} + \frac{1}{2}\left(\epsilon + \frac{1}{2}\mathrm{h}\omega_0\right)\mathrm{b} = 0 \; and \; \frac{1}{2}\left(\epsilon - \frac{1}{2}\mathrm{h}\omega_0\right)\mathrm{a} - \mathrm{sb} = 0 \rightarrow s^2 = \frac{1}{4}\left[\left(\frac{1}{2}h\omega_0\right)^2 - \epsilon^2\right].$$

Merk op dat het oplossingsbereik voor exponentiële groei is, waarbij sreëel is, dus hebben we de volgende beperking:

$$-\frac{1}{2}\mathrm{h}\omega_0 < \epsilon < \frac{1}{2}\mathrm{h}\omega_0.$$

3.8.7 Anharmonische trillingen

Laten we nu een Lagrange-functie met termen van de derde orde bekijken, maar met het plan om te werken met expansies in de grootte van de verstoring. In feite lossen we differentiaalvergelijkingen op met behulp van de klassieke methode van opeenvolgende benaderingen. Wat er met deze aanpak gebeurt, is dat de anharmonische oscillator wordt omgezet in een reeks problemen met aangedreven harmonische oscillatoren. Laten we beginnen met een algemene Lagrange-functie van de derde orde:

$$L = \frac{1}{2}\sum_{\alpha}(\dot{\theta}_\alpha{}^2 - \omega_\alpha{}^2\theta_\alpha{}^2) + \sum_{\alpha,\beta,\gamma} C_{\alpha\beta\gamma}\dot{\theta}_\alpha\dot{\theta}_\beta\theta_\gamma - \sum_{\alpha,\beta,\gamma} D_{\alpha\beta\gamma}\theta_\alpha\theta_\beta\theta_\gamma \tag{3-67}$$

wat leidt tot een EL-vergelijking van de tweede orde van de vorm:

$$\ddot{\theta}_\alpha + \omega_\alpha{}^2\theta_\alpha = f_\alpha(\theta_\alpha, \dot{\theta}_\alpha, \ddot{\theta}_\alpha). \tag{3-68}$$

Dit wordt vervolgens opgelost met behulp van de methode van opeenvolgende benaderingen, een storingsanalyse:

$$\theta_\alpha = \theta_\alpha^{(1)} + \theta_\alpha^{(2)}, where\; \theta_\alpha^{(2)} \ll \theta_\alpha^{(1)}, and \theta_\alpha^{(1)} + \omega_\alpha{}^2\theta_\alpha^{(1)} = 0.$$

Dit laat de verstoring over in termen van de effectieve kracht, maar in de verstoringsanalyse kunnen we de gegeneraliseerde coördinaatafhankelijkheid van de gegeneraliseerde kracht benaderen met het voorgaande benaderingsniveau, hier:

$$\ddot{\theta}_\alpha^{(2)} + \omega_\alpha{}^2\theta_\alpha^{(2)} = f_\alpha\left(\theta_\alpha^{(1)}, \dot{\theta}_\alpha^{(1)}, \ddot{\theta}_\alpha^{(1)}\right).$$

(3-69)

Bij de tweede benadering hebben we de natuurlijke frequentie van het systeem aangepast door verschillende combinatiefrequenties, zoals $\omega_\alpha \pm \omega_\beta$, inclusief $2\omega_\alpha$en $\omega_\alpha = 0$. Dit proces kan worden herhaald, waarbij we naar hogere benaderingsniveaus gaan, maar de fundamentele frequenties $\omega_\alpha$in hogere benaderingen zijn niet gelijk aan hun onverstoorde niveaus. Om dit te corrigeren, wordt een aanpassing gedaan zodat periodieke factoren in de oplossing de exacte frequenties bevatten. Laten we, om dit concreet te maken, het voorbeeld van de volgende 1-D anharmonische oscillator bekijken [27]:

$$L = \frac{1}{2}m\dot{x}^2 - \frac{1}{2}m\omega_0^2x^2 + xF(t),$$

$$where\ F(t) = -\frac{1}{3}m\alpha x^2 - \frac{1}{4}m\beta x^3$$

(3-70)

wat we krijgen:

$$\ddot{x} + \omega_0^2 x = -\alpha x^2 - \beta x^3.$$

(3-71)

Met behulp van de hierboven beschreven methode van opeenvolgende benaderingen (meer details hierover zijn te vinden in Bijlage A), verkrijgen we:

$$x = x^{(1)} + x^{(2)} + x^{(3)} + \cdots,$$

(3-72)

waarbij we beginnen met de oplossing van de homogene vergelijking, d.w.z. , waarbij $x^{(1)} = a\cos\omega t$met de exacte waarde van , ωwaarbij:

$$\omega = \omega_0 + \omega^{(1)} + \omega^{(2)} + \omega^{(3)} + \cdots,$$

(3-73)

en we krijgen:

$$\frac{\omega_0^2}{\omega^2}\ddot{x} + \omega_0^2 x = -\alpha x^2 - \beta x^3 - \left(1 - \frac{\omega_0^2}{\omega^2}\right)\ddot{x}.$$

(3-74)

Laten we, om naar een hoger niveau van benadering te gaan, $x = x^{(1)} + x^{(2)}$en $\omega = \omega_0 + \omega^{(1)}$, en termen van boven de tweede orde van kleinheid weglaten:

$$\ddot{x}^{(2)} + \omega_0^2 x^{(2)} = -\alpha a^2 \cos^2 \omega t + 2\omega_0 \omega^{(1)} a \cos \omega t \tag{3-75}$$

Kies er nu voor $\omega^{(1)} = 0$om tot een eenvoudige oplossing te komen (we kiezen de ωaanpassingen bij opeenvolgende benaderingen voor een vergelijkbare ontkoppeling of vereenvoudiging):

$$x^{(2)} = -\frac{\alpha a^2}{2\omega_0^2} + \frac{\alpha a^2}{6\omega_0^2} \cos 2\omega t \tag{3-76}$$

en $\omega = \omega_0 + \omega^{(2)}$een volgende benaderingsstap zetten $x = x^{(1)} + x^{(2)} + x^{(3)}$, krijgen we:

$$\ddot{x}^{(3)} + \omega_0^2 x^{(3)} = -2\alpha x^{(1)} x^{(2)} - \beta\left(x^{(1)}\right)^3 + 2\omega_0 \omega^{(2)} x^{(1)} \tag{3-77}$$

$$\ddot{x}^{(3)} + \omega_0^2 x^{(3)} = a^3 \left[\frac{\beta}{4} - \frac{\alpha^2}{6\omega_0^2}\right] \cos 3\omega t + a\left[2\omega_0 \omega^{(2)} + \frac{5a^2\alpha^2}{6\omega_0^2} - \frac{3}{4} a^2 \beta\right] \cos \omega t \tag{3-78}$$

waarbij we wederom $\omega^{(2)}$zo kiezen dat de term aan de rechterkant nul is voor een eenvoudige oplossing:

$$\omega^{(2)} = -\frac{5a^2\alpha^2}{12\omega_0^3} + \frac{3\beta a^2}{8\omega_0} \tag{3-79}$$

En,

$$x^{(3)} = \frac{a^3}{16\omega_0^2}\left[\frac{\alpha^2}{3\omega_0^2} - \frac{\beta}{2}\right] \cos 3\omega t. \tag{3-80}$$

Parametrische resonantie is vooral zichtbaar in studies van systemen die onder kleine trillingen werken en betreft tijdsafhankelijke variaties van de systeemparameters – zoals het steunpunt van een slinger (dat in de volgende sectie wordt beschreven). Gedwongen trillingen, met of zonder demping, vertonen een dispersie-achtige frequentieafhankelijkheid van de energieabsorptie door de aandrijver. Er treedt resonantie op bij de eigenfrequentie van het systeem. Voor bewegingen die aanzienlijk zijn aangeslagen, komen we in het niet-lineaire regime van de kinetische en potentiële energietermen in de Lagrange-functie terecht. Anharmonische, of niet-lineaire, trillingen (zoals in de vorige sectie) vertonen menging als gevolg van de niet-lineariteiten, wat resulteert in combinatiefrequenties die zelf resonant kunnen lijken. In dit verband moet de methode van opeenvolgende benaderingen zorgvuldig worden toegepast, op een manier die consistent is met het voorkomen van zelfresonante termen via de menging.

3.8.8 Beweging in een snel oscillerend veld (ook wel twee-tijdsanalyse genoemd)

Beschouw beweging in een potentiaalveld Umet periode T waarop een snel oscillerende kracht wordt uitgeoefend.

$$m\ddot{x} = -\frac{dU}{dx} + f, \quad f = f_1 \cos \omega t + f_2 \sin \omega t\,, \quad \omega \gg \frac{1}{T}$$

(3-81)

We gaan er niet van uit dat $f \ll U$of zelfs $f < U$, maar we nemen eerder een uitkomst aan met kleine oscillaties bovenop het vloeiende pad dat het deeltje zou afleggen als het alleen onder de potentiaal zou staan U:

$$x(t) = X(t) + \varepsilon(t), \qquad \overline{\varepsilon(t)} = 0.$$

(3-82)

Dit wordt soms een twee-tijdsanalyse genoemd [30]. Door substitutie komen we dan tot de eerste orde in Taylor-expansies:

$$m\ddot{X} + m\ddot{\varepsilon} = -\frac{dU}{dx} - \varepsilon\frac{d^2U}{dx^2} + f(X,t) + \varepsilon\frac{\partial f}{\partial X}.$$

(3-83)

Nu zijn alle termen van de eerste orde in εverwaarloosbaar ten opzichte van de andere termen, behalve de $\ddot{\varepsilon}$term, aangezien de frequentiefactoren als zeer groot worden beschouwd (omdat ze snel oscilleren). Door het vloeiende traject ($X(t)$traject met $f = 0$) en het snel oscillerende deel te splitsen, krijgen we voor het laatste:

$$m\ddot{\varepsilon} = f(X,t) \rightarrow \varepsilon = -\frac{f}{m\omega^2}$$

(3-84)

Beschouw nu het gemiddelde met betrekking tot de tijd op de differentiaalvergelijking van de eerste orde; alle afzonderlijke eerste machten van εen $f$zullen nul zijn:

$$m\ddot{X} = -\frac{dU}{dx} + \overline{\varepsilon\frac{\partial f}{\partial X}} = -\frac{dU}{dx} - \frac{1}{m\omega^2}\overline{f\frac{\partial f}{\partial X}} = -\frac{dU_{eff}}{dx},$$

waar,

$$U_{eff} = U + \frac{\overline{f^2}}{2m\omega^2}, \quad U_{eff} = U + \frac{(f_1^2 + f_2^2)}{4m\omega^2} = U + \frac{1}{2}m\overline{\dot{\varepsilon}^2}$$

(3-85)

Om te zien hoe dit in de praktijk tot uiting komt, neem een slinger waarvan het steunpunt snelle *horizontale trillingen ondergaat* :

$x = l\sin\varphi + a\cos\gamma tEn\dot{x} = l\dot{\varphi}\cos\varphi - a\gamma\sin\gamma t$

$y = l\cos\varphi$En$\dot{y} = -l\dot{\varphi}\sin\varphi$

$U = -mgl\cos\varphi$

$$L = T - U = \frac{1}{2}m(l\dot{\varphi})^2 - ml\dot{\varphi}a\gamma\cos\varphi\sin\gamma t + mgl\cos\varphi$$

gebruikmakend van de vrijheid om een totale tijdsafgeleide toe te voegen, $\frac{d}{dt}(mla\gamma\sin\varphi\sin\gamma t)$, om het volgende te verkrijgen:

$$L = T - U = \frac{1}{2}m(l\dot{\varphi})^2 + mla\gamma^2\sin\varphi\cos\gamma t + mgl\cos\varphi$$

Met behulp van de Euler-Lagrange-vergelijking verkrijgen we dan:

$$ml^2\ddot{\varphi} = mla\gamma^2\cos\varphi\cos\gamma t - mgl\sin\varphi = -\frac{dU}{dx} + f_\varphi,$$

waar,

$$f_\varphi = mla\gamma^2\cos\varphi\cos\gamma t$$

Gebruikmakend van de relatie uit de voorgaande discussie:

$$U_{eff} = U + \frac{\overline{f_\varphi^{\,2}}}{2m\gamma^2} = mgl\left[-\cos\varphi + \frac{a^2\gamma^2}{4gl}\cos^2\varphi\right].$$

Door op te lossen voor $\frac{dU_{eff}}{d\varphi} = 0$krijgen we oplossingen bij $\sin\varphi = 0$en $\cos\varphi = 2gl/a^2\gamma^2$, waarbij het bestaan van de laatstgenoemde oplossing vereist dat $2gl < a^2\gamma^2$.

Op dezelfde manier kunnen we de slinger beschouwen waarvan het steunpunt snelle *verticale oscillaties ondergaat* :

$x = l\sin\varphi$En$\dot{x} = l\dot{\varphi}\cos\varphi$
$y = l\cos\varphi + a\cos\gamma tEn\dot{y} = -l\dot{\varphi}\sin\varphi - a\gamma\sin\gamma t$
$U = -mgl\cos\varphi + mga\cos\gamma t$

$$L = T - U = \frac{1}{2}m(l\dot{\varphi})^2 + ml\dot{\varphi}a\gamma\sin\varphi\sin\gamma t + \frac{1}{2}ma^2\gamma^2\sin^2\gamma t + mgl\cos\varphi - mga\cos\gamma t$$

Door zuiver tijdsafhankelijke functies weg te laten en gebruik te maken van de vrijheid om een totale tijdsafgeleide toe te voegen, $\frac{d}{dt}(mla\gamma\cos\varphi\sin\gamma t)$, verkrijgen we:

$$L = T - U = \frac{1}{2}m(l\dot{\varphi})^2 + mla\gamma^2\cos\varphi\cos\gamma t + mgl\cos\varphi$$

Met behulp van de Euler-Lagrange-vergelijking verkrijgen we dan:

$$ml^2\ddot{\varphi} = -mla\gamma^2\sin\varphi\cos\gamma t - mgl\sin\varphi = -\frac{dU}{dx} + f_\varphi,$$

waar,

$$f_\varphi = -mla\gamma^2\sin\varphi\cos\gamma t$$

Om de relatie uit de vorige discussie nogmaals te gebruiken:

$$U_{eff} = U + \frac{\overline{f_\varphi^{\,2}}}{2m\gamma^2} = mgl\left[-\cos\varphi + \frac{a^2\gamma^2}{4gl}\sin^2\varphi\right].$$

Door op te lossen voor $\frac{dU_{eff}}{d\varphi} = 0$krijgen we oplossingen bij $\varphi = 0$en $\varphi = \pi$, waarbij het bestaan van de laatstgenoemde oplossing vereist dat $2gl < a^2\gamma^2$.

Hoofdstuk 4. Klassieke meting

4.1 Het vastleggen van kleine metingen in tijdintegreerbare systemen

Metingen met de hoogste gevoeligheid vinden plaats wanneer de meetgebeurtenis wordt herhaald, vaak in opstellingen waarbij een sleutelwaarde over de tijd wordt gesommeerd. Het is daarom logisch om tijdintegreerbare systemen te beschouwen als een belangrijk onderdeel van een gevoelige detector. Een oscillator is een voorbeeld van zo'n systeem, waarover hierna een korte samenvatting volgt. Daarna maken we nog een laatste generalisatie, namelijk de toevoeging van ruisfluctuaties (fundamenteel aanwezig door thermische ruisbronnen) om een beschrijving te krijgen van de werkelijke experimentele limieten. Om voort te bouwen op de resultaten uit de klassieke mechanica die in hoofdstuk 3 zijn gepresenteerd, zullen we eerst de gedempte, aangedreven oscillator met ruis ontwikkelen en bekijken wat de minimaal detecteerbare kracht is die op de oscillator (massa) inwerkt. Dit beschrijft een "contactmethode" voor krachtdetectie.

Directe contactmethoden voor feitelijke detectie zijn doorgaans gebaseerd op rekstrookjes of piëzo-elektrische elementen die rechtstreeks gekoppeld kunnen worden aan elektrische (resonantie)circuits (let op de omzetting van het signaal naar een elektronische vorm, wat de norm zal zijn). Indirecte contactmethoden gebaseerd op capaciteitsmeters presteren het best in deze categorie, waarbij de meting van een verplaatsing de capaciteit direct verandert (via een plaatscheiding die rechtstreeks verband houdt met de verplaatsing). De rustcapaciteit wordt gekozen in een circuit dat werkt op resonantie (of op het steile deel van de resonantiecurve) [51], zodat verschuivingen in de circuitfrequentie het meest merkbaar zijn door een secundair circuit (indirect contact) meetinstrument. Voorbeelden van de capaciteitsmeters komen in circuitbeschrijvingen voor die, hoewel eenvoudig [52], buiten het bestek van deze beschrijving vallen en daarom niet verder worden besproken.

Optische contactloze methoden bieden de grootste gevoeligheid en deze zullen kort worden besproken na de meer expliciete resultaten voor de contactmethoden (aangezien de presentatie van een oscillator-directcontactdetector veel van de belangrijkste concepten en beperkende factoren illustreert). Merk op dat de meest extreme "contactloze" detectie kwantum-non-demolition is, maar die zal hier niet worden besproken. Notities van het LIGO-project zijn afkomstig uit de cursus Ph118 van prof. drever rond 1988 (in Appendix B, de LIGO-contactlijst van circa 1988 toont minder dan 30 personen die aan het project hebben meegewerkt, inclusief mijzelf als promovendus destijds; er zijn nu wereldwijd meer dan 3000 bijdragers aan dit project).

4.1.1 Samenvatting van de gedempte aangedreven oscillator

Voor de gedempte aangedreven oscillator geldt de gewone differentiaalvergelijking:

$$\ddot{x} + 2\lambda\dot{x} + \omega^2 x = \left(\frac{F}{m}\right) \exp i\gamma t, \tag{4-1}$$

met oplossing:

$$x(t) = a \exp(-\lambda t) \cos(\omega t + \alpha) + b \cos(\gamma t + \delta) \cong b \cos(\gamma t + \delta), \tag{4-2}$$

waar

$$b = \frac{F}{m\sqrt{(\omega^2 - \gamma^2)^2 + (2\lambda\gamma)^2}} \quad \tan \delta = \frac{(2\lambda\gamma)}{(\omega^2 - \gamma^2)}. \tag{4-3}$$

Zodra een stabiele beweging is bereikt, $x(t) \cong b \cos(\gamma t + \delta)$is de energie die door de externe kracht wordt geabsorbeerd gelijk aan de energie die door wrijving wordt gedissipeerd. We hebben de dissipatiesnelheid door wrijving eerder gegeven als $-2\mathcal{F}$, waarbij $\mathcal{F} = \frac{1}{2}\alpha\dot{x}^2 = \lambda m b^2 \gamma^2 \sin^2(\gamma t + \delta)$, met een tijdsgemiddelde van: $2\bar{\mathcal{F}} = \lambda m b^2 \gamma^2$. De geabsorbeerde energie per tijdseenheid is dus $\lambda m b^2 \gamma^2$. Als we nu de integraal van de geabsorbeerde energie bij alle aandrijffrequenties willen berekenen, zal de absorptie worden gedomineerd door de frequenties in de buurt van resonantie, waarvoor de integraal bij benadering gelijk is aan $\pi F^2/4m$.

4.1.2 Gedempte aangedreven oscillator met ruisfluctuaties

Laten we nu de gedempte aangedreven oscillator met ruisfluctuaties bekijken en de minimaal detecteerbare kracht bepalen die het systeem kan leveren. Dit scenario, met realistische ruisfluctuaties, biedt een nauwkeurige limiet voor de gevoeligheid van de meting. Laten we beginnen met de nieuwe gewone differentiaalvergelijking met toegevoegde ruisfluctuatieterm Γ_{fl}:

$$\ddot{x} + 2\lambda\dot{x} + \omega^2 x = F(t) + F_{fl}, \tag{4-4}$$

waarbij het stationaire resultaat van eerder, zonder fluctuerende ruiskrachten, was $x(t) \cong b\cos(\gamma t + \delta)$. Bestaat er nog steeds een stationaire toestand, maar met een iets algemenere vorm? Beschouw eerst dat de amplitude-tijdrelatie wordt gegeven door $\tau_m = 1/\lambda$en we nemen aan dat het de bedoeling is om precieze metingen te doen, dus we zoeken naar minimale demping, dus een maximale relaxatietijd τ_m, dus effectief een stationaire toestand in vergelijking met de tijd van de meting en de tijd van het $F(t)$te detecteren effect. We zullen dus de stationaire vorm hebben die wordt aangegeven met een mogelijke tijdsafhankelijkheid in de constanten, bij wijze van vermoeden. Het uitproberen en valideren van dit vermoeden bewijst dat dit correct is [53] en [54]. Nu overschakelend naar de notatie van Braginsky [51], zullen we de afleiding van Braginsky samenvatten zoals weergegeven in de Appendix van [51] getiteld "Statistische criteria voor de bepaling van de excitatie van een oscillator door een externe kracht":

$$x(\tau) \cong A(\tau)\sin\big(\omega_0\tau + \varphi(\tau)\big) \qquad \overline{A(\tau)} \gg \frac{1}{\omega_0}\frac{dA(\tau)}{d\tau}. \tag{4-5}$$

Onze bewering van een detectiegebeurtenis zal probabilistisch zijn, vooral gezien de toevoeging van een stochastisch proces (ruisfluctuaties). We willen de waarschijnlijkheid beschouwen dat een krachtgebeurtenis $F(t)$plaatsvindt op een tijdstip $\hat{\tau}$dat binnen het tijdsbestek van de meting valt. De detecteerbaarheid van een dergelijke gebeurtenis vereist dat deze wordt onderscheiden van valse signalen van de fluctuatieruis F_{fl}. Op zijn beurt moet de aard van de detecteerbaarheid voor beide worden onderzocht. In beide gevallen zoeken we naar een verandering in de amplitude van de oscillatie volgens het verschil $A(\tau) - A(0)$, en in het geval van de fluctuatieruis moet deze limiet worden gekwalificeerd om geldig te zijn met waarschijnlijkheid " $1 - \alpha$". Deze benadering is gemotiveerd door de uitdrukking uit [54] voor de waarschijnlijkheidsdichtheid van een willekeurige verdeling van amplitudes van oscillatie na gebeurtenistijd $\hat{\tau}$:

$$P[A(\hat{\tau})|A(0)] = \frac{A(\hat{\tau})}{\sigma^2(1-\varepsilon^2)} I_0\left(\frac{\varepsilon A(0)A(\hat{\tau})}{\sigma^2(1-\varepsilon^2)}\right) \exp\left(-\frac{\left(A(\hat{\tau})\right)^2 + \varepsilon\left(A(0)\right)^2}{2\sigma^2(1-\varepsilon^2)}\right), \tag{4-6}$$

waar,

$$\varepsilon = e^{(-\hat{\tau}/\tau_m)} \quad and \quad \sigma^2 = \overline{A(\tau)^2}.$$

De statistische fout van het formalisme van de eerste soort (met " $1 - \alpha$") neemt nu de volgende vorm aan:

$$1 - \alpha = \int_{A(0)}^{A(\hat{\tau})} P[A(\hat{\tau})|A(0)] dA(\hat{\tau}). \tag{4-7}$$

Naar aanleiding van Braginsky's analyse zullen we nu de integraal voor twee gevallen bekijken: $A(0) = 0$en $A(0) = \sigma$. We zullen ontdekken dat de evaluatie van de minimaal detecteerbare kracht ruwweg hetzelfde is, ongeacht de beginwaarde van de amplitude, terwijl de energie-uitwisseling met de oscillator significant wordt beïnvloed door de beginamplitude. Ook zullen we, in navolging van Braginsky, aannemen dat onze ruisbron puur een thermische ruisbron is. Dit is het beste scenario, aangezien thermische ruisbronnen op verschillende manieren fundamenteel zijn in fysische systemen (zie [24] voor de afleiding van deze ruisbronnen in circuits, bijvoorbeeld). Als we "alleen" thermische ruis aannemen, hebben we, afhankelijk van de thermische evenwichtstemperatuur, Thet volgende:

$$\sigma^2 = \frac{k_B T}{k}, \quad where\ \omega_0 = \sqrt{k/m}.$$

(4-8)

Door de integraal op te lossen en te substitueren, verkrijgen we het volgende:

$$[A(\hat{\tau})]_{1-\alpha} = 2\sigma\sqrt{(\hat{\tau}/\tau_m)\ln(1/\alpha)}.$$

(4-9)

Als we dus een detectiegebeurtenis starten met $A(0) \cong 0$, en we zien de amplitude in de tijd toenemen $\hat{\tau}$zodat $A(\hat{\tau}) > [A(\hat{\tau})]_{1-\alpha}$, dan hebben we met waarschijnlijkheid, of "betrouwbaarheid", , $(1-\alpha)$dat er een gebeurtenis heeft plaatsgevonden. Zoals Braginsky opmerkt, hebben we tot nu toe slechts een drempelvoorwaarde die beschrijft wat we moeten doen als de drempel wordt bereikt. Als de drempel wordt bereikt, zeggen we dat er geen detectiegebeurtenis heeft plaatsgevonden, bijvoorbeeld dat $F(t) = 0$, maar dit kan alleen te wijten zijn aan een onfortuinlijke annulering van de gebeurteniskracht en de fluctuatiekrachten. Om de fout te beoordelen die hierdoor kan ontstaan, introduceert Braginsky een maat voor een statistische fout van de tweede soort, die overeenkomt met de waarschijnlijkheid dat er een gebeurtenis plaatsvindt $F(t) \neq 0$terwijl er nog steeds een gebeurtenis onder de drempelwaarde plaatsvindt $A(\hat{\tau}) < [A(\hat{\tau})]_{1-\alpha}$. Beschouw in het bijzonder de kracht $F(t)$wanneer er geen fluctuatiekracht aanwezig is en zodanig dat de verandering in de amplitude in de tijd $\hat{\tau}$een waarde bereikt Γdie groter is dan de drempelwaarde, zodat we hebben

$$\gamma = \Gamma/[A(\hat{\tau}) - A(0)]_{1-\alpha}$$

(4-10)

met $\gamma \geq 1$. Dit legt de basis voor het evalueren van de fout van de tweede soort (verdere details zijn te vinden in [51]). De conclusie is dat een eenvoudige constante factor, ~ 1, het enige is dat de drempelvoorwaarde voor de detectiegebeurtenis zou wijzigen.

Laten we nu de minimaal waarneembare verandering in amplitude relateren aan de energie die aan de oscillator wordt toegevoerd of eraan wordt onttrokken, met behulp van de γbovenstaande formule:

$$\Delta E = k\gamma^2[A(\hat{\tau})]_{1-\alpha}^2 = 2\ln(1/\alpha)\,(2\hat{\tau}/\tau_m)\gamma^2 k_B T.$$

(4-11)

Terugkerend naar het eenvoudige geval van $F(t) = F_0 \sin(\omega\tau)$een tijdsinterval van 0 tot $\hat{\tau}$(en een kracht van nul buiten dat tijdsinterval), dan hebben we de lineaire toename van de amplitude volgens:

$$\Gamma = \frac{F_0 \hat{\tau}}{2m\omega}, \quad where \quad \omega = \sqrt{k/m} \tag{4-12}$$

en de eis dat dit $\Gamma > [A(\hat{\tau}) - A(0)]_{1-\alpha}$vervolgens het minimaal detecteerbare oplevert F_0:

$$[F_0]_{min} = \rho\sqrt{4k_B T m/(\hat{\tau}\tau_m)}, \tag{4-13}$$

waarbij ρeen dimensieloze betrouwbaarheidsfactor is die varieert tussen 2,45 en 4,29 voor typische betrouwbaarheidswaarden α(zie Tabel A1 in [51]). Een soortgelijke analyse voor het geval dat $A(0) \cong \sigma$aan het begin van de detectiegebeurtenis reduceert tot dezelfde formule met betrouwbaarheidsfactoren variërend tussen 1,96 en 3,88. De minimaal detecteerbare kracht is dus ruwweg hetzelfde, ongeacht de initiële waarde van de amplitude, en heeft de vorm:

$$[F_0]_{min} \propto \sqrt{\frac{4k_B T m}{(\hat{\tau}\tau_m)}}. \tag{4-14}$$

4.1.3 Optische contactloze methoden

Er zijn twee soorten optische metingen waar we ons hier op zullen concentreren: (i) mesrandmeting; en (ii) zelfinterferentie. De mesrandmethode maakt gebruik van een optische hefboom. Als we een laserstraal op een spiegel richten en de fluctuaties ervan meten op een scherm op afstand D, dan is het geprojecteerde signaal tweemaal zo groot als we de projectieafstand verdubbelen naar 2D. Een meer gangbare methode, een combinatie van type (i) en (ii), is het gebruik van een diffractierooster, waarbij het versterkingseffect wordt vermenigvuldigd afhankelijk van de afstand in het beweegbare diffractierooster dat deel uitmaakt van een straaltransmissiemeting (waarbij een tweede, vast diffractierooster betrokken is). De meest gevoelige optische zelfinterferentiedetectie maakt echter doorgaans gebruik van een Michelson-Morley-interferometer. Het basisidee is dat de straal wordt gesplitst en met zichzelf interfereert, zodat perfecte annulering wordt bereikt in het doorgelaten deel van de straalsplitser. Wanneer er een verplaatsing in de spiegel (of de afstand tussen de spiegel en de holte) optreedt, zien we een verschuiving ten opzichte van de geannuleerde toestand en een lichtflits, afhankelijk van de mate van niet-annulering, die gerelateerd is aan de sterkte van het signaal. Zoals bij veel detectiemethoden lijkt een evaluatie van de gevoeligheid vaak veelbelovend, maar in de praktijk zijn de benodigde fysieke apparaatparameters vaak onhaalbaar. Met interferometrische methoden is wat nodig is echter vaak wel binnen handbereik, door gebruik te maken van zeer krachtige lasers, sterk reflecterende spiegels, uiterst gestabiliseerde spiegels en een straalsplitsende spiegel, om maar een paar voorbeelden te noemen. Het blijkt dat dit mogelijk is, maar het is een kwestie van schaal.

Het werk waaraan ik in de jaren tachtig meewerkte met betrekking tot het prototype van de LIGO-detector, was een voorbeeld waarbij werd aangetoond dat interferometrische methoden uitermate goed werkten. De armen van de prototype-interferometer waren echter 20 meter lang, niet 2 kilometer, zoals ze uiteindelijk nodig zouden zijn. De schaal van het vacuüm was dus heel anders (de laserinterferometerholtes worden in een hoog vacuüm gehouden om ruis te elimineren en, belangrijker nog, om een destructief proces op de (zeer dure) sterk reflecterende spiegels te voorkomen (een EM-effect dat in [40] wordt besproken, resulteert erin dat ongeladen "stof" een effectieve lading krijgt en, in het niet-uniforme elektrische veld van de holte, wordt het stof in de spiegels gedreven, wat leidt tot hun gestage degradatie). Dit, en andere schaalproblemen, vereisten nog eens 30 jaar ontwikkeling totdat het LIGO-project eindelijk online kwam met het eerste zwaartekrachtgolfobservatorium (Nobelprijs voor Kip Thorne, et al.). In de jaren 80, toen ik een paar jaar meewerkte (voordat ik me meer op theoretische vraagstukken richtte, die in [45,46] worden beschreven), was de LIGO-groep vrij klein (ongeveer 30, zie de oude ledenlijst in Figuur B.1). De schaalvergroting van de apparaatgrootte met een factor 100 werd gedeeltelijk gecompenseerd door een herschaling van de groepsinspanning met een factor 100 tegen het jaar 2020.

Een volledige beschrijving van de LIGO-detectiemethode zou ons te diep in de laserruiseigenschappen en optische holte-eigenschappen voeren, maar een algemene beschrijving wordt hier toch gegeven. Ten eerste is de "L-vormige" interferometer dubbel belangrijk voor het type detectiegebeurtenis dat LIGO zocht, namelijk een zwaartekrachtgolf. Zo'n golf zou alleen meetbaar zijn via het quadrupooleffect (met orthogonale detectorarmen, zie Boek 3 voor details), waarbij de ene arm van de interferometer wordt verlengd terwijl de andere wordt verkort, wat een verandering in het interferentiesignaal teweegbrengt (dit geldt voor de quadrupoolgolf die de detector perfect dwars raakt en is uitgelijnd op de detectorarmen). Ten tweede is de laserruis (multimodaliteit) direct gerelateerd aan verschuivingen in de hoofdmodus waarop wordt "vergrendeld", wat een ruisprobleem is en dus iets vereist om de laserruis te "zuiveren". In de tijd dat ik bij LIGO werkte, werd de resonantieholte die hiervoor werd gebruikt door Ron Drever de " dewiggler " genoemd. Er is dus een laserholte (met hoog vermogen) die een modusreiniger (de ontwiggler) voedt, die vervolgens de L-vormige interferometer voedt. Ten derde is er de kwestie van het stabiliseren van de armlengtes tegen positionele fluctuaties in de frequentieband die voor detectie relevant is. In essentie moeten de eindspiegels en de straalsplitsspiegel allemaal servogestuurd worden naar een vaste positie ten opzichte van elkaar (het hele systeem zweeft ten opzichte van de omringende vacuümkamer, terwijl het relatief 'vergrendeld' is). Uiteindelijk is gespecialiseerde signaalverwerking nodig voor de detectie van een bekend signaalprofiel (of een groep profielen). In essentie wordt een gespecialiseerd filter gebruikt dat is afgestemd op het gezochte signaal voor optimale detectiemogelijkheden.

4.2 Meettheorie – Willekeurige variabelen en processen

Er worden veel experimenten beschreven waarbij een frequentie of een andere meetbare eigenschap wordt voorspeld. We willen graag een "nauwkeurige meting" verkrijgen, maar wat betekent dit? Laten we om te beginnen een reeks metingen voor een bepaalde situatie beschouwen, bijvoorbeeld de herhaalde meting van iets. In de meettheorie wordt de reeks van dergelijke metingen, in de eenvoudigste niet-tijdsvariërende gevallen, beschouwd als een steekproef uit één type achtergrondverdeling. Door herhaalde metingen (x_N) te verrichten, weten we intuïtief dat we een betere, of 'veiligere', meting krijgen, maar waarom is dat zo? Het blijkt dat het eenvoudig is om de eigenschap af te leiden dat de steekproefvariantie afneemt met het aantal genomen metingen. Het aantal metingen dat moet worden verricht, komt dan neer op hoe smal je je "foutmarges" wilt hebben (het gebied dat wordt afgebakend van één standaarddeviatie, of σsigma, onder het gemiddelde tot één standaarddeviatie erboven). We zullen zien dat $Var(\bar{x}_N) = \sigma^2/N$, waarbij σde standaarddeviatie is van een enkele meting van de willekeurige variabele (X), en Varde variantie (standaarddeviatie in het kwadraat) van de herhaalde meting is. Deze berekening staat bekend als het berekenen van de standaardafwijking van het gemiddelde, en we krijgen dat $\sigma_\mu = \sigma/\sqrt{N}$, waardoor we onze meetnauwkeurigheid (verminderde standaardafwijking van het gemiddelde) kunnen verbeteren op basis van het aantal uitgevoerde metingen (N). Het bovenstaande kernresultaat (rechtvaardiging voor herhaalde metingen in het experimentele proces), evenals andere resultaten, zullen nu nader worden toegelicht. Een aantal technische termen zijn al in de voorgaande discussie aan bod gekomen, daarom volgt nu eerst een kort overzicht van de belangrijkste terminologie en definities.

Definities

De meeste definities die in dit gedeelte volgen, worden verder toegelicht in [55].

Willekeurige variabele

Een willekeurige variabele X is een toewijzing van een getal, x(θ), aan elke uitkomst θvan X.

Stochastisch proces

Een stochastisch proces is een toewijzing van een tijdparameter-afhankelijk getal, x(θ,t), aan elke uitkomst θvan X.

Als we de tijdparameter t als index beschouwen, hebben we een continu-tijdproces als deze continu is, anders een discreet-tijdproces. Laten we ons voorlopig richten op discrete-tijdprocessen en meer definities geven – om zo de basis te leggen voor een scenario met herhaalde experimentele metingen:

De verwachting, E(X), van de willekeurige variabele X
De verwachtingswaarde, E(X), van de willekeurige variabele X wordt als volgt gedefinieerd:

$$EX) \equiv \sum_{i=1}^{L} x_i \, p(x_i) als \; x_i \in \Re. \tag{4-15}$$

Op dezelfde manier is de verwachting, E(g(X)), van een functie g(X) van de willekeurige variabele X als volgt:

$$E(g(X)) \equiv \sum_{i=1}^{L} g(x_i) \, p(x_i) als \; x_i \in \Re.$$

Beschouw nu het speciale geval waarin $g(x_i) = -log(p(x_i))$, wat aanleiding geeft tot Shannons entropie:

$$H(X) \equiv E[g(X)] = -\sum_{i=1}^{L} p(x_i) \, log(p(x_i)) \; als \; p(x_i) \in \Re^{+},$$

Voor wederzijdse informatie gebruik je op dezelfde manier $g(X,Y)= log(p(x_i, y_i)/p(x_i)p(y_i))$ om het volgende te verkrijgen:

$$I(X;Y) \equiv E[g(X,Y)] \equiv \sum_{i=1}^{L} p(x_i, y_i) \, log(p(x_i, y_i)/p(x_i)p(y_i)),$$

en als $p(x_i), p(y_i), p(x_i, y_i)$ allemaal $\in \Re^{+\, zijn}$, dan is dit equivalent aan de relatieve entropie tussen een gezamenlijke verdeling en dezelfde verdeling als de willekeurige variabelen onafhankelijk zijn, oftewel het is de Kullback -Leibler-divergentie: $D(p(x_i, y_i) \,||\, p(x_i)p(y_i))$die gangbaar is in de informatietheorie [24] .

Jensens ongelijkheid
De basis is gelegd voor een eenvoudig bewijs van de ongelijkheid van Jensen, dat hierna volgt. Deze ongelijkheid is een belangrijke manoeuvre die in andere definities die volgen wordt gebruikt (Hoeffding).

Laat φ(·) een convexe functie zijn op een convexe deelverzameling van de reële getallenlijn: φ: $\chi \rightarrow \Re$. Convexiteit per definitie: $\varphi(\lambda_1 x_1 + \ldots y_n x_n) \leq \lambda_1 \varphi(x_1) + \ldots + \lambda_n \varphi(x_n)$, waarbij $\lambda_i \geq 0$ en$\Sigma \lambda_i = 1$. Dus, als $\lambda_1 = p(x_1)$, voldoen we aan de relaties voor lijninterpolatie en discrete kansverdelingen, en kunnen we dit herschrijven in termen van de definitie van de verwachting:

$$\varphi(E(X)) \leq E(\varphi(X)).$$

Laten we dit toepassen om een relatie te verkrijgen met betrekking tot Shannon-entropie door $\varphi(x) = -\log(x)$ te kiezen, wat een convexe functie is, dus we hebben dat:

$$\log(E(X)) \geq E(\log(X)) = -H(X).$$

Variantie

$$Var(X) \equiv E([X - E(X)]^2) = \sum_{i=1}^{L} (x_i - E(X))^2 p(x_i) = E(X^2) - (E(X))^2 \tag{4-16}$$

Steekproefvariantie

$$Var_N(X) = \frac{1}{N-1} \sum (x_i - E(x))^2 \tag{4-17}$$

De ongelijkheid van Tsjebysjev

$$\text{Voor } k>0 \text{ geldt } P(|X - E(X)| > k) \leq Var(X)/k^2 \tag{4-18}$$

Bewijs: $Var(X) = \sum_{i=1}^{L} (x_i - E(X))^2 p(x_i)$
$= \sum_{\{x_i |\, |x_i - E(X)| > k\}} (x_i - E(X))^2 p(x_i)$
$+ \sum_{\{x_i |\, |x_i - E(X)| \leq k\}} (x_i - E(X))^2 p(x_i)$
$\geq k^2 P(|X - E(X)| > k)$

Herhaalde meting en de sigma van het gemiddelde

Laat X_k onafhankelijke, identiek verdeelde (iid) kopieën van X zijn, en laat X het reële getallen-"alfabet" zijn. Laat $\mu = E(X)$, $\sigma^2 = Var(X)$, en duid aan met .

$$\bar{x}_N = \frac{1}{N} \sum_{k=1}^{N} X_k$$

$$E(\bar{x}_N) = \mu$$

$$Var(\bar{x}_N) = \frac{1}{N^2} \sum_{k=1}^{N} Var(X_k) = \frac{1}{N} \sigma^2$$

Bij herhaalde metingen is de standaardafwijking van het gemiddelde dus gelijk aan $\sigma_\mu = \sigma/\sqrt{N}$, zoals eerder vermeld. Merk op dat als we de analyse van dit scenario voortzetten, we voor de Chebyshev-relatie het volgende verkrijgen:

$$P(|\bar{x}_N - \mu|>k) \leq Var(\bar{x}_N)/k^2 = \frac{1}{Nk^2}\sigma^2 . \quad (4\text{-}19)$$

waaruit de Wet van de Grote Getallen kan worden afgeleid.

De wet van de grote getallen, zwakke vorm (zwakke-LLN)
De LLN wordt nu afgeleid in de klassieke "zwakke" vorm. (De "sterke" vorm wordt in een later hoofdstuk afgeleid in de moderne wiskundige context van martingalen.) Naarmate N toeneemt →∞, krijgen we wat bekend staat als de Wet van de Grote Getallen (zwak), waarbij $P(|\bar{x}_N - \mu|>k) \rightarrow 0$, voor elke $k>0$. Het rekenkundig gemiddelde van een reeks onafhankelijke en identiek verdeelde getallen is dus... De campers komen tot hun gemeenschappelijke verwachting. De zwakke vorm convergeert "in waarschijnlijkheid", terwijl de sterke vorm convergeert "met waarschijnlijkheid één".

4.3 Botsingen en verstrooiing

Laten we ons nu richten op de beschouwing van botsing en verstrooiing. Dit is een toepassing van de Lagrangiaanse analyse die doorgaans eenvoudig is, vooral bij klassieke verstrooiing waarvoor altijd een antwoord bestaat [56]. We zullen dit doen in de op de Lagrangiaanse methode gebaseerde formulering, met energie als behouden grootheid, en de onbegrensde trajecten (inkomend en uitgaand) beschouwen. Een zeer korte, maar formele beschrijving van klassieke verstrooiing in de lijn van Reed & Simon [56] zal daarna worden gegeven, die vervolgens direct kan overgaan in een kwantumverstrooiingsbeschrijving (zoals getoond in [56]). Voordat we aan de formele beschrijving beginnen, laten we eerst de basisprincipes doornemen door Rutherford-verstrooiing (1911) [57] en Compton-verstrooiing (1923) [73] opnieuw te bekijken. De eerste brengt ons van het plum-pudding-model van het atoom naar het moderne model met een compacte kern en elektronenwolk, en onthult de centrale rol van alfa; de laatste levert direct bewijs voor 4-vector wiskunde (bewijs voor de speciale relativiteitstheorie). (Als Comptonverstrooiing vóór 1905 was waargenomen, zou het een ander onderdeel van de natuurkunde zijn geweest, toegankelijk met de klassieke experimentele apparatuur van die tijd, en een aanwijzing voor de speciale relativiteitstheorie.)

De focus van de klassieke mechanica lag tot nu toe op de wiskundige theorie en niet op de waargenomen parameters van de elementaire deeltjes of de fenomenologische beschrijving van "zwaar te wegen media" (die, voor de klassieke mechanica, besproken zullen worden in paragraaf 5.1 over starre lichamen en paragraaf 5.2 over materiële lichamen). Dit is gedaan om de fundamentele deeltjesparameters en fenomenologische parameters duidelijk te scheiden van de wiskundige structuur, inclusief de fundamentele wiskundige parameters. In paragraaf 4.3 over verstrooiing en hoofdstuk 5 over collectieve beweging (een vroege verkenning van materiaaleigenschappen) zijn de fysische parameters echter onvermijdelijk en hebben ze ook betrekking op belangrijke experimenten die de kracht van bepaalde experimentele modellen aantonen, dus zullen ze in de presentatie verschijnen. We beginnen met Rutherford-verstrooiing [57], wat simpelweg Coulomb-verstrooiing is bij lage snelheid (niet-relativistisch). We verkrijgen een formule, en deze past opmerkelijk goed bij het experiment als we uitgaan van het moderne atoommodel (positieve, compacte kern, met negatieve elektronenwolk). Er is slechts één "aanpassingsparameter" in de formule, namelijk de dimensieloze parameter alfa. Zo zien we hier onze eerste verschijning van alfa in de discussie over de klassieke mechanica (gegroepeerd als $\alpha\hbar$), en het is direct gerelateerd aan atomaire eigenschappen (lading), elektromagnetische eigenschappen (permittiviteit van de vrije ruimte), speciale relativistische eigenschappen (lichtsnelheid) en kwantummechanische eigenschappen (de constante van Planck). (Opmerking: alfa was al eerder verschenen in vroege pogingen tot kwantummechanica , als de fijnstructuurconstante, in spectrografische analyse door Sommerfeld [58], zoals zal worden besproken in Boek 4.) Voordat we verschillende voorbeelden doornemen, wordt ook de Comptonverstrooiing getoond. Het Comptonverstrooiingsexperiment is daadwerkelijk uitgevoerd en de beschrijving is gebaseerd op Caltech Ph 7 labnotities, waar het Comptonexperiment werd uitgevoerd als onderdeel van een standaard labvereiste voor natuurkundestudenten. Het gebruik van coincidentiedetectie maakt het mogelijk om uitstekende gegevens te verkrijgen. De validatie van Comptons verstrooiingsformule dient op zijn beurt om aan te tonen: (i) dat licht niet puur als een golfverschijnsel kan worden verklaard (verdere kwantumdiscussie wordt uitgesteld tot Boek 4 [42]); en (ii) dat consistentie het gebruik van de relativistische energie-impuls 4-vectorrelatie vereist (Speciale Relativiteitstheorie wordt behandeld in Boek 2 [40]).

Bij verstrooiing proberen we vaak de mate van verstrooiing (of de waarschijnlijkheid van verstrooiing) onder een bepaalde hoek te onderzoeken (zoals bij Rutherford). De maat voor de waarschijnlijkheid van een bepaald proces wordt daarbij gereduceerd tot de evaluatie van de relevante "doorsnede". Verdere details over deze definities en conventies zullen aan bod komen in de bespreking van Rutherford-verstrooiing die hierna volgt.

4.3.1. Rutherford-verstrooiing

Beschouw twee geladen puntdeeltjes die met elkaar in wisselwerking staan onder invloed van een centraal Coulomb-potentiaal. Het klassieke centrale potentiaal maakt het mogelijk om de beweging van het massamiddelpunt en de relatieve beweging van elkaar te scheiden. We kiezen daarom een geschikt referentiestelsel waarin deeltje 1 in beweging is (invallend op deeltje 2) met de volgende parameters: m_1, $q_1 = Z_1 e$(waarbij $e$de fundamentele lading $Z_1$is en een positief geheel getal), en een niet-nul snelheid $v_1$die gemeten wordt wanneer de deeltjes zich op grote afstand bevinden.

Paragraaf 3.7 beschrijft de beweging in een centraal Coulombveld (met twee puntdeeltjes met tegengestelde ladingen), waarvoor we de volgende oplossing hebben verkregen:

$$p = r(1 + e\cos\theta). \tag{4-20}$$

De algemene oplossing (inclusief onbegrensde beweging) is nauw verwant en wordt gegeven door:

$$u = u_0 \cos(\theta - \theta_0) - C, \qquad u = \frac{1}{r}.$$

(4-21)

Als we nu de randvoorwaarden asymptotisch beschouwen voor de inkomende/uitgaande verstrooiing waar we in geïnteresseerd zijn, moeten we oplossingen hebben die voldoen aan:

$$u \to 0 \; and \; r \sin\theta \to b \;\; as \; \theta \to \pi,$$

waarbij $b$de impactparameter zich bevindt. Wanneer we deze oplossen om een verband te vinden tussen $b$en de afbuigingshoek, krijgen we:

$$b = \frac{Z_1 Z_2 e^2}{4\pi\epsilon_0 m v_1^2} \cot\frac{\theta}{2}.$$

(4-22)

We hebben nu een verband verkregen $b(\theta)$waarmee de doorsnede eenvoudig kan worden berekend met behulp van de standaardformule:

$$\frac{d\sigma}{d\Omega} = \frac{b}{\sin\theta}\left|\frac{db}{d\theta}\right|.$$

(4-23)

Voordat we verdergaan, laten we deze formule echter opnieuw afleiden en daarbij precies begrijpen wat er met de "verstrooiingsdoorsnede" wordt bedoeld. De formele definitie is:

$$\frac{d\sigma}{d\Omega} d\Omega = \frac{number\ scattered\ into\ d\Omega\ per\ unit\ time}{incident\ intensity}.$$

(het aantal verspreid in de ruimtehoek per tijdseenheid per invallende intensiteit)

(4-24)

Beschouw een invallende (axiale) deeltjesbundel met uniforme intensiteit en een botsingsparameter tussen $b$en $b + db$. Het aantal invallende deeltjes met de gewenste botsingsparameter is dan:

$$2\pi I b|db| = I \frac{d\sigma}{d\Omega} d\Omega,$$

(4-25)

waarbij gebruik wordt gemaakt van de definitie van het aantal deeltjes dat in een ruimtehoek wordt verstrooid $d\Omega$. Omdat de verstrooiingspotentiaal radiaal symmetrisch is, hebben we $d\Omega = 2\pi \sin\theta \, d\theta$, dus:

$$\frac{d\sigma}{d\Omega} = \frac{b}{\sin\theta}\left|\frac{db}{d\theta}\right|.$$

De formule toepassen:

$$\frac{d\sigma}{d\Omega}=\left(\frac{Z_1Z_2e^2}{8\pi\epsilon_0 mv_1^2\sin^2\frac{\theta}{2}}\right)^2=\left(\frac{Z_1Z_2(\alpha\hbar c)}{2mv_1^2\sin^2\frac{\theta}{2}}\right)^2,\quad \alpha=\frac{e^2}{4\pi\epsilon_0\hbar c}.$$

(4-26)

4.3.2. Comptonverstrooiing

Laten we vervolgens röntgenverstrooiing bekijken. Röntgenstralen worden niet alleen op een deeltjesachtige manier onder verschillende hoeken verstrooid, maar het 'deeltje' zelf lijkt ook te veranderen doordat de golflengte van de röntgenstraling verschuift afhankelijk van de mate (hoek) van verstrooiing. Compton zal fotonen beschouwen in een deeltje-golfformalisme door gebruik te maken van de formule van Einsteins fotovoltaïsche effect. Compton zal de fotonen ook beschouwen in een relativistische context, waarbij de energie-impuls van de speciale relativiteitstheorie de representatie is van de totale energie. Het verstrooiingsexperiment zal bestaan uit een invallende (gecollimeerde) röntgenbundel die een vast elektron raakt, met verstrooiing van röntgenstraling en terugstoot van het elektron. Uit behoud van energie (relativistisch) volgt hieruit:

$$hf+mc^2=hf'+\sqrt{(pc)^2+(mc^2)^2},$$

(4-27)

waarbij f de frequentie van de invallende röntgenstraling is (met behulp van de relatie van Einstein met de constante van Planck h), $m$de (rust)massa van het elektron is, $c$de lichtsnelheid is, mc^2en dus de rustenergie van het elektron is volgens de speciale relativiteitstheorie van Einstein. Aan de rechterkant hebben we de nieuwe röntgenfrequentie f', het niet-nul terugstootmomentum van het elektron p, zodat de relativistische energie-impuls van het terugstootelektron gelijk is aan $\sqrt{(pc)^2+(mc^2)^2}$. Voor behoud van 4-impuls geldt:

$$\boldsymbol{p}=\boldsymbol{p}_\gamma-\boldsymbol{p}_{\gamma'}$$

(4-28)

wat als volgt kan worden herschreven:

$$(pc)^2=\left(p_\gamma c\right)^2+\left(p_{\gamma'}c\right)^2-2\left(p_\gamma c\right)\left(p_{\gamma'}c\right)\cos\theta,$$

(4-29)

En in combinatie met de wet van behoud van energie verkrijgen we de beroemde Compton-vergelijking:

$$\frac{c}{f'} - \frac{c}{f} = \frac{h}{mc}(1 - \cos\theta). \tag{4-30}$$

De hoekverdeling van de verstrooide fotonen wordt beschreven door de Klein-Nishina-formule:

$$\frac{d\sigma}{d\Omega} = \frac{\left(\frac{1}{2r_0}\right)[1 + \cos^2\theta]}{\left[1 + 2\varepsilon\sin^2(\frac{\theta}{2})\right]}\left\{1 + \frac{4\varepsilon^2\sin^4(\frac{\theta}{2})}{[1 + \cos^2\theta]\left[1 + 2\varepsilon\sin^2(\frac{\theta}{2})\right]}\right\} \tag{4-31}$$

Oefening. Leid de Klein-Nishina-formule af.

4.3.3. Theoretische bespreking en voorbeelden

Tot nu toe hebben de beschrijvingen van verstrooiing betrekking gehad op potentialen met aantrekkende krachten, zoals zwaartekracht of Coulombkrachten met tegengestelde ladingen. Ze zouden ook afstotende krachten kunnen omvatten met vrijwel hetzelfde resultaat, zolang ze maar inherent Coulombisch zijn (en dus onder andere bolvormig symmetrisch), met dezelfde analyse als voorheen. Een verscheidenheid aan complexere potentialen zou kunnen worden overwogen, maar de essentiële eigenschap is dat er asymptotische toestanden zijn en mogelijk gebonden toestanden. We kunnen de potentiaal grotendeels bepalen aan de hand van ingaande asymptotische toestanden die worden "verstrooid" naar uitgaande asymptotische toestanden (door de niet-nul interactiepotentiaal), of omgekeerd, onze theoretische voorspelling verifiëren over wat die potentiaal zou zijn. Dit is waar de theorie van de natuurkunde en de experimentele natuurkunde met elkaar in de praktijk komen.

Let op, wanneer we spreken over ongebonden asymptotische toestanden, of vrije toestanden, en gebonden toestanden, hebben we het over twee dynamische uitkomsten die binnen hetzelfde dynamische systeem bestaan. We hebben dit eerder gezien in de context van tweetijdsanalyse en perturbatieve analyse in het algemeen (perturbatieve analyse gaat uit van de dynamiek van een referentiesysteem en beschouwt vervolgens een tweede systeem, het geperturbeerde systeem). We kunnen de asymptotische toestanden die asymptotisch "vrij" zijn van de interactie van belang, "zien" door ze vast te leggen met ons detectieapparaat. Hetzelfde geldt niet voor de gebonden toestanden, die we indirect identificeren.

Laten we de belangrijkste vragen, volgens Reed en Simon [56], die de verstrooiingstheorie probeert te beantwoorden, nog eens samenvatten (zie [56] voor meer details). Laten we om te beginnen hun notatie voor vrije en gebonden toestanden overnemen:
$\rho_+$is asymptotisch vrij in de toekomst ($t \to \infty$), $\rho_-$is asymptotisch vrij in het verleden ($t \to -\infty$), en $\rho$is een gebonden toestand. Uit de Hamiltoniaanse formulering weten we dat we kunnen spreken van een "tijdtransformatie-operator" die op de bovengenoemde toestanden werkt met betrekking tot een keuze van Hamiltoniaan, hier met/zonder interactie: $\{ T_t, T_t^{(0)} \}$. Het is dus mogelijk om de asymptotische limieten te beschouwen:

$$\lim_{t\to-\infty}\left(T_t\rho - T_t^{(0)}\rho_-\right) = 0 \qquad \lim_{t\to\infty}\left(T_t\rho - T_t^{(0)}\rho_+\right) = 0\,. \tag{4-32}$$

Deze limieten zijn alleen goed gedefinieerd als er oplossingen bestaan voor paren $\{ \rho_-, \rho\}$ waarbij ρer voor elk slechts één corresponderende is ρ_-, en hetzelfde geldt voor $\{ \rho_+, \rho\}$. De belangrijkste vragen:

(1) Wat zijn de vrije toestanden? Kunnen ze allemaal experimenteel worden voorbereid (volledigheid bij de voorbereiding)?
(2) Is er sprake van uniciteit op correspondentie $\{ \rho_-, \rho\}$ en $\{ \rho_+, \rho\}$?
(3) Is er sprake van (zwakke) volledigheid op verstrooiing? Bijvoorbeeld, beeld alle ρ_-af op $\rho \in \Sigma$, noem die subset van Σ, Σ_{in}; herhaal dit voor ρ_+om te krijgen Σ_{out}, geldt $\Sigma_{in} = \Sigma_{out}$? Dit staat bekend als zwakke asymptotische volledigheid [56].
(4) Gezien het bovenstaande kunnen we een bijectie van Σop zichzelf definiëren, zodat het volgende goed gedefinieerd wordt: $\rho_- = \Omega^-\rho$en $\rho_+ = \Omega^+\rho$, waarbij Ω^-en Ω^+de bijectieve afbeeldingen zijn. We kunnen verstrooiing dus beschrijven in termen van een bijectie:

$$S = (\Omega^-)^{-1}\Omega^+.$$

In de klassieke mechanica bestaat dit altijd als een bijectie op de faseruimte. In de kwantummechanica is S een lineaire unitaire transformatie, bekend als de S-matrix.
(5) Zijn er symmetrieën? Soms kan S worden bepaald vanwege symmetrieën; dit zal verder worden onderzocht in de context van de kwantummechanica in [42].
(6) Wat is de analytische voortzetting? Een veelvoorkomende verfijning voor een reële theorie, om golfverschijnselen te omvatten (zoals bij de overgang naar een kwantumtheorie), is om over te stappen naar een complexe theorie door de reële theorie te zien als de grenswaarde van een analytische functie. De analytische aard van de S-transformatie verleent, afhankelijk van de keuze, ook causaliteit (zoals bij de Feynman-keuze van contourintegraaldefinities voor propagatoren in [43]).
(7) Is het asymptotisch volledig: $\Sigma_{bound} + \Sigma_{in} = \Sigma_{bound} + \Sigma_{out}$? Voor de klassieke mechanica zijn de "+"-bewerkingen verzamelingstheoretisch, dus dit reduceert zich tot de vraag of $\Sigma_{in} = \Sigma_{out}$(zwakke asymptotische volledigheid) afgezien van een mogelijke verzameling met maat nul (d.w.z. er zijn problemen met verzamelingen van maat nul – de verzameling gebonden toestanden kan maat nul hebben ten opzichte van de superset). In de kwantumtheorie is de "+" een directe som van Hilbertruimten, wat ingewikkelder is en hier niet wordt besproken.

Voorbeeld 4.1. Klassiek verval.
Beschouw een klassiek verval, A→ 3B, waarbij het eerste deeltje vervalt tot drie identieke deeltjes met massa m . Stel dat elk einddeeltje dezelfde energie heeft in het massamiddelpuntstelsel , dat het oorspronkelijke deeltje met snelheid V langs de z-as van het laboratorium beweegt en dat de vervalenergie gelijk is aan ϵ. Als een van de deeltjes langs de positieve z-as tevoorschijn komt, onder welke hoek ten opzichte van de z-as komen de andere twee deeltjes dan tevoorschijn?

Oplossing
We hebben dezelfde energie in het massamiddelpuntstelsel , oftewel hetzelfde momentum. Dus, in het massamiddelpuntstelsel

$\frac{1}{2}(3m)V^2 = 3\frac{1}{2}(m)V'^2 + \epsilon \rightarrow (mV') = \sqrt{m^2V^2 - \frac{2}{3}m\epsilon}$

En

$$\tan\phi = \frac{|(m\vec{V}')|\sin(60°)}{|(3m\vec{V})| - |(m\vec{V}')|\cos(60°)} \quad \sin 60° = \frac{\sqrt{3}}{2} \quad \cos 60° = \frac{1}{2}$$

Dus,

$$\phi = \tan^{-1}\left\{\frac{\sqrt{m^2V^2 - \frac{2}{3}m\epsilon}\frac{\sqrt{3}}{2}}{3mV - \sqrt{m^2V^2 - \frac{2}{3}m\epsilon}\frac{1}{2}}\right\}$$

$$= \tan^{-1}\left\{\frac{\sqrt{3m^2V^2 - 2m\epsilon}}{6mV - \sqrt{m^2V^2 - \frac{2}{3}m\epsilon}}\right\}$$

Oefening 4.1. Klassieke vervalprocessen.

Voorbeeld 4.2. (F&W 1.14)

Beschouw Rutherford-verstrooiing op een kernoppervlak wanneer de doorsnede voor een botsing met het kernoppervlak $\sigma_r = \pi b^2$voor een minimale botsingsparameter r gelijk is $r_{min} = b$aan . Bedenk dat de systeemenergie asymptotisch, met een inkomende snelheid V_∞, eenvoudigweg gelijk is aan .

$$E = \frac{1}{2}mV_\infty^2 \quad \rightarrow \quad V_\infty = \sqrt{\frac{2E}{m}}.$$

We hebben ook voor (behouden) impulsmoment:

$$M_\theta = mV_\infty b = \sqrt{m2E}b.$$

Het effectieve potentiaal met het aangegeven M_θCoulomb-potentiaal $V_c = \frac{zZe^2}{R}$is dus:

$$U_{eff} = \frac{M_\theta^2}{2mR^2} + V_c = E \rightarrow \frac{m2Eb^2}{2mR^2} + V_c = E \rightarrow b^2 = R^2 \frac{(E - V_c)}{E}$$

Dus,

$$\sigma_r = \pi b^2 = \pi R^2(1 - V_c/E).$$

Gerelateerde oefeningen: zie Fetter& Walecka [29].

Voorbeeld 4.3. (F&W 1.17)

Overweeg verstrooiing vanaf het potentieel

$$V(r) = \begin{cases} 0 & r > a \\ -V_0 & r < a \end{cases}$$

(1) Toon aan dat de baan identiek is aan die van een lichtstraal die gebroken wordt door een bol met straal a en $= \sqrt{(E + V_0)/E}$.

(2) Bepaal de differentiële elastische doorsnede.

Oplossing

(1) Herinnering$F2\pi bdb = Fd\sigma_d(\theta)$ and $d\Omega = 2\pi \sin\theta \, d\theta \Longrightarrow$
$\frac{d\sigma}{d\Omega} = \frac{b}{\sin\theta} \left| \left(\frac{db}{d\theta} \right) \right|$

Hebben: $mV_1 \sin\theta_1 = mV_2 \sin\theta_2$en $E = \frac{P_1^2}{2m} + U_1 = \frac{P_2^2}{2m} + U_2$. Dus:

$$\sin\theta_1 = \sin\theta_2 \sqrt{1 + \frac{2}{mV_1^2} V_0} \quad \rightarrow \quad \sin\theta_1 = \sqrt{(E + V_0)/E} \sin\theta_2$$

De baan is dus identiek aan die van een lichtstraal die gebroken wordt door een bol met straal a .$n = \sqrt{(E + V_0)/E}$

$$\sin\theta_2 = \frac{\sin\theta_1}{\sqrt{(E + V_0)/E}}$$

De afbuigingshoek die overeenkomt met $\theta_1$en $\theta_2$is $\theta = (\theta_1 - \theta_2)$.
Dus , $\theta_1 = \frac{\theta}{2} + \theta_2$en aangezien

$b = a\sin\theta_1$ we hebben:

$$\sin\theta_1 = \sin\left\{\frac{\theta}{2} + \theta_2\right\} = \sin\left(\frac{\theta}{2}\right)\sin\theta_2 + \cos\left(\frac{\theta}{2}\right)\cos\theta_2 =$$

$$\frac{\sin\left(\frac{\theta}{2}\right)\sin\theta_1}{n} + \cos\left(\frac{\theta}{2}\right)\sqrt{1 - \sin^2\theta_1^2}$$

$$\sin^2\theta_1 = \frac{\sin^2\left(\frac{\theta}{2}\right)}{\left(\frac{1}{n} - \cos\left(\frac{\theta}{2}\right)\right)^2 + \sin^2\left(\frac{\theta}{2}\right)}$$

$$b^2 = a^2\sin^2\theta_1 = \frac{a^2n^2\sin^2\left(\frac{\theta}{2}\right)}{+n^2\sin^2\left(\frac{\theta}{2}\right) + \left(1 - 2n\cos\left(\frac{\theta}{2}\right) + n^2\cos^2\left(\frac{\theta}{2}\right)\right)} = \frac{a^2n^2\sin^2\left(\frac{\theta}{2}\right)}{1 + n^2 - 2n\cos\left(\frac{\theta}{2}\right)}$$

$$2bdb = a^2n^2\left\{\frac{2\sin\left(\frac{\theta}{2}\right)\cdot\frac{1}{2}\cos\left(\frac{\theta}{2}\right)}{1 + n^2 - 2n\cos\left(\frac{\theta}{2}\right)} + \frac{(-1)a^2n^2\sin^2\left(\frac{\theta}{2}\right)\left[-2n\left(-\frac{1}{2}\sin\frac{\theta}{2}\right)\right]}{(\quad)^2}\right\}$$

$$= \frac{a^2n^2}{\left(1 + n^2 - 2n\cos\left(\frac{\theta}{2}\right)\right)^2}\left\{\sin\left(\frac{\theta}{2}\right)\cos\left(\frac{\theta}{2}\right)\left(1 + n^2 - 2n\cos\frac{\theta}{2}\right) - n\sin^3\left(\frac{\theta}{2}\right)\right\}$$

Dus,

$$\frac{d\sigma}{d\Omega} = \frac{b}{\sin\theta}\left|\frac{db}{d\theta}\right|$$

$$= \frac{a^2n^2}{4\cos\left(\frac{\theta}{2}\right)}\frac{1}{\left(1 + n^2 - 2n\cos\left(\frac{\theta}{2}\right)^2\right)}\left\{\cos\left(\frac{\theta}{2}\right)(1 + n^2) - 2n + n\left(1 - \cos^2\left(\frac{\theta}{2}\right)\right)\right\}$$

$$\frac{d\sigma}{d\Omega}=\frac{a^2n^2}{4\cos\left(\frac{\theta}{2}\right)}\frac{1}{\left(1+n^2-2n\cos\left(\frac{\theta}{2}\right)\right)^2}\left\{\left(n\cos\left(\frac{\theta}{2}\right)-1\right)\left(n-\cos\left(\frac{\theta}{2}\right)\right)\right\}$$

Gerelateerde oefeningen: zie Fetter&Walecka [29].

Voorbeeld 4.4. (F&W 1.18)

Beschouw een klein deeltje met een grote botsingsparameter b van een centraal potentiaal V(r), waarbij slechts een kleine afbuiging optreedt bij verstrooiing.

(a) Gebruik een impulsbenadering om de kleine afbuigingshoek af te leiden.

(b) Onderzoek het geval $V(r)=\gamma r^{-n}$waarin zowel γals n positief zijn.

(c) Onderzoek de zaak $V(r)=\gamma e^{-\lambda r}$.

(d) In de kwantummechanica is het deel van de doorsnede voor kleine hoeken anders dan in de klassieke mechanica; bespreek dit.

Oplossing

(a) In de impulsbenadering hebben we $\theta_1\approx\frac{P'_{1y}}{m_1v_\infty}enP'_{1y}=\int_{-\infty}^{\infty}F_y\,dt=\int_{-\infty}^{\infty}-\frac{dU}{dr}\frac{y}{r}dt$

Neem aan dat de doorbuiging klein is $y=b, dt=\frac{dx}{v_\infty}$:

$$\theta=\frac{b}{m_1v_\infty^2}\int_{-\infty}^{\infty}-\frac{dU}{dr}\frac{dx}{r}=\frac{2b}{m_1v_\infty^2}\left|\int_b^{\infty}\frac{dU}{dr}\frac{dr}{\sqrt{r^2-b^2}}\right|$$

(B)$V(r)=\gamma r^{-n}\qquad r>0, n>0$

$$\theta = \frac{2b}{m_1 v_\infty^2}\left|\int_b^\infty \gamma(-n) r^{-n-1}\frac{dr}{\sqrt{r^2-b^2}}\right| = \frac{2b}{m_1 v_\infty^2} n\gamma \left|\int_b^\infty \frac{r^{-(n-1)}dr}{\sqrt{r^2-b^2}}\right|$$

$$\theta = \frac{2b}{mv_\infty^2}\int_b^\infty \frac{dr}{\sqrt{r^2-b^2}}\gamma n r^{-n-1} = \frac{2b}{mv_\infty^2}\int_1^\infty \frac{\gamma n b dx b^{-(n+1)} x^{-(n+1)}}{b\sqrt{x^2-1}}$$

$$= \frac{2b}{mv_\infty^2 b^n}\int_1^\infty \frac{x^{-(n+1)}}{\sqrt{x^2-1}}dx$$

Dus, $\theta = \frac{C}{b^n}$ $\quad C = \frac{2}{mv_\infty^2}\int_1^\infty \frac{x^{-(n+1)}}{\sqrt{x^2-1}}dx.$

Dus,

$$\frac{d\theta}{db} = \frac{-nC}{b^{n+1}} \quad and \quad \frac{d\sigma}{d\Omega} = \frac{1}{nC}\frac{b^{n+2}}{\sin\theta} \cong \frac{1}{nC}\frac{b^{n+2}}{\theta}$$

Dus,

$$b^{n+2} = \left(\frac{C}{\theta}\right)^{\left(\frac{n+2}{n}\right)} \quad and \quad \frac{d\sigma}{d\Omega} = C'\theta^{-\left(2+\frac{2}{n}\right)}.$$

Voor $n = 1$, $\quad \frac{d\sigma}{d\Omega} \simeq C'\theta^{-4} \leftarrow$ Rutherford: $\left(\frac{d\sigma}{d\Omega}\right)_{el} = \left(\frac{zZe^3}{4E\sin^2\frac{1}{2}\theta}\right)^2$

$n = 2$, $\quad \frac{d\sigma}{d\Omega} \simeq C'\theta^{-3} \leftarrow \left(\frac{d\sigma}{d\Omega}\right)_{el} = \frac{\gamma\pi^2}{E\sin\theta}\frac{\pi-\theta}{\theta^2(2\pi-\theta)^2}$

Om σ_τ het goed te definiëren: $\int \frac{d\sigma}{d\Omega}d\Omega < \infty$. Hier hebben we:

$$\int_0^\theta C'\theta^{-\left(2+\frac{2}{n}\right)}d\Omega \sim \int_0^\theta C'\theta^{-\left(2+\frac{2}{n}\right)}\theta d\theta \sim \theta^{-\frac{2}{n}}\Big|_0^\theta = \infty \text{ for } n > 0$$

De doorsnede is dus alleen goed gedefinieerd als n<0.

(c) Hebben: $V(r) = \gamma e^{-\lambda r}$ $\qquad r = bx$

$$\theta = \frac{2b}{m_1 v_\infty^2}\left|\int_b^\infty -\frac{\gamma\lambda e^{-\lambda r}dr}{\sqrt{r^2-b^2}}\right| = b^2\left(\frac{\lambda 2\lambda}{m_1 v_\infty^2}\right)\int_1^\infty \frac{xe^{-\lambda bx}dx}{\sqrt{x^2-1}}$$

Overweeg $b\lambda \gg 1$alleen $x \approx 1$bijdragen

$$\theta = \gamma b\lambda\left(\frac{2}{m_1 v_\infty^2}\right)\int_1^\infty \frac{e^{-\lambda b}\, e^{-\lambda b\epsilon}}{\sqrt{2}\sqrt{\epsilon}}d\epsilon = \gamma b e^{-\lambda b}K \qquad K$$

$$= \left(\frac{\sqrt{2}\lambda}{m_1 v_\infty^2}\right)\int_1^\infty \frac{e^{-\lambda b\epsilon}}{\sqrt{\epsilon}}d\epsilon$$

Dus,

$$\theta = \gamma\sqrt{\frac{\pi b}{\lambda}}e^{-\lambda b}\left(\frac{\lambda}{m_1 v_\infty^2}\right).$$

Sinds

$$\log\theta \approx -\lambda b \quad\rightarrow\quad b\sim\lambda^{-1}\log\left(\frac{1}{\theta}\right) \quad\rightarrow\quad \frac{d\sigma}{d\Omega}\sim\frac{b}{\theta}\frac{db}{d\theta}$$

Daarom $\sigma_\tau$niet goed gedefinieerd, omdat$\int_0^x \frac{dx}{x\log x} = \log(\log x)_{x\to\infty} \rightarrow \infty$

(d) Klassiek gezien: geen verstrooiing onder een hoek van nul voor eindige b; terwijl de kwantummechanica een eindige waarschijnlijkheidsdichtheid heeft voor verstrooiing onder een hoek van nul.

Gerelateerde oefeningen: zie Fetter& Walecka [29].

Hoofdstuk 5. Collectieve beweging

Hieronder volgt een korte bespreking van collectieve beweging voor geïdealiseerde gevallen zoals starre lichamen en eenvoudige materiële lichamen. De fenomenologische bespreking van materiële lichamen wordt gedeeltelijk overgelaten aan hoofdstuk 8, Fenomenologie en dimensionale analyse. Deze korte samenvatting begint met de beweging van starre lichamen.

5.1 Stijve lichaamsbeweging

Voor een star lichaam zijn alle interne belastingen netto nul. Als de geometrie van een star lichaam statisch is, moeten de toegepaste krachten in evenwicht zijn en via het starre lichaam worden doorgegeven, zodat de netto krachten en torsies netto nul zijn. Op elke positie in het lichaam kunnen we de netto krachten en momenten van kracht berekenen aan de hand van zes scalaire evenwichtsvergelijkingen:

$$\sum F_x = 0, \sum F_y = 0, \sum F_z = 0, \sum M_x = 0, \sum M_y = 0, \sum M_z = 0. \tag{5-1}$$

Wanneer we spreken over een homogeen materiaal waaruit het starre lichaam bestaat, kunnen we spreken van de gemiddelde normale spanning op een dwarsdoorsnedeoppervlak ($\sigma = N/A$, waarbij Nde interne axiale belasting is en Ahet dwarsdoorsnedeoppervlak) en de gemiddelde schuifspanning op een dwarsdoorsnedeoppervlak ($\tau_{avg} = S/A$, waarbij Sde schuifkracht is die op de dwarsdoorsnede werkt A). Laten we enkele klassieke problemen van Hibbeler [59,60] bekijken om een aantal van deze statica-vraagstukken uit te werken en hun toepassing te zien.

Voorbeeld 5.1. (Hibbeler 1-12)

Een balk is horizontaal bevestigd met het linkereinde aan een in de muur gemonteerde pen (punt A). Van links naar rechts langs de balk bevinden zich de volgende punten: 30 cm rechts van A is punt D, nog eens 60 cm en punt B, nog eens 30 cm en punt E, nog eens 60 cm en punt G, en nog eens 30 cm tot het uiteinde waar een belasting is aangegeven als gevolg van een kabelverbinding onder een hoek van 30 graden naar buiten (naar rechts) ten opzichte van de verticaal. Bij punt B bevindt zich een steunbalk, naar boven gericht naar de muur, die een 3-4-5 driehoek vormt met de muur (bovenste penbevestiging gemarkeerd met C), waarbij de 3 overeenkomt met de 90 cm van A naar B. De belasting op de kabel is 68 kg. Er is ook een gelijkmatig verdeelde belasting tussen punt B en het uiteinde van de balk $75\ lb/ft$. Langs de diagonale steunbalk, 30 cm naar beneden vanaf de steunpen bij punt C, bevindt zich een intern balkpunt gemarkeerd met F.

"Bepaal de resulterende interne belastingen in de dwarsdoorsneden op de punten F en G van de constructie."
Beschouw het vrije-lichaamdiagram voor de horizontale balk; hiermee kunnen we de axiale balkkracht bepalen, F_{CB}waaruit de interne belasting in F eenvoudig kan worden afgeleid. Aan de rechterkant wordt een doorsnede (sectie) van een vrij-lichaamdiagram gemaakt ter hoogte van de dwarsdoorsnede van G, voor een andere eenvoudige analyse van het vrije lichaam om de interne belasting in G te verkrijgen. Eerst, voor F_{CB}:

$$\sum M_A = 0 \rightarrow \ 3(0.8)F_{BC} - 5(300) - 7(150)(0.5)\sqrt{3} = 0$$

$$\rightarrow \ F_{BC} = 1{,}003.9\ lb.$$

Hieruit volgt de interne belasting bij F:

$$N_F = F_{BC} = 1{,}003.9\ lb, \quad S_F = 0, \quad and \quad M_F = 0.$$

Laten we nu de interne belasting bij G beschouwen via de vrije-lichaamsdoorsnede (zie [59,60] voor details) die bestaat uit het lichaam aan de rechterkant van de doorsnede:

$$\sum M_G = 0 \rightarrow \ M_G - (0.5)(75) - (1)(150)(0.5)\sqrt{3} = 0 \rightarrow \ M_G = 167.4 ft\ lb\ .$$

$$\sum F_x = 0 \rightarrow \ N_G + 150(0.5) = 0 \rightarrow \ N_G = -75 lb.$$

$$\sum F_y = 0 \rightarrow V_G - 75 - 150(0.5)\sqrt{3} = 0 \rightarrow \ N_G = 205 lb$$

Oefening 5.1. *Herhaal met 150 lb. →250 pond.*

Voorbeeld 5.2. Hibbeler (1-66)

Een "frame" wordt gevormd door een verticale muur en twee balken die samenkomen in een 3-4-5 driehoek (de schuine zijde wijst naar boven, dus de balk staat onder trekspanning, niet onder drukspanning). De muurbevestigingen zijn scharnierend, net als de verbinding tussen de balken. De afstand tussen de muurbevestigingen (verticale lengte) is 2 m en de horizontale balk heeft een lengte van 1,5 m. De onderste muurbevestiging is gemarkeerd met punt A, de bovenste met B en het verbindingspunt van de balken met punt C. De schuine zijde heeft dus lengte BC. Op punt C is een belasting P verticaal naar beneden aangegeven. Een doorsnede door balk BC, verticaal, is gemarkeerd met "aa".

Bepaal de grootste belasting **P** die op het frame kan worden uitgeoefend zonder dat de gemiddelde normale spanning of de gemiddelde schuifspanning in doorsnede aa de waarde van respectievelijk overschrijdt $\sigma = 150MPa.\ \tau = 60MPa$Element CB heeft een vierkante doorsnede van 25 mm aan elke zijde.

Laten we beginnen met de horizontale balk als vrij lichaam te beschouwen om de uitdrukking F_{BC}in termen van **P te verkrijgen** :

$$\sum M_A = 0 \rightarrow \quad 0.8F_{BC} = P. \tag{5-2}$$

De beschouwde dwarsdoorsnede staat niet loodrecht op de as van de balk, waardoor de normaalkracht en de (niet-nul) dwarskracht dienovereenkomstig gecorrigeerd moeten worden:

$$N_{aa} = 0.6F_{BC} = 0.75P \quad and \quad S_{aa} = 0.8F_{BC} = P.$$

De oppervlakte van de dwarsdoorsnede is: $A_{aa} = A/\cos\theta = (5/3)A$.
De normale spanning op de aangegeven dwarsdoorsnede aa is dus maximaal wanneer de spanningslimiet is bereikt:

$$\sigma = \frac{N_{aa}}{A_{aa}} = 150MPa \rightarrow P_{max} = 208kN. \tag{5-3}$$

De maximale belasting P die kan optreden volgens de normale spanning is beperkt tot $P_{max} = 208kN$.

De schuifspanning die bij aa wordt aangegeven, kan maximaal 60 MPa bedragen, waaruit we het volgende berekenen:

$$\tau = \frac{S_{aa}}{A_{aa}} = 60MPa \rightarrow \ P_{max} = 22.5kN. \tag{5-4}$$

De maximale belasting P die kan optreden op basis van de schuifspanning is beperkt tot $P_{max} = 22.5kN$, en aangezien deze limiet eerder wordt bereikt, is de maximaal mogelijke belasting bij P 22,5 kN (om schuifbreuk te voorkomen).

Laten we eens kijken naar enkele dynamische situaties met starre lichamen (een paar zijn al genoemd, maar dan met geïdealiseerde massaloze staven).

Oefening 5.2. *Herhaal met* $\sigma = 250MPa$.

Voorbeeld 5.3. Een plank die tegen een muur leunt .

Laten we het probleem van een plank die tegen een muur leunt eens bekijken. Als de plank $\theta_0$aanvankelijk een hoek met de vloer maakt en vrij over de vloer kan schuiven (geen wrijving), wat is dan zijn beweging? Wanneer, indien ooit, verliest de plank het contact met de muur? Wanneer, indien ooit, verliest de plank het contact met de vloer? Dit is vergelijkbaar met probleem 3.18 op pagina 85 van [29], met een plank met lengte Len massa M.

Om te beginnen herinneren we ons dat het traagheidsmoment van een (uniforme) plank rond zijn zwaartepunt gelijk is aan $I = \frac{1}{12}ML^2$. De kinetische energie kan dan worden uitgedrukt in termen van de lineaire beweging van het zwaartepunt en de rotatie om dat zwaartepunt:

$$T = \frac{1}{2}M(\dot{x}^2 + \dot{y}^2) + \frac{1}{2}I\dot{\theta}^2,$$

waarbij de (x, y) coördinaten van het zwaartepunt gerelateerd zijn aan θen $x = \frac{L}{2}\cos\theta($ $y = \frac{L}{2}\sin\theta$terwijl contact met de wand behouden blijft). De potentiële energie is eenvoudigweg: $V = Mgy$. De Lagrange-functie is dus:

$$L = \frac{1}{2}M(\dot{x}^2 + \dot{y}^2) + \frac{1}{2}I\dot{\theta}^2 - Mgy \rightarrow \quad L = \frac{1}{2}M\left(\frac{L}{2}\right)^2 \dot{\theta}^2 + \frac{1}{2}I\dot{\theta}^2 - Mg\frac{L}{2}\sin\theta$$

De Euler-Lagrange (EL)-vergelijking voor de laatstgenoemde (beperkte vorm) geeft dan:

$$\dot{\theta}^2 = \frac{3g}{l}(\sin\theta_0 - \sin\theta).$$

Aangezien we geïnteresseerd zijn in de contactbeperkingen (en wanneer ze falen), keren we terug naar de oorspronkelijke vorm en voegen we Lagrange-multipliers toe voor de beperkingen:

$$L(\lambda,\tau) = \frac{1}{2}M(\dot{x}^2 + \dot{y}^2) + \frac{1}{2}I\dot{\theta}^2 - Mgy + \tau\left(x - \frac{L}{2}\cos\theta\right) + \lambda\left(y - \frac{L}{2}\sin\theta\right).$$

De bewegingsvergelijkingen voor de (x, y)-coördinaten van het zwaartepunt en de (λ, τ)Lagrange-multipliers voor de x-beperking zijn:

$$M\ddot{x} - \tau = 0 \quad \rightarrow \quad \tau = -\frac{ML}{2}\left(\cos\theta\,\dot{\theta}^2 + \sin\theta\,\ddot{\theta}\right) = \frac{3gM}{2}\cos\theta\left(\frac{3}{2}\sin\theta - \sin\theta_0\right)$$

waarbij de τvermenigvuldiger nul wordt wanneer:

$$\frac{3}{2}\sin\theta_C - \sin\theta_0 = 0\,.$$

De plank verlaat de muur dus wanneer het contactpunt zich op hoogte bevindt:

$$Y = 2y = 2\left(\frac{L}{2}\right)\sin\theta_C = \frac{2}{3}L\sin\theta_0.$$

Op het moment dat de ladder de muur verlaat, is de x-coördinaat vrij en heeft deze de volgende waarde:

$$x = \frac{L}{2}\sqrt{1 - \left(\frac{2}{3}\right)^2 \sin^2 \theta_0} \quad and \quad \dot{x} = -\frac{\sqrt{gL}}{3}(\sin \theta_0)^{\frac{3}{2}} \quad and \quad \ddot{x} = 0$$

Laten we nu de y-beperking bekijken vóór en nadat de plank de muur verlaat:

$$M\ddot{y} + Mg - \lambda = 0 \quad \rightarrow \quad \lambda = \frac{ML}{2}\left(-\sin\theta\,\dot{\theta}^2 + \cos\theta\,\ddot{\theta}\right) + Mg$$

Voordat de plank de muur verlaat, hebben we $\dot{\theta}^2 = \frac{3g}{L}(\sin\theta_0 - \sin\theta)$en $\ddot{\theta} = -\frac{3g}{2L}\cos\theta$, waarvoor $\lambda > 0$altijd geldt. Nadat de plank de muur verlaat, hebben we $\dot{\theta}^2 = \frac{g}{L}\sin\theta_0$en $\ddot{\theta} = 0$, waarvoor $\lambda > 0$altijd geldt. Dus λgaat nooit naar nul, en de plank verlaat nooit de vloer, waarbij de y-beweging op dezelfde manier wordt uitgedrukt als de x-beweging hierboven.

Oefening 5.3. Stel dat er zich een arbeider met massa M op het midden van de ladder bevindt, herhaal dan de analyse.

Voorbeeld 5.4. Draaiende buis, onder een vaste hoek, met een kogel erin.

Beschouw een pijp die met constante hoeksnelheid roteert ωom een verticale as die een vaste hoek αmet de as vormt. In de pijp bevindt zich een bal met massa m die wrijvingsloos vrij beweegt. Gebruikmakend van sferische coördinaten, laat de positie van de bal op tijdstip t=0 gelijk zijn aan $r = a$en $\frac{dr}{dt} = 0$. Voor alle relevante tijdstippen blijft de bal in het bovenste deel van de pijp. (a) Bepaal de Lagrange-functie; (b) Bepaal de bewegingsvergelijkingen; (c) Bepaal de behoudswetten; (d) Bepaal t als functie van r in de vorm van een integraal.

Oplossing

(a) De Lagrange-functie voor de beweging van de bal wordt gegeven door

$$L = \frac{1}{2}m\left(\frac{ds}{dt}\right)^2 - mgrcos\alpha$$

waarbij, voor sferische coördinaten: $ds^2 = dr^2 + r^2(d\theta^2 + sin^2\theta d\varphi^2)$.Dus,

$$L = \frac{1}{2}m\left(\dot{r}^2 + r^2(\dot{\theta}^2 + sin^2\theta\dot{\varphi}^2)\right) - mgrcos\alpha, \quad with \quad \theta = \alpha, \ \ \dot{\varphi} = \omega$$

en we krijgen:

$$L = \frac{1}{2}m(\dot{r}^2 + r^2sin^2\alpha\omega^2) - mgrcos\alpha$$

(b) De bewegingsvergelijking voor r bij een vaste rotatiefrequentie en een gespecificeerde hellingshoek:

$$m\ddot{r} - mrsin^2\alpha\omega^2 + mgcos\alpha = 0$$

$$\rightarrow \quad \frac{d}{dt}\left\{\frac{1}{2}\dot{r}^2 - \frac{1}{2}r^2sin^2\alpha\omega^2 + rgcos\alpha\right\} = 0.$$

(c) De bewegingsconstante is dus

$$\dot{r}^2 - r^2sin^2\alpha\omega^2 + r2gcos\alpha = const$$

Uit r=a en $\frac{dr}{dt} = 0$initialisatie volgt dat we

$$const = 2\alpha gcos\alpha - (a\omega sina)^2.$$

(d) We kunnen schrijven

$$\left(\frac{dr}{dt}\right)^2 = \dot{r}^2 = 2gcos\alpha(a - r) + (\omega sin\alpha)^2(r^2 - a^2)$$

Of, overschakelend naar de integrale vorm:

$$dt = \frac{dr}{\sqrt{2gcos\alpha(a - r) + (\omega sin\alpha)^2(r^2 - a^2)}}$$

Dus,

$$t = \int \frac{dr}{\sqrt{2gcos\alpha(a - r) + (\omega sin\alpha)^2(r^2 - a^2)}}.$$

Oefening 5.4. *Herhaal de analyse voor een roterende paraboloïde gebogen buis met een kogel erin.*

5.2 Materiële lichamen

Tot nu toe hebben we gezien hoe we spanning kunnen berekenen als een kracht gedeeld door een oppervlakte ($\sigma = F/A$). Bij niet-geïdealiseerde lichamen (zoals starre lichamen), oftewel materiële lichamen, zal er een reactie, een vervorming, optreden op deze spanning. Om deze vervorming te kwantificeren, definiëren we rek:

$$\epsilon = \frac{\Delta L}{L}. \tag{5-5}$$

De relatie tussen de toegepaste normaalkracht en de daaruit voortvloeiende vervorming wordt gegeven door de wet van Hooke:

$$\sigma = Y\epsilon, \tag{5-6}$$

waarbij Y een constante is die geschikt is voor het betreffende materiaal, bekend als de elasticiteitsmodulus van Young. Hieruit kunnen we de vervormingsenergiedichtheid berekenen: $u = \sigma\epsilon/2$. Soortgelijke relaties bestaan voor schuifspanning. Als we een constante belasting en dwarsdoorsnede beschouwen, kunnen we de vergelijkingen groeperen om een relatie te verkrijgen voor de lengteverandering bij een gegeven toegepaste (normaal)kracht:

$$\delta = \frac{FL}{AY}. \tag{5-7}$$

Als er verbonden secties zijn met verschillende oppervlakte-doorsneden, enz., dan δzijn hun waarden additief.

Tot slot, voor dit korte overzicht van materiële lichamen, is het belangrijk rekening te houden met thermische spanning (de meeste thermische effecten worden pas in [44] besproken). Het is algemeen bekend dat materiële lichamen uitzetten of krimpen bij temperatuurverandering. Dit wordt als volgt beschreven:

$$\delta_T = \alpha \Delta T L, \tag{5-8}$$

waarbij αde lineaire coëfficiënt van thermische uitzetting is.

Voorbeeld 5.5. Hibbeler (3-8)
Een balk wordt aanvankelijk horizontaal gehouden met een lengte van $10ft$, en er wordt een verdeelde belasting w over de gehele lengte gedragen. Aan het ene uiteinde wordt de balk vastgehouden door een (aan de muur bevestigde) scharnierende pen en aan het andere uiteinde door een spankabel die een hoek van 30 graden met de horizontale maakt.

"De starre balk wordt ondersteund door een scharnierpunt bij C en een A-36 spankabel AB. Als de kabel een diameter heeft van 0,2 inch, bepaal dan de verdeelde belasting w als het uiteinde B 0,75 inch naar beneden wordt verplaatst."

We moeten eerst de rek op de spankabel berekenen en daaruit de aanwezige belasting bepalen. De oorspronkelijke lengte AB is 11.547 ft. De uitgerekte lengte van de spankabel is 11.578 ft, dus de rek is $\epsilon = 0.00269$. De elasticiteitsmodulus van A-36 spankabel is $29x10^3 ksi$, dus hebben we:

$$\frac{F}{A} = Y\epsilon \quad \rightarrow \quad F = 2.45kip \quad \rightarrow \quad w = \frac{0.245kip}{ft}.$$

Oefening 5.5. Herhaal deze voor een draaddiameter van 0,3 inch en een verplaatsing van uiteinde B van 1,0 inch langs lengte AB.

Voorbeeld 5.6. Hibbeler (4-70)
Een stang is horizontaal gemonteerd tussen twee muren door middel van twee (identieke) veren aan beide uiteinden, tussen de muur en de uiteinden van de stang.

"De staaf is gemaakt van A992-staal [$\alpha = 6.6x10^{-6}/°F$] en heeft een diameter van 0,25 inch. Als de staaf 4 voet lang is wanneer de veren [$k = 1000lb/in$] 0,5 inch zijn samengedrukt en de temperatuur van de staaf is $T = 40°F$, bepaal dan de kracht in de staaf wanneer de temperatuur is $T = 160°F$."

Vanuit $\delta_T = \alpha\Delta TL \rightarrow \ \delta_T = 3.168 \times 10^{-3} ft$. Doordat de twee veren samenwerken, ontstaat er een kracht die aan beide zijden naar binnen werkt:

$$F = k\left(\frac{\delta_T}{2}\right) = 19\ lb.$$

Oefening 5.6. Herhaal dit voor T = 360°Feen veercompressie van 0,75 inch.

5.3 Hydrostatica en stationaire vloeistofstroming

Aanwijzingen voor de speciale relativiteitstheorie: Fizeau, het relativistische Doppler-effect en de Bondi K-calculus.

De speciale relativiteitstheorie komt aan het licht wanneer we de veldtheorie gebruiken om elektromagnetisme te beschrijven. Aanwijzingen voor het bestaan van de speciale relativiteitstheorie zijn, omwille van de consistentie, te vinden in primitieve, vroege experimenten met licht, maar de betekenis ervan werd destijds niet begrepen.

Fizeau 1851 [22] ontdekte dat de lichtsnelheid in water dat beweegt met een snelheid v(ten opzichte van het laboratorium) als volgt kon worden uitgedrukt:

$$u = \frac{c}{n} + kv, \tag{5-9}$$

waarbij de "sleepcoëfficiënt" werd gemeten op $k = 0.44$. De waarde van k voorspeld door Lorentz-snelheidsadditie:

$$x = \frac{x' + vt'}{\sqrt{1 - \frac{v^2}{c^2}}} \rightarrow \quad u_x = \frac{dx' + vdt'}{dt' + \frac{v}{c^2}dx'} = \frac{u_x{}' + v}{1 + \frac{v}{c^2}u_x{}'}$$

(5-10)

Als we licht als een deeltje beschouwen, zal de waarnemer in het laboratorium de volgende snelheid vaststellen:

$$u_x = \frac{c/n + v}{1 + \frac{v}{c^2}\frac{c}{n}} \cong \frac{c}{n} + \left(1 - \frac{1}{n^2}\right)v.$$

Water heeft $n \cong 4/3$dus:

$$u_x \cong \frac{c}{n} + (0.44)v,$$

Dit stemt dus overeen met het experiment dat in 1851 werd uitgevoerd.

Hoofdstuk 6. Legendre-transformatie en de Hamiltoniaan

Laten we beginnen met de Lagrange-functie en een Legendre-transformatie uitvoeren om de Hamiltoniaanse formulering te verkrijgen:

$$dL = \sum_i \frac{\partial L}{\partial q_i} dq_i + \frac{\partial L}{\partial \dot{q}_i} d\dot{q}_i$$

Door de relatie voor gegeneraliseerde impulsen te substitueren, $p_i = \frac{\partial L}{\partial \dot{q}_i}$, en de vergelijkingen van Lagrange te gebruiken: $F_i = \dot{p}_i = \frac{\partial L}{\partial q_i}$,

$$dL = \sum_i \dot{p}_i dq_i + p_i d\dot{q}_i.$$

Door de elementen te hergroeperen komen we uit bij de Hamiltoniaan van het systeem (die we eerder zagen als de energie als het systeem behouden blijft):

$$dH = d\left(\sum_i p_i \dot{q}_i - L\right) = -\sum_i \dot{p}_i dq_i + \dot{q}_i dp_i, \tag{6-1}$$

wat aangeeft dat, $\dot{p}_i = -\frac{\partial H}{\partial q_i}$, en $\dot{q}_i = \frac{\partial H}{\partial p_i}$.

Laten we nu de totale tijdsafgeleide van de Hamiltoniaan bekijken:

$$\frac{dH}{dt} = \frac{\partial H}{\partial t} + \sum_i \frac{\partial H}{\partial q_i} \dot{q}_i + \frac{\partial H}{\partial p_i} \dot{p}_i = \frac{\partial H}{\partial t} \tag{6-2}$$

En als H niet expliciet tijdsafhankelijk is, krijgen we $\frac{dH}{dt} = 0$, dus $H = E$, voor constante E, de behouden energie van het systeem.

6.1 Gebiedsbehoudende kaarten

Laten we de infinitesimale beweging van een object eens bekijken in termen van de gegeneraliseerde coördinaten die van (q_0, p_0)naar (q_1, p_1)in de faseruimte gaan:

$$q_1 = q_0 + \delta t \dot{q}|_{q=q_0} + O(\delta t^2) = q_0 + \delta t \frac{\partial H(q_0, p_0, t)}{\partial p_0} + O(\delta t^2)$$

$$p_1 = p_0 + \delta t \dot{p}|_{p=p_0} + O(\delta t^2) = p_0 - \delta t \frac{\partial H(q_0, p_0, t)}{\partial q_0} + O(\delta t^2)$$

Beschouwd als een coördinatentransformatie is de Jacobiaan als volgt:

$$\frac{\partial(q_1, p_1)}{\partial(q_0, p_0)} = \begin{vmatrix} \frac{\partial q_1}{\partial q_0} & \frac{\partial p_1}{\partial q_0} \\ \frac{\partial q_1}{\partial p_0} & \frac{\partial p_1}{\partial p_0} \end{vmatrix} = 1 + O(\delta t^2).$$

(6-3)

Als we de infinitesimale waarde naar nul nemen, zien we dat elke stroming die voldoet aan de vergelijkingen van Hamilton oppervlaktebehoudend is (Jacobiaan = 1). Het omgekeerde is ook waar: als de stroming een ingesloten gebied onder de faseruimteafbeelding of stroming oppervlaktebehoudend is, dan voldoet de stroming aan de vergelijkingen van Hamilton.

6.2 Hamiltoniaanse operatoren en fasekaarten

Omdat de Hamiltoniaan behouden blijft, houdt deze beweging in de faseruimte in langs krommen met constante $H = E$H. Het fasediagram voor een Hamiltoniaans systeem bestaat dus uit contouren met constante H, zoals een contourkaart. Eerder,

$$L = \frac{1}{2} m \dot{q}^2 - U(q) \longrightarrow E = \frac{1}{2} m \dot{q}^2 + U(q)$$

(6-4)

met behulp van,

$$H = \sum_i p_i \dot{q}_i - L, with\, p_i = \frac{\partial L}{\partial \dot{q}_i}$$

(6-5)

Nu heb je:

$$H(p, q) = \frac{p^2}{2m} + U(q).$$

(6-6)

De contouren, of niveaukrommen, van de Hamiltoniaan zijn invariante verzamelingen, net als de vaste punten. Vaste punten in de faseruimte treden op wanneer de gradiënt van de Hamiltoniaan nul is: $\nabla H = 0,\ i.e.\ \partial H/\partial q = 0$,en $\partial H/\partial p = 0$. Het systeem bevindt zich in evenwicht wanneer het zich op een vast punt bevindt. Het identificeren van deze punten, en de bijbehorende attractoren en limietcycli, is daarom van belang voor het begrijpen van de dynamiek en het asymptotische gedrag van een systeem (dit alles zal later worden besproken).

De gevallen 1-4 in het volgende beschrijven voorbeelden van gewone differentiaalvergelijkingen, met de aangegeven stabiliteit. Een volledige analyse langs deze lijnen, lokaal, onthult de verschillende soorten stabiliteit en algemene criteria [31] en wordt besproken in de sectie hierna. Als een volledig globale scheidbaarheid kan worden verkregen, is deze het duidelijkst in het Hamiltoniaans-Jacobi-formalisme (dat ook in een latere sectie wordt besproken).

Laten we beginnen met een analyse van autonome systemen van de tweede orde in de lijn van [28]. Dit omvat veel interessante systemen, evenals de gelineariseerde (lokale) benadering voor elk systeem. We beginnen met het beschrijven van het systeem via een reële vector, $\boldsymbol{r}(t)$met 2N componenten als er N vrijheidsgraden zijn, met een bijbehorende "fasesnelheid" $\dot{\boldsymbol{r}}(t) = \boldsymbol{v}(t)$, wat een vectoriële differentiaalvergelijking van de eerste orde is. De orde wordt gedefinieerd als het minimum aantal gekoppelde vergelijkingen van de eerste orde, hier 2N.

De bewegingen van een systeem van de tweede orde kunnen worden beschreven in termen van de stroomlijnen en vaste punten (indien aanwezig) in het bijbehorende $\{\boldsymbol{r}(t), \boldsymbol{v}(t)\}$"faseportret" of "fasediagram". Dit maakt een kwalitatieve analyse van de eigenschappen van een systeem mogelijk, waarbij de in de gevallen I-VI geanalyseerde speciale gevallen inzicht geven in de bouwstenen van een dergelijke kwalitatieve analyse.

Laten we, in navolging van [28], eerst faseruimte-afbeeldingen voor speciale gevallen van de laagste orde beschouwen $q, U(q)$en vervolgens een algemene klasse van potentialen beschrijven die door constructie uit die speciale gevallen worden verkregen. Laten we om te beginnen het volgende beschouwen $U(q) = aq$:

Voorbeeld 6.1. Geval 1 . $U(q) = aq$Het uniforme krachtveld $aq = E - \frac{p^2}{2m}$.

Bedenk dat $\dot{p}_i = -\frac{\partial H}{\partial q_i}$en $\dot{q}_i = \frac{\partial H}{\partial p_i}$en veronderstel $p = 0$dat $t_0$en q_0:

$$H(p,q) = \frac{p^2}{2m} + aq \rightarrow \ \dot{p} \ = -a \quad \dot{q} \ = \frac{p}{m}$$

Integreren van de differentiaalvergelijkingen van de eerste orde:

$$p = -a(t - t_0) \quad q = q_0 - \frac{a}{2m}(t - t_0)^2.$$

Oefening 6.1. Toon de faseruimteafbeelding voor de Hamiltoniaan met potentiaal $U(q) = aq$(en de grafiek van de potentiaal). Laat zien dat er geen vaste punten zijn.

Voorbeeld 6.2. Geval 2 . $U(q) = +\frac{1}{2}aq^2$De lineaire oscillator.

$\frac{1}{2}aq^2 + \frac{p^2}{2m} = E$(cirkels/ellipsen in de faseruimte):

$$H(p,q) = \frac{p^2}{2m} + \frac{1}{2}aq^2 \rightarrow \ \dot{p} \ = -aq \ \ and \ \dot{q} \ = \frac{p}{m}$$

De daaruit voortvloeiende bewegingsvergelijking van de tweede orde is:

$$\ddot{q} = -\frac{a}{m}q = \ -\omega^2 q \rightarrow q = Acos(\omega t + \delta) \rightarrow p$$
$$= -m\omega A \sin(\omega t + \delta).$$

Dit is een klassieke, eenvoudige harmonische beweging met periode $T = 2\pi/\omega$en $E = \frac{1}{2}mA^2\omega^2$.

Oefening 6.2. Toon de faseruimtekaart voor de Hamiltoniaan met potentiaal $U(q) = +\frac{1}{2}aq^2$(samen met de grafiek van de potentiaal). Laat zien dat de niveaukrommen ellipsen zijn en dat er een elliptisch vast punt is bij q=0, p=0.

Voorbeeld 6.3. Geval 3 . $U(q) = -\frac{1}{2}aq^2$De lineaire afstotende kracht (kwadratische potentiaalbarrière).

$$H(p,q) = \frac{p^2}{2m} - \frac{1}{2}aq^2 \rightarrow \dot{p} \quad = aq \quad \dot{q} \quad = \frac{p}{m}$$

De daaruit voortvloeiende bewegingsvergelijking van de tweede orde is:

$$\ddot{q} = \frac{a}{m}q = \gamma^2 q \rightarrow q = Ae^{\gamma t} + Be^{-\gamma t} \rightarrow p$$
$$= m\gamma Ae^{\gamma t} - m\gamma Be^{-\gamma t}, and\ E = -2m\gamma^2 AB.$$

Tot nu toe hebben we een geval gezien zonder vast punt, een elliptisch vast punt en een hyperbolisch vast punt. Dit zijn enkele van de belangrijkste categorieën waarin we geïnteresseerd zijn, maar laten we voor de volledigheid een systeem beschouwen dat wordt beschreven door een vectorfunctie van de tijd $r(t) = (q(t), p(t))$die voldoet aan een vectoriële bewegingsvergelijking van de eerste orde:

$$\frac{dr(t)}{dt} = (\dot{q}(t), \dot{p}(t)) = v(q,p,t)$$

Een punt (q,p)waar $v(q,p,t) = 0$een vast punt wordt genoemd, vertegenwoordigt het systeem in evenwicht. Als, zoals $t \rightarrow \infty$we hebben $r(t) \rightarrow r_0$, dan $r_0$wordt een attractor genoemd. Een sterke attractor treedt op wanneer een fasetraject ergens in de buurt van het attractorpunt $r_0$ertoe leidt dat het traject samenkomt met (asymptotisch naar) de attractor convergeert.

Scheiding van variabelen is over het algemeen mogelijk, vanuit de theorie van gewone differentiaalvergelijkingen [32], en stabiliteit [31], en zal worden gebruikt om de soorten stromen (met of zonder stabiele punten) in de rest van deze sectie te categoriseren (in de lijn van [28]). Verdere bespreking van scheidbaarheid vindt plaats in een latere sectie waar de Hamilton-Jacobi-vergelijking wordt besproken [27].

Oefening 6.3. Toon de faseruimtekaart voor de Hamiltoniaan met potentiaal $U(q) = -\frac{1}{2}aq^2$. Laat zien dat de niveaukrommen hyperbolen zijn, of rechte lijnen in het geval van degeneratie (toon de separatrix). Laat zien dat er een vast punt is bij p=0, q=0 (hyperbolisch en duidelijk instabiel).

Voorbeeld 6.4. Geval 4 . $U(q) = cubic$De kubieke potentiaalbarrière, faseruimteoplossing geconstrueerd uit gevallen 1-3:

Oefening 6.4. Toon de faseruimtekaart voor de Hamiltoniaan met potentiaal $U(q) = cubic$(inclusief de grafiek van de potentiaal).

Voorbeeld 6.5. Beschouw de Hamiltoniaan: $H = a|p| + b|q|$, beschrijf alle consistente oplossingen.

1e geval ,$a > 0, b > 0$

Kwadranten:
$$\begin{aligned} &\text{I:}H_I = ap + bq \\ &\text{II:}H_{II} = ap - bq \\ &\text{III:}H_{III} = ap - bq \\ &\text{IV:}H_{IV} = ap + bq \end{aligned}$$

Om de dynamiek te verkrijgen, gebruik je de vergelijkingen van Hamilton:

Beschouw kwadrant I: $\dot{q} = a, \dot{p} = -b$, dus $q = at + a_0, p = -bt + b_0$. Dit geeft dus $q = at, p = -bt + \frac{H}{a}$de stroom.

2e geval ,$a < 0, b < 0$

Kwadranten:
$$\begin{aligned} &H_I = -ap - bq \\ &H_{II} = -ap + bq \end{aligned}$$

$$H_{III} = ap + bq$$
$$H_{IV} = ap - bq$$

Ho ≤is de enige consistente oplossing voor $a < 0, b < 0$.

3e geval ,$a > 0, b < 0$

$$H_I = ap - bq \qquad \frac{dp}{dq} = {}^{b}/_{a}, q = 0, p = \frac{H}{a}$$
$$H_{II} = ap + bq \qquad \dot{q} = a, \dot{p} = b$$
$$H_{III} = -ap + bq \qquad q = at, p = bt + \frac{H}{a}$$
$$H_{IV} = ap + bq \qquad \dot{q} = -a, \dot{p} = -b \quad \rightarrow$$
$$q = -at, p = -bt - \frac{II}{a}$$

4e geval ,$a < 0, b > 0$

$$H_I = -ap + bq \qquad p = 0, q = \frac{H}{b}$$
$$H_{II} = -ap - bq \qquad \dot{q} = a, \dot{p} = -b$$
$$H_{III} = ap - bq \qquad q = at + a_0, p = bt +$$
$b_0$waar$a_0 = 0 \qquad b_0 = \frac{H}{b}$

$H_{IV} = ap + bq$ vergelijkbaar

Oefening 6.5. Wat gebeurt er bij (0, 0)?

Voorbeeld 6.6. Beschouw de mogelijkheid voor eendimensionale beweging met $V = -Ax^4,\ A > 0$.

$$H(x, P_x) = \frac{P_x^2}{2m} + V(x)$$

$$2mE = P_x^2 - 2mAx^4 = \left(P_x - \sqrt{2mA}x^2\right)\left(P_x + \sqrt{2mA}x^2\right)$$

Er is één vast punt in de oorsprong, $x = P_x = 0$, en de energiecontouren bestaan uit de parabolen die $P_x = \pm\sqrt{2mA}x^2$door dat vaste punt gaan. De separatrix is het onstabiele traject dat door een onstabiel vast punt gaat. Beschik over:

$$\dot{x} = \frac{\partial H}{\partial P_x} = \frac{P_x}{m} = \frac{\sqrt{2mA}x^2}{m} = \sqrt{\frac{2A}{m}}x^2$$

$$t = \frac{1}{x\sqrt{\frac{2A}{m}}} \text{ as } x \to 0 \ \ and \ \ t \to \infty \ motion\ terminates.$$

De motie wordt hiermee beëindigd.

Oefening 6.6. Wat gebeurt er als$sqn(P_0X_0) = 1$? Toon de potentiaal- en faseplots.

6.3 Overzicht van gewone differentiaalvergelijkingen en classificatie van vaste punten op lokaal, gelineariseerd (scheidbaar) niveau

Laten we beginnen met het verplaatsen van de oorsprong in het fasediagram naar een vast punt van belang en de snelheidsfunctie expliciet uitdrukken in termen van een expansie in de positiefunctie:

$$\boldsymbol{v}(\boldsymbol{r}) = A\boldsymbol{r} + O(|\boldsymbol{r}|^2),$$

(6-7)

aangezien $\boldsymbol{v}(\boldsymbol{0}) = 0$op het vaste punt, waar A een niet-singuliere reële matrix is. Volgens de notatie van Percival [28], laat

$$A = \begin{pmatrix} a & b \\ c & d \end{pmatrix}.$$

(6-8)

Voor voldoende kleine waarden $\boldsymbol{r}(\boldsymbol{x}, \boldsymbol{y})$van krijgen we alleen de lineaire term en $\dot{\boldsymbol{r}} = A\boldsymbol{r}$. We willen de matrix diagonaliseren Aen van daaruit een gestandaardiseerde evaluatie van het vastpuntgedrag verkrijgen. Om dit te bereiken, beschouwen we de transformatie naar nieuwe coördinaten.$\boldsymbol{R}(\boldsymbol{X}, \boldsymbol{Y}) = M\boldsymbol{r} \rightarrow \dot{\boldsymbol{R}} = B\boldsymbol{R}$, waarbij $B = MAM^{-1}$. Dit resulteert in drie gevallen:

Geval (1) de eigenwaarden van Bzijn reëel en verschillend, in welk geval $\dot{\boldsymbol{X}} = \lambda_1\boldsymbol{X}, \ \dot{\boldsymbol{Y}} = \lambda_2\boldsymbol{Y}$, dus

$$\left(\frac{\boldsymbol{X}}{\boldsymbol{X}_0}\right)^{\lambda_2} = \left(\frac{\boldsymbol{Y}}{\boldsymbol{Y}_0}\right)^{\lambda_1}.$$

(6-9)

Als we hebben, $\lambda_1 < \lambda_2 < 0$dan hebben we een stabiel knooppunt, en hetzelfde geldt voor $\lambda_2 < \lambda_1 < 0$. Als we hebben $\lambda_1 > \lambda_2 > 0$, dan hebben we een instabiel knooppunt, en hetzelfde geldt voor $\lambda_2 > \lambda_1 > 0$. Als we hebben, $\lambda_1 < 0 < \lambda_2$dan hebben we een instabiel knooppunt (een hyperbolisch punt); en op dezelfde manier, maar met omgekeerde pijlen als $\lambda_2 < 0 < \lambda_1$.

Geval (2): de eigenwaarden van Bzijn reëel en gelijk. Er zijn twee subgevallen: stel dat $b = c = 0$, dan moet hebben$\lambda_1 = \lambda_2 < 0$ $(b = c = 0)$bekend als de stabiele ster. Evenzo, de$\lambda_1 = \lambda_2 > 0$ $(b = c = 0)$In dat geval is de ster instabiel. Als daarentegen geldt $c \neq 0$, dan hebben we

$$B = \begin{pmatrix} \lambda & 0 \\ c & \lambda \end{pmatrix},$$

(6-10)

met oplossing:

$$\frac{\boldsymbol{Y}}{\boldsymbol{X}} = \frac{c}{\lambda} \ln\left(\frac{\boldsymbol{X}}{\boldsymbol{X}_0}\right)$$

(6-11)

De fasecurven voor dit geval beschrijven een onjuiste knoop die stabiel is als$\lambda_1 = \lambda_2 < 0$ $(b \neq 0\ c \neq 0)$, of een instabiel onjuist knooppunt als$\lambda_1 = \lambda_2 > 0$ $(b \neq 0\ c \neq 0)$.

Geval (3), de eigenwaarden van Bzijn complex en geconjugeerd aan elkaar $\lambda_1 = \alpha + i\omega = \lambda_2 *$. Stel dat de eigenwaarden zuiver imaginair zijn ($\alpha = 0$), dan ontstaat een elliptisch punt, met rotatie met de klok mee of tegen de klok in, afhankelijk van het teken van ω. Stel $\alpha < 0$, dan hebben we een stabiel spiraalpunt, met rotatie afhankelijk van het teken van ω. Evenzo, als $\alpha > 0$, dan hebben we een onstabiel spiraalpunt, met rotatie afhankelijk van het teken van ω.

Tot nu toe hebben we de verschillende gedragingen van vaste punten geïdentificeerd. Voor systemen van de eerste orde neigt alle beweging naar een vast punt of oneindigheid, dus we hebben een complete 'taxonomie' met wat tot nu toe is beschreven. Voor systemen van de tweede orde en hoger is dit niet per se het geval. Het expliciete voorbeeld van de limietcyclus wordt hierna gegeven, terwijl vreemde attractoren worden behandeld in een later hoofdstuk waar we de overgang naar chaos bespreken.

Bij onze identificatie van vastpuntgedrag hebben we de mogelijkheid van een vaste deelverzameling die niet simpelweg een punt is, over het hoofd gezien. Zelfs in tweede-orde systemen kunnen deze voorkomen, wat resulteert in het klassieke fenomeen van de "limietcyclus". Beschouw het volgende expliciete geval dat in dit verband door [28] wordt gegeven. Stel dat we een systeem hebben dat in poolcoördinaten scheidbaar is volgens:

$$\dot{r} = \alpha r(r - R),\;\; R > 0, and \;\; \dot{\theta} = \omega.$$

De cirkel $r = R$is invariant, en voor beweging in de buurt van de cirkel is deze ofwel een sterke attractor (stabiel) ofwel het omgekeerde (bijvoorbeeld instabiel, met omgekeerde stroomlijnen).

$$\dot{x} = x^2 \longrightarrow \frac{dx}{dt} = x^2 \longrightarrow -x^{-1} + {x_0}^{-1} = t$$

$$\dot{y} = -y \longrightarrow \frac{dy}{dt} = y \longrightarrow y = y_0 e^{-t}$$

Voorbeeld 6.7. Onstabiele spiraal en stabiele limietcyclus.

Voor kleine $x_1,\; x_2$systemen:

$$\dot{x_1} = -x_2 + x_1 r(1 - r)$$
$$\dot{x_2} = x_1 + x_2 r(1 - r)$$
$$r^2 = {x_1}^2 + {x_2}^2$$

reduceert tot een lineair systeem met middelpunt (0,0). Toon aan dat het niet-lineaire systeem een onstabiele spiraal heeft in (0,0) en een stabiele limietcyclus in r=1.

Oplossing

$\dot{x_1} = -x_2 + x_1 r(1 - r)$
$\dot{x_2} = x_1 + x_2 r(1 - r)$
$r^2 = {x_1}^2 + {x_2}^2$

Voor (x_1, x_2)zowel kleine als dus kleine r $(\sim x)$geldt dat ze

$$\begin{matrix} \dot{x_1} = -x_2 \\ \dot{x_2} = x_1 \end{matrix} \longrightarrow \begin{pmatrix} \dot{x_1} \\ \dot{x_2} \end{pmatrix} = \begin{pmatrix} 0 & -1 \\ 1 & 0 \end{pmatrix} \begin{pmatrix} x_1 \\ x_2 \end{pmatrix}$$

$$\lambda^2 + 1 = 0 \quad \rightarrow \quad \lambda = \pm i.$$

Het laatste resultaat toont aan dat dit een ellipsoïde punt {Percival] is, met middelpunt (0,0). Laten we nu het r-gedrag bekijken. Begin met groeperen:

$$x_1\dot{x}_1 + x_2\dot{x}_2 = ({x_1}^2 + {x_2}^2)\gamma(1-r) = r^2(1-r).$$

Dit kan als volgt worden herschreven:

$$\frac{1}{2}\frac{d}{dt}({x_1}^2 + {x_2}^2) = \frac{1}{2}\frac{d}{dt}\dot{r}^{\,2} = r^3\,(1-r) \rightarrow \ \frac{dr}{dt} = r^2(1-r).$$

Een limietcyclus wordt aangegeven bij $r = 1$. Ter bevestiging,

$$dt = \frac{dr}{r^2(1-r)}\,, and\ as\ r \longrightarrow 1\ we\ get\ dt = \frac{dr}{1-r}.$$

In de buurt van $r = 1$:

$$t = -\ln|1-r| \ \rightarrow \ \ r = 1 \pm \exp(-t)\,, and\ as\ t \longrightarrow \infty, r \longrightarrow 1, a\ limit\ cycle.$$

Laten we nu eens kijken naar het geval dat r bijna nul is. Voor r bijna nul geldt $\dot{r} \cong r^2$en aangezien we beginnen met $r > 0$zullen we duidelijk hebben, $\dot{r} > 0$dus het spiraalt naar buiten.

Voorbeeld 6.8. Elliptisch vast punt (zie Percival [28], p41)

Toon aan dat de oorsprong een elliptisch vast punt is voor het systeem:

$$\dot{x}_1 = -x_2 + x_1 r^2 \sin\left(\frac{\pi}{r}\right)$$

$$\dot{x}_2 = x_1 + x_2 r^2 \sin\left(\frac{\pi}{r}\right).$$

Toon bovendien aan dat:

(a) de cirkels r=1/n, n=1,2,…, zijn fasecurven.

(b) de trajecten tussen twee opeenvolgende cirkels spiraliseren ofwel weg van ofwel naar de oorsprong

(c) de fasecurven buiten r=1 zijn onbegrensd

Oplossing

We hebben een elliptisch punt met middelpunt (0,0) als $\dot{x}_1 = -x_2$en $\dot{x}_2 = x_1$precies het geval is wanneer r naar nul gaat.

(a) Wanneer we r=1/n substitueren, identificeren we deze fasecurven als concentrische cirkels:

$$\dot{x}_1 = -x_2 + x_1\left(\frac{1}{n}\right)^2 \sin(\pi n) = -x_2$$

$$\dot{x}_2 = x_1 + x_2\left(\frac{1}{n}\right)^2 \sin(\pi n) = x_1$$

(b) De vergelijkingen groeperen om een totale afgeleide te verkrijgen:

$$x_1\left(\dot{x}_1 = -x_2 + x_1\, r^2 \sin\left(\frac{\pi}{r}\right)\right)$$

$$+x_2\left(\dot{x}_2 = x_1 + x_2\, r^2 \sin\left(\frac{\pi}{r}\right)\right)$$

$$x_1\dot{x}_1 + x_2\dot{x}_2 = (x_1^2 + x_2^2)r^2 \sin\left(\frac{\pi}{r}\right)$$

We hebben dus:

$$\frac{1}{2}\frac{d}{dt}(x_1^2 + x_2^2) = r^4 \sin\left(\frac{\pi}{r}\right) \quad \rightarrow \quad 2r\dot{r} = 2r^4 \sin\left(\frac{\pi}{r}\right) \quad \rightarrow \quad \dot{r} = r^3 \sin\left(\frac{\pi}{r}\right).$$

Het teken $\dot{r}$verandert afhankelijk van de situatie. $\sin(\pi/r)$.Als we de groepering zouden gebruiken om de tweede oplossing te verkrijgen, zouden we zien dat die groep naar binnen spiraalt. Tussen twee opeenvolgende cirkels r=1/n zal het teken omslaan. De r=1/n-curven zullen dus limietcycli zijn $\dot{r} < 0$als ze zich boven en $\dot{r} > 0$onder de r=1/n-limietcyclus bevinden.

(c) Als $r > 1$, dan $\sin\left(\frac{\pi}{r}\right)$is altijd positief, dus $\dot{r}$ is altijd positief, en spiraalt naar buiten.

6.4 Lineaire systemen en het propagatorformalisme

Geval 4 hierboven is een voorbeeld van een niet-autonoom systeem, waarbij de snelheidsfunctie een expliciete functie van de tijd is. Voor een lineair systeem van de tweede orde (mogelijk door middel van een perturbatiebenadering die later aan bod komt) gelden de volgende vergelijkingen:

.

$$\frac{d\boldsymbol{r}(t)}{dt} = A(t)\boldsymbol{r}(t) + b(t). \tag{6-12}$$

Laten we eens kijken naar $b(t) = 0$, waarvoor een 2x2 matrixwaardige functie bestaat waarmee we het volgende kunnen schrijven:

$$\boldsymbol{r}(t_1) = \boldsymbol{K}(t_1, t_0)\boldsymbol{r}(t_0), \tag{6-13}$$

waarbij de matrix $\boldsymbol{K}(t_1, t_0)$de propagator is van $t_0$naar t_1. Merk op dat de propagator voldoet aan de Chapman-Kolmogorov-relatie (die voorkomt in de informatietheorie):

$$\boldsymbol{K}(t_2, t_0) = \boldsymbol{K}(t_2, t_1)\boldsymbol{K}(t_1, t_0) \tag{6-14}$$

De propagatormatrices in deze representatie hoeven niet commutatief te zijn. Een bespreking van het Chapman-Kolmogorov-criterium en het deFinetti- uitwisselbaarheidscriterium vindt plaats in latere hoofdstukken (kwantumvarianten in Boek 4, statistisch-mechanische varianten in Boek 5 en informatietheoretische kwesties in Boek 9).

Talrijke resultaten zijn gemakkelijk toegankelijk in het propagatorformalisme. Laten we om te beginnen een verband leggen tussen bekende oplossingen en de propagatormatrix, om zo snel mogelijk tot het propagatorformalisme te komen. Volgend op de bespreking in [28], beginnen we met het schrijven van de kolomvector met twee elementen als een mengsel van willekeurige paren oplossingen:

$$\boldsymbol{r}(t) = c_1\boldsymbol{r_1}(t) + c_2\boldsymbol{r_2}(t).$$

Laten we ons nu concentreren op het geval waarin $t_0$we bij hebben $\boldsymbol{r_1}(t_0) = \binom{1}{0}$en $\boldsymbol{r_2}(t_0) = \binom{0}{1}$, $c_1 = \boldsymbol{x}(t_0)$en $c_2 = \boldsymbol{y}(t_0)$:

$$\begin{pmatrix} \boldsymbol{x}(t_1) \\ \boldsymbol{y}(t_1) \end{pmatrix} = c_1 \begin{pmatrix} \boldsymbol{x_1}(t_1) \\ \boldsymbol{y_1}(t_1) \end{pmatrix} + c_2 \begin{pmatrix} \boldsymbol{x_2}(t_1) \\ \boldsymbol{y_2}(t_1) \end{pmatrix} = c_1 \begin{pmatrix} \boldsymbol{K_{11}} \\ \boldsymbol{K_{21}} \end{pmatrix} + c_2 \begin{pmatrix} \boldsymbol{K_{12}} \\ \boldsymbol{K_{22}} \end{pmatrix},$$

waarbij de matrixwaarden worden gekozen zoals aangegeven, rekening houdend met de speciale oplossingen die bij zijn gekozen t_0, en om consistent te zijn met de uiteindelijke propagatorvorm die wordt verkregen:

$$\begin{pmatrix} x(t_1) \\ y(t_1) \end{pmatrix} = \begin{pmatrix} K_{11}x(t_0) \\ K_{21}x(t_0) \end{pmatrix} + \begin{pmatrix} K_{12}y(t_0) \\ K_{22}y(t_0) \end{pmatrix} = \begin{pmatrix} K_{11}x(t_0) + K_{12}y(t_0) \\ K_{21}x(t_0) + K_{22}y(t_0) \end{pmatrix}$$
$$= \begin{pmatrix} K_{11} & K_{12} \\ K_{21} & K_{22} \end{pmatrix} \begin{pmatrix} x(t_0) \\ y(t_0) \end{pmatrix}$$

Dus,

$$\boldsymbol{r}(t_1) = \boldsymbol{K}(t_1, t_0)\boldsymbol{r}(t_0), \tag{6-15}$$

Beschouw geval 2 hierboven, waarbij $U(q) = +\frac{1}{2}aq^2$(de lineaire oscillator). De oplossingen bleken als volgt te zijn:

$$q = Acos(\omega t + \delta) \quad and \quad p = -m\omega A \sin(\omega t + \delta) \tag{6-16}$$

Laat $t_0$overeenkomen met $t = 0$, dan hebben we voor oplossing 1:

$$\boldsymbol{r}_1(t_0) = \begin{pmatrix} x(t_0) \\ y(t_0) \end{pmatrix} = \begin{pmatrix} Acos(\delta) \\ -m\omega A \sin(\delta) \end{pmatrix}, \tag{6-17}$$

waarbij we de speciale vorm tegenkomen die nodig is als $\delta = 0$en $A = 1$. Op dezelfde manier $\boldsymbol{r}_2(t_0)$kiezen we voor $\delta = 90$en $A = 1/(-m\omega)$. Dus:

$$\boldsymbol{K}(t = t_1, t_0 = 0) = \begin{pmatrix} cos(\omega t) & (m\omega)^{-1} \sin(\omega t) \\ -m\omega \sin(\omega t) & cos(\omega t) \end{pmatrix} \tag{6-18}$$

Merk op dat det$\boldsymbol{K}$ = 1, beschrijft dus een afbeelding die het oppervlak behoudt, zoals nodig is voor Hamiltoniaanse systemen. Voor de K-matrix hebben we vergelijkbare stabiliteitsevaluaties als eerder voor de B-matrix; verdere discussie hierover is te vinden in [28].

Hoofdstuk 7. Chaos

Er zijn veel manieren waarop chaos in de wetenschappelijke literatuur is aangetoond (zie [61], anderen). Chaos is gemakkelijk te vinden in veel eendimensionale systemen die periodeverdubbeling vertonen in bepaalde regimes, waarbij dit regime van periodeverdubbeling uiteindelijk overgaat in een chaotisch regime. We zullen in het vervolg een aantal van dergelijke systemen onderzoeken. Andere paden naar chaos, zoals intermittentie en crises [61], hebben, wanneer grafisch weergegeven, knelpunten in hun iteratieve afbeeldingen, of cyclische semi-stabiele gebieden, die het ontstaan van chaotisch gedrag zouden kunnen verklaren. De gegeven chaosvoorbeelden zullen dus over het algemeen vrij algemeen zijn.

In paragraaf 7.1 bespreken we een algemeen pad naar het chaosfenomeen wanneer er sprake is van periodieke beweging. Dit komt doordat chaos alomtegenwoordig is en we, met de focus op periodieke beweging, een eenvoudige wiskundige basis hebben, via een iteratieve kaartformulering, waarmee we domeinen van chaos gemakkelijk kunnen identificeren.

Voordat we verdergaan met chaos, laten we echter even stilstaan bij wat het tegenovergestelde van chaos is om wat perspectief te krijgen. Het meest geordende systeem is er een dat "integreerbaar" is of waarvoor "integreerbaarheid" bestaat. Denk terug aan hoe we behoudswetten, zoals die werden geïdentificeerd, gebruikten om de complexiteit van de differentiaalvergelijkingen te verminderen, bijvoorbeeld bij de identificatie van het impulsmoment. We kunnen symmetrieën ook als behoudswetten weergeven (de stelling van Noether). Als zowel de behoudswetten als de symmetrieën voldoende zijn om een volledige oplossing voor de systeemvergelijkingen te hebben, dan is er sprake van integreerbaarheid; zo niet, dan is het systeem niet-integreerbaar. Verdere discussie over integreerbaarheid is te vinden in [38,32,37].

Een voorbeeld van het cruciale belang van integreerbaarheid en niet-integreerbaarheid voor het verkrijgen van toegang tot chaotisch gedrag wordt weergegeven door de Swinging Atwood's Machine (Figuur 7.1) [79]:

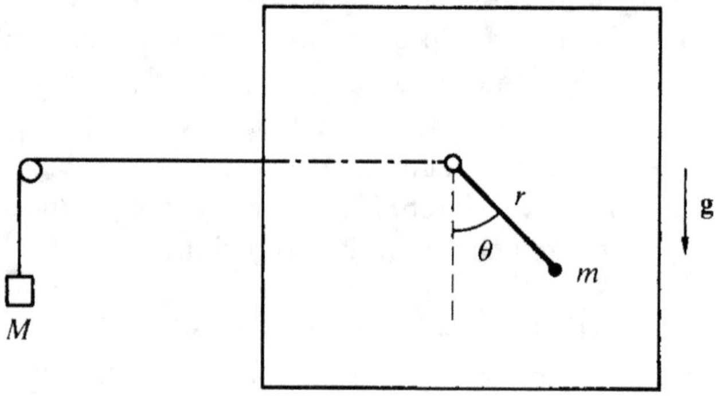

Figuur 7.1.

De Hamiltoniaan is

$$H = \frac{p_r^2}{2m(1+\mu)} + \frac{p_\theta^2}{2mr^2} + mgr(\mu - \cos\theta), \quad \mu = \frac{M}{m}, \tag{7-1}$$

En de beweging is over het algemeen niet integreerbaar, aangezien H meestal de enige bewegingsconstante is.

In het geval dat μ > 1 is de beweging van m altijd begrensd door een curve met een snelheid van nul (p = 0), wat een
de vorm afhangt van de massaverhouding μ en van de energie H.

Wanneer μ ≤ 1 is de beweging voor geen enkele energie begrensd en uiteindelijk passeert de massa M de katrol.

Het systeem is integreerbaar in het geval μ = 3! In dat speciale geval is er een tweede behouden grootheid, gegeven door

$$J = \frac{p_\theta}{4m}\left(p_r \cos\frac{\theta}{2} - \frac{2p_\theta}{r}\sin\frac{\theta}{2}\right) + mgr^2 \sin\frac{\theta}{2}\cos^2\frac{\theta}{2}. \tag{7-2}$$

waarbij $\dot{J} = 0$. Wanneer μ = 3 is, is de beweging volledig geordend. Voor alle andere massaverhoudingen zijn er gebieden met chaotische beweging.

7.1. Algemeen pad naar het chaosfenomeen: Periodieke beweging ❯Iteratieve kaart ❯Chaos

Stel dat een lineair systeem dat we bestuderen, $d\boldsymbol{r}(t)/dt = A(t)\boldsymbol{r}(t)$met een geschikte tijdskeuze, parameters heeft die periodiek zijn in de tijd: $A(t+T) = A(t)$voor alle t. Als we de propagator beschouwen gedurende één zo'n periode T, hebben we, met een geschikte keuze voor het begin van de tijd, de propagator $\boldsymbol{K} = \boldsymbol{K}(T,0) =. \boldsymbol{K}(nT,(n-1)T)$Beschouw nu de propagator voor nT tijdstappen (en gebruik de Chapman-Kolmogorov-relatie) om te verkrijgen:

$$\boldsymbol{K}(nT,0) = \boldsymbol{K}^n. \tag{7-3}$$

Uit de bovenstaande vergelijking kunnen we afleiden dat voor systemen met tijdsafhankelijke parameters die periodiek zijn, de propagator, $\boldsymbol{K}(\boldsymbol{t},\boldsymbol{0})$, de eigenschap heeft dat deze op bepaalde latere tijdstippen, nT, kan worden bepaald door herhaalde propagaties met de periodepropagator $\boldsymbol{K}$. Aangezien de periodepropagator een lineaire afbeelding is (en oppervlaktebehoudend voor Hamiltoniaanse systemen), betekent dit dat een groot deel van het toekomstige gedrag (stabiel of niet) van een systeem met periodieke parameters kan worden bepaald door de gedragsklassen onder herhaalde periodepropagator-afbeeldingen. Met andere woorden, het gedrag van het systeem wordt grotendeels gereduceerd tot de analyse van het gedrag van de herhaalde periodepropagator-afbeelding.

Laten we nu de formele definitie van een "afbeelding" beschouwen in de zin van een systeem met discrete tijd. De discrete tijd kan te wijten zijn aan de definitie van de data (een reeks jaarlijkse metingen), aan periodiciteit (met metingen die periodiek worden uitgevoerd), of aan diverse andere redenen. Laten we het systeem beschrijven met één reële vector $\boldsymbol{r}(t)$, nu met n componenten, en voor het scenario met discrete tijd en afbeelding nemen we aan dat $\boldsymbol{r}(t+1) = \boldsymbol{F}(\boldsymbol{r}(t), t)$, waarbij $\boldsymbol{F}$de afbeeldingsfunctie (een vectorwaardige functie) is van de faseruimte op zichzelf. Voor afbeeldingsfuncties die niet expliciet tijdsafhankelijk zijn, krijgen we de notatie $\boldsymbol{r}_{t+1} = \boldsymbol{F}(\boldsymbol{r}_t)$. Het formalisme van de afbeelding is dus zeer natuurlijk voor lineaire differentiaalvergelijkingen wanneer er periodieke snelheidsfuncties zijn (bijvoorbeeld $d\boldsymbol{r}(t)/dt = A(t)\boldsymbol{r}(t)$met $(t+T) = A(t)$). De voorwaarde van een periodieke snelheidsfunctie lijkt in dit opzicht zeer krachtig, en als we de lineariteitsvoorwaarde versoepelen, blijkt dat het resultaat van de iteratieve afbeelding nog steeds geldt.

Beschouw $d\boldsymbol{r}(t)/dt = \boldsymbol{v}(\boldsymbol{r}, t)$in $\boldsymbol{v}(\boldsymbol{r}, t+T) = \boldsymbol{v}(\boldsymbol{r}, t)$het algemeen (niet-lineair). Bij de eerste discrete tijdstap, t=1, hebben we $\boldsymbol{r}(1) = \boldsymbol{F}(\boldsymbol{r}(0))$volgens de definitie van de geïntroduceerde afbeelding. We zien dan dat $d\boldsymbol{r}(t+1)/dt = \boldsymbol{v}(\boldsymbol{r}(t+1), t)$, dus $\boldsymbol{r}(2) = \boldsymbol{F}(\boldsymbol{r}(1))$met dezelfde afbeeldingsfunctie, en door inductie moet $\boldsymbol{r}_{t+1} = \boldsymbol{F}(\boldsymbol{r}_t)$in het algemeen gelden. Met andere woorden, zowel autonome als niet-autonome systemen, als ze periodieke snelheidsfuncties hebben, kunnen worden beschreven in termen van een afbeeldingsfunctie die geassocieerd is met een autonoom systeem met discrete tijd. Dit leidt tot een tweestappenproces voor het oplossen van differentiaalvergelijkingen: (1) Bepaal de afbeeldingsfunctie$\boldsymbol{F}$ (1) door onderzoek van de oplossing gedurende één bewegingsperiode (van t=0 tot t=1); (2) Bepaal het gedrag van de oplossing door herhaaldelijke toepassing van de afbeeldingsfunctie. Hieruit zien we dat chaotisch systeemgedrag alomtegenwoordig is. Zelfs eenvoudige Hamiltoniaanse systemen met één vrijheidsgraad kunnen chaos vertonen, of eenvoudige *conservatieve* Hamiltoniaanse systemen met twee of meer vrijheidsgraden. Sterker nog, voor systemen met begrensde beweging omvat een aanzienlijk deel van de faseruimte fasepunten die chaotische beweging ondergaan.

In het voorbeeld van de gedwongen gedempte slinger die hierna beschreven zal worden (een eenvoudig Hamiltoniaans systeem), zullen we chaotische beweging vinden onder een algemene reeks omstandigheden. Met andere woorden, we zullen zien dat chaotisch gedrag (precies te definiëren) een 'normaal' resultaat is wanneer de perturbatieve grenzen van een systeem worden opgerekt, of zelfs ruim binnen een perturbatief domein als de parameterruimte de 'chaosfase' van het systeem oprekt. Deze laatste beschrijving van een 'fase' van chaos in een gegeven parameter is accuraat, aangezien de parameter die een chaosfase ingaat (klassieke maar indeterminische beweging) voor het systeem, die chaosfase kan verlaten en terug kan keren naar een domein van klassieke deterministische beweging (en heen en weer). Dit laatste gedrag is universeel in systemen van de eerste en tweede orde [19] en beschrijft een reeks universele parameters voor klassieke systemen aan de "rand van chaos". In [45] zullen we zien dat maximale emanatie/propagatie van informatie zich aan de rand van chaos bevindt.

7.2 Chaos en de gedempte aangedreven slinger

Voorheen werd de slingeroscillator bij kleine trillingen benaderd als de klassieke veeroscillator (lineaire herstellende kracht), waarbij de differentiaalvergelijking die gedwongen trillingen met demping beschrijft (in reële vorm):

$$\ddot{x} + 2\lambda\dot{x} + \omega^2 x = \left(\frac{F}{m}\right)\cos\gamma t,$$

(7-4)

waarvoor we de oplossingen hebben gevonden:

$$x(t) = a\exp(-\lambda t)\cos(\omega t + \alpha) + b\cos(\gamma t + \delta),$$

(7-5)

waar

$$b = \frac{F}{m\sqrt{(\omega^2 - \gamma^2)^2 + (2\lambda\gamma)^2}}, \qquad \tan\delta = \frac{(2\lambda\gamma)}{(\omega^2 - \gamma^2)}.$$

(7-6)

Als we de benadering voor kleine hoeken niet gebruiken om te maken $\sin x \cong x$, en we aannemen dat de slingerdraad stijf is (dus een slingerstang), dan hebben we:

$$\ddot{x} + 2\lambda\dot{x} + \omega^2\sin x = \left(\frac{F}{m}\right)\cos\gamma t.$$

(7-7)

Laten we dit nu eens bekijken in het licht van de studie van [34]. Laten we eerst de variabelen veranderen en in het algemeen normaliseren, zodat $\omega = 1$:

$$\ddot{\theta} + \frac{1}{q}\dot{\theta} + \sin\theta = \alpha \cos\gamma t.$$

(7-8)

Met behulp van de notatie van [34] hebben we $\omega = \dot{\theta}$, niet te verwarren met de voorgaande ω, om drie onafhankelijke eerste-orde vergelijkingen te verkrijgen:
(1) $\dot{\omega} = -\omega/q - \sin\theta + \alpha\cos\varphi$,waarbij $q$de kwaliteitsfactor is.
(2)$\dot{\theta} = \omega$
(3)$\dot{\varphi} = \gamma$

Op dit punt hebben we voldaan aan de twee algemene voorwaarden voor het bestaan van chaotische oplossingsgebieden:
(1) Het systeem heeft drie of meer dynamische variabelen.
(2) De bewegingsvergelijkingen bevatten niet-lineaire koppelingstermen.

Voor ons probleem wordt aan voorwaarde (2) voldaan met de koppelingstermen $\sin\theta$en $\alpha\cos\varphi$. Uit [34] volgt dat voor het geval waarin $q = 2$, het volgende gedrag optreedt wanneer we de aandrijvingsamplitude vergroten α:

(1) $\alpha = 0.5$, de matig aangedreven slinger, met een periodiek gedrag van het type eenvoudige slinger zodra deze een stabiele toestand heeft bereikt (de baan is een limietcyclus, dus asymptotisch een cyclus zoals bij een eenvoudige slinger).
(2) $\alpha = 1.07$, de slinger met een dubbellusvormig traject in zijn fasediagram, maar met de eigenaardigheid dat zijn traject in een configuratiediagram nog geen enkele lus heeft voltooid, ook al kunnen er slingerbewegingen van meer dan 180 graden voorkomen.
(3) $\alpha = 1.15$De slingerbeweging heeft geen stationaire toestand, ze is chaotisch, maar het fasediagram geeft een structuur aan die het best wordt onthuld in termen van een Poincaré-sectie (die de positie volgt op veelvouden van de periode van de forcerende oscillatie). Voor

chaotische beweging is de structuur van de Poincaré-secties (faseruimtetrajecten) *zelfgelijkvormig* , waardoor een precieze fractale dimensie kan worden bepaald [34] voor de chaotische beweging.
(4) $\alpha = 1.35$, de slinger voltooit nu een lus in de configuratieruimte (reële ruimte).
(5) $\alpha = 1.45$, de slinger voltooit nu twee lussen in de configuratieruimte (reële ruimte).
(6) $\alpha = 1.50$, de slingerbeweging is chaotisch

Hoe kunnen we de bovenstaande waarnemingen interpreteren en wat is de grens tussen systemen met een stabiele toestand en systemen zonder (chaotische) toestand? Dit wordt het gemakkelijkst weergegeven in een zogenaamd bifurcatiediagram (zie figuur 7.2). In het bifurcatiediagram laten de waargenomen momentane frequenties over een reeks aandrijfoscillaties $\alpha = 1$een $\alpha = 1.50$duidelijk periodeverdubbelingsgedrag zien dat snel toeneemt bij het naderen van een chaotisch gebied (details volgen).

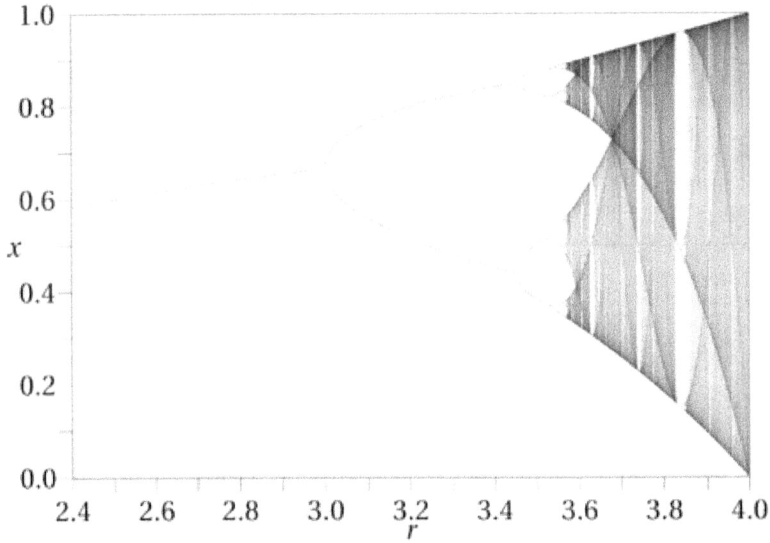

Figuur 7.2. Bifurcatiediagram voor de logistische kaart: $x_{n+1} = rx_n(1 - x_n)$[80].

Het bifurcatiediagram geeft het duidelijkst de overgang weer van een systeem met een stabiele toestand naar een chaotisch gedrag. Het eerdergenoemde slingersysteem is alomtegenwoordig, maar het genereren van precieze numerieke resultaten hiermee is tijdrovend als men alleen het universele gedrag van chaotische systemen wil aantonen. Dit komt doordat de periodeverdubbelingsovergang naar chaos een kenmerkend eigenschap is van zowel tweede-orde dynamische systemen als eerste-orde dynamische systemen waarvan de iteratieve afbeeldingen (Poincaré-secties) functies van eerdere afbeeldingsposities bevatten die een eenvoudig maximum hebben [19]. Algemene voorwaarden voor wanneer een dynamisch systeem met een specifieke afbeeldingsafhankelijkheid aanleiding geeft tot chaotisch gedrag zijn bewezen door [19], waarbij ook universele constanten zijn onthuld (details volgen). In plaats van te werken met een complexe evaluatie bij elke stap van de Poincaré-sectie voor bijvoorbeeld de slinger, laten we de afbeelding en het bifurcatiediagram in Figuur 7.2 bekijken die voortkomen uit de veel eenvoudigere logistische afbeelding, die van de eerste orde is, maar waarvan de belangrijkste constanten naar verluidt universeel zijn en dus gemakkelijker op deze manier te evalueren zijn. Hier volgt de samenvatting uit [34]: “Door de parameter *r te variëren* , wordt het volgende gedrag waargenomen:

- Als r tussen 0 en 1 ligt, zal de populatie uiteindelijk uitsterven, ongeacht de beginpopulatie.
- Met een waarde van r tussen 1 en 2 zal de populatie snel de waarde $r - 1$ /r benaderen , onafhankelijk van de beginpopulatie.
- Met r tussen 2 en 3 zal de populatie uiteindelijk ook dezelfde waarde $r - 1$ /r benaderen , maar zal eerst enige tijd rond die waarde schommelen. De convergentiesnelheid is lineair, behalve voor $r = 3$, wanneer deze dramatisch traag is, minder dan lineair (zie Bifurcatiegeheugen).
- Met r tussen 3 en $1 + \sqrt{6} \approx 3,44949$ zal de populatie permanente schommelingen tussen twee waarden

benaderen. Deze twee waarden zijn afhankelijk van r

en worden gegeven door .

- Met een waarde van r tussen 3,44949 en 3,54409 (ongeveer) zal de populatie vanuit vrijwel alle beginvoorwaarden permanente schommelingen vertonen tussen vier waarden. Dit laatste getal is een wortel van een twaalfdegraads polynoom (reeks A086181 in de OEIS).
- Naarmate r toeneemt tot boven de 3,54409, zal de populatie vanuit vrijwel alle beginvoorwaarden oscillaties vertonen tussen 8 waarden, vervolgens 16, 32, enzovoort. De lengtes van de parameterintervallen die oscillaties van een bepaalde lengte opleveren, nemen snel af; de verhouding tussen de lengtes van twee opeenvolgende bifurcatie-intervallen nadert de Feigenbaum-constante $\delta \approx 4{,}66920$. Dit gedrag is een voorbeeld van een periodeverdubbelingscascade.
- Bij $r \approx 3{,}56995$ (reeks A098587 in de OEIS) treedt chaos op, aan het einde van de periodeverdubbelingscascade. Vanuit vrijwel alle beginvoorwaarden zien we geen oscillaties meer met een eindige periode. Kleine variaties in de beginpopulatie leiden in de loop van de tijd tot dramatisch verschillende resultaten, een belangrijk kenmerk van chaos.
- De meeste waarden van r boven de 3,56995 vertonen chaotisch gedrag , maar er zijn nog steeds bepaalde geïsoleerde bereiken van r die niet-chaotisch gedrag vertonen; deze worden soms ' *eilanden van stabiliteit' genoemd* . Zo is er bijvoorbeeld vanaf $1 + \sqrt{8}$(ongeveer 3,82843) een bereik van parameters r dat oscilleert tussen drie waarden, en voor iets hogere waarden van r oscilleert het tussen 6 waarden, dan 12, enzovoort.

Als de eerste bifurcatie optreedt voor $\mu = \mu_1$, en de tweede voor $\mu = \mu_2$, dan is het mogelijk om een universele constante F te definiëren, volgens Feigenbaum [19]:

$$F = \lim_{k\to\infty} \frac{\mu_k - \mu_{k-1}}{\mu_{k+1} - \mu_k} = 4.66920160910299\,...,$$

(7-9)

waarbij dit opmerkelijk genoeg een universeel gedrag is voor alle afbeeldingen met een kwadratisch maximum. Met andere woorden, voor een eenvoudige (reële) kwadratische afbeelding of een complexe kwadratische afbeelding (generator van de Mandelbroit- verzameling [35]) komen we precies tot dezelfde constante uit hun bifurcatieafbeeldingen op basis van de parameterisering van hun bifurcatiegebeurtenissen. Op dezelfde manier:

Kwadratische maximumkaart: $x_{n+1} = a - x_n{}^2$heeft $\lim_{k\to\infty} \frac{a_k - a_{k-1}}{a_{k+1} - a_k} = F$.

Complexe kwadratische maximumkaart Mandelbroit): $z_{n+1} = c + z_n{}^2$heeft $\lim_{k\to\infty} \frac{c_k - c_{k-1}}{c_{k+1} - c_k} = F$.

7.3 De bijzondere waarde$\mathbf{C_\infty}$

Voor de complexe kwadratische afbeelding wordt de werkelijke asymptoot voor de c-waarde aan de "rand van de chaos" aangeduid als C_∞en heeft de waarde $C_\infty = -1.401155189\,...$. De constante $|C_\infty| = 1.401155189$ ...staat ook bekend als de constante van Myrberg [36]. De constante van Myrberg, hier en in [45] kortweg genoemd C_∞, zal een belangrijke rol spelen in de discussies.

Voorbeeld 7.1. Laten we een andere 1D-afbeelding beschouwen die continu differentieerbaar is met één maximum op het interval (0,1): $f(x) = \left(\frac{A}{\pi}\right) \sin \pi x$, zodat we de iteratieve relatie hebben:

$$x_{n+1} = \left(\frac{A}{\pi}\right) \sin \pi x_n$$

(7-10)

Bij het eerste bifurcatiepunt hebben we

$$x_{n+2} = \left(\frac{A}{\pi}\right) \sin \pi \left(\left(\frac{A}{\pi}\right) \sin \pi x_n\right) = x_n$$

Laten we een schets maken van het bifurcatiediagram dat uit de berekeningsresultaten naar voren komt:

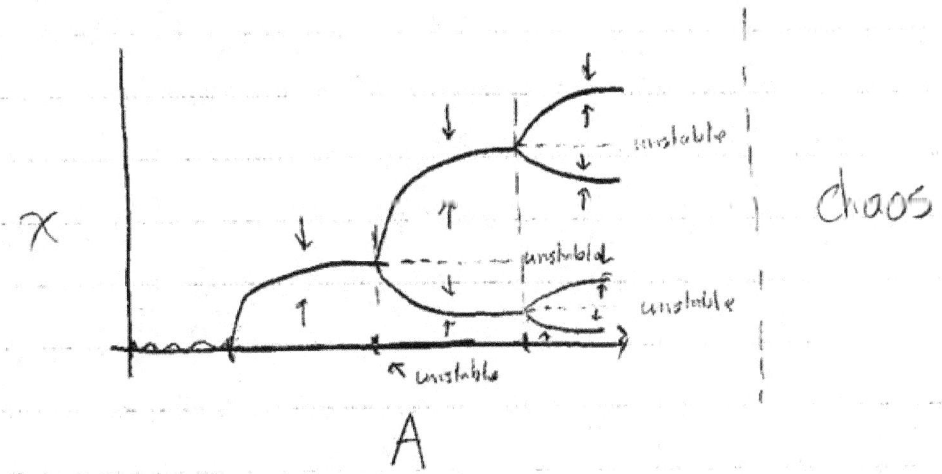

De waarden van A waar de aangegeven bifurcaties voorkomen zijn:

$a_0 = 1$
$a_1 = 2.253804$
$a_2 = 2.614598$
$a_3 = 2.696126$
$a_4 = 2.714118$
$a_5 = 2.718112$

Het Feigenbaum-nummer:

$$F = \lim_{j\to\infty} \frac{a_j - a_{j-1}}{a_{j+1} - a_j} \cong \frac{a_4 - a_3}{a_5 - a_4} = 4.505 \tag{7-11}$$

Oefening 7.1. Herhaal de bovenstaande analyse voor een andere 1D-kaart die continu differentieerbaar is met een enkel maximum op het interval (0,1).

Voorbeeld 7.2. Evalueer met behulp van analytische methoden de vaste punten van periode 1, 2, ... van de standaardkaart:

$$R \longrightarrow R + \varepsilon \sin \theta$$
$$\theta = \theta + R + \varepsilon \sin \theta$$

Beschouw de periode 1-vaste punten waar de afbeelding aangeeft

$$R_1 = R_0 + \varepsilon sin\theta_0 \text{ and } \quad \theta_1 = R_0 + \theta_0 + \varepsilon sin\theta_0$$

terwijl de periode 1 aangeeft: $R_1 = R_0 \;\; and \;\; \theta_1 = \theta_0$,met hoekgelijkheid tot een verschil van $2m\pi$. Dus,

$$sin\theta_0 = 0 \longrightarrow \theta_0 = n\pi, \;\; n = 0,1,2, \dots.$$

Merk op dat voor elke oplossing $\theta_0 = n\pi$in de sinusfunctie er nog steeds een oplossing bestaat $\theta_0 = n\pi + 2m\pi$vanwege de meerwaardigheid. Dit is nuttig om te onthouden bij het beschouwen van oplossingen voor $\theta_1 = R_0 + \theta_0$:

$$R_0 = 2n\pi,$$

(niet zomaar $R_0 = 0$). De vaste punten bij periode 1 zijn dus: $\{ \theta_0 = n\pi, \; R_0 = 2n\pi\}$.

Laten we nu de vaste punten van periode 2 bekijken:

$R_2 = R_1 + \varepsilon sin\theta_1 = R_0 + \varepsilon sin\theta_0 + \varepsilon \sin(R_0 + \theta_0 + \varepsilon sin\theta_0)$

$\theta_2 = R_1 + \theta_1 + \varepsilon sin\theta_1$

$$= 2(R_0 + \varepsilon sin\theta_0) + \theta_0 + \varepsilon \sin(R_0 + \theta_0 + \varepsilon sin\theta_0)$$

$R_2 = R_0 \quad \rightarrow \quad \sin\theta_0 + \sin(R_0 + \theta_0 + \varepsilon sin\theta_0) = 0 \quad \rightarrow \quad \theta_0 = n\pi \quad and \quad R_0 = n\pi \quad or \quad R_0 = 2n\pi$

$\theta_2 = \theta_0 \quad \rightarrow \quad 2(R_0 + \varepsilon sin\theta_0) + \varepsilon \sin(R_0 + \theta_0 + \varepsilon sin\theta_0) = 0$

$$\rightarrow \quad R_0 = n\pi \quad indicated.$$

De vaste punten bij periode 2 zijn dus: $\{ \theta_0 = n\pi, \; R_0 = n\pi\}$.

Laten we nu de vaste punten van periode 3 bekijken:

$R_3 = R_2 + \varepsilon sin\theta_2$

$$= R_0 + \varepsilon sin\theta_2 + \varepsilon sin(R_0 + \theta_0 + \varepsilon sin\theta_0) + \varepsilon sin[2R_0 + \theta_0 + \varepsilon \sin(R_0 + \theta_0)]$$

Wederom hebben we $\theta_0 = n\pi$.

$\theta_3 = R_2 + \theta_2 + \varepsilon sin\theta_2$

$$= 3(R_0 + \varepsilon sin\theta_0) + 2\varepsilon \sin(R_0 + \theta_0 + \varepsilon sin\theta_0) + \theta_0 + \varepsilon sin[2(R_0 + \varepsilon sin\theta_0) + \theta_0 + \varepsilon \sin(R_0 + \theta_0)]$$

$\theta_3 = \theta_0$:

$0 = 3R_0 + 2\varepsilon \sin(R_0 + \theta_0) + \varepsilon sin[2R_0 + \theta_0 + \varepsilon sin(R_0 + \theta_0)]$.

De vaste punten bij periode 3 zijn dus: $\{ \theta_0 = n\pi, \; R_0 = 2n\pi\}$, en nu is het patroon duidelijk:

Even perioden hebben vaste punten op: $\{ \theta_0 = n\pi, \; R_0 = n\pi\}$.

Oneven perioden hebben vaste punten op: { $\theta_0 = n\pi,\ R_0 = 2n\pi$}.

Oefening 7.2. Probeer

$$R \longrightarrow R + \varepsilon[x(1-x)]$$
$$x = x + R + \varepsilon[x(1-x)]$$

Hoofdstuk 8. Canonieke coördinatentransformaties

Eerder hebben we aangetoond dat een infinitesimale beweging van een object in termen van de gegeneraliseerde coördinaten, van (q_0, p_0)naar (q_1, p_1)in de faseruimte, beschreven kan worden in termen van de systeemhamiltoniaan. De coördinatentransformatie die door de hamiltoniaan wordt geïnduceerd, is "canoniek" omdat de Jacobiaan ervan gelijk is aan 1 (de oppervlaktebehoudende eigenschap van canonische transformaties):

$$\frac{\partial(q_1, p_1)}{\partial(q_0, p_0)} = 1 \tag{8-1}$$

Laten we nu de algemene klasse van dergelijke canonieke coördinatentransformaties bekijken. Laat de begincoördinaten $\{ q_a, p_a\}$ zijn voor $a = 1,2, \dots, n$. Laat de getransformeerde coördinaten $\{ Q_a, P_a\}$ zijn (waarbij $a = 1,2, \dots, n$), en we hebben de transformatierelaties:

$$q_a = q_a(\{Q_a, P_a\}; t) \; and \; p_a = p_a(\{Q_a, P_a\}; t) \tag{8-2}$$

Hoe algemeen kunnen we een uitdrukking verkrijgen voor de nieuwe coördinaten $\{ Q_a, P_a\}$? Laten we om te beginnen het principe van Hamilton van eerder opschrijven (zonder subscripts):

$$S(q, \dot{q}) = \int_{t_1}^{t_2} L(q, \dot{q}, t)dt \; ; \quad \delta S$$

$$= \left[\frac{\partial L}{\partial \dot{q}} \delta q\right]_{t_1}^{t_2} + \int_{t_1}^{t_2} \left[\left(\frac{\partial L}{\partial q}\right) - \frac{d}{dt}\left(\frac{\partial L}{\partial \dot{q}}\right)\right] \delta q dt$$

in termen van de Hamiltoniaan en de actie in een gemodificeerd Hamiltoniaans principe (met aangegeven subscripts):

$$S(q_a, p_a) = \int_{t_1}^{t_2} \sum_a p_a \dot{q}_a - H(q_a, p_a, t)dt \ ; \quad \delta S$$

$$= \int_{t_1}^{t_2} \left[\sum_a \delta p_a \dot{q}_a + p_a \delta \dot{q}_a - \delta H(q_a, p_a, t) \right] dt$$

Net als bij de Lagrange-functie leveren de totale tijdsafgeleiden geen bijdrage vanwege de vaste eindpunten (het versoepelen van deze voorwaarde wordt later besproken). De variatie in de actie kan dus als volgt worden herschreven:

$$\delta S = \int_{t_1}^{t_2} \left[\sum_a \delta p_a [\dot{q}_a - \frac{\partial H}{\partial p_a}] + \delta q_a [-\dot{p}_a - \frac{\partial H}{\partial q_a}] \right] dt$$

(8-3)

waaruit de vergelijkingen van Hamilton ontstaan wanneer $\delta S = 0$:

$$\dot{q}_a = \frac{\partial H}{\partial p_a} \quad and \quad \dot{p}_a = -\frac{\partial H}{\partial q_a}.$$

(8-4)

Dus, naar alle waarschijnlijkheid, om Hamiltons bewegingsvergelijkingen in de nieuwe variabelen te behouden, moeten we in staat zijn om uit te drukken...

$$\sum_a p_a \dot{q}_a - H(q_a, p_a, t)$$

$$= \sum_a P_a \dot{Q}_a - \widetilde{H}(Q_a, P_a, t) + \{total\ time\ derivative\}$$

(8-5)

In [25] worden de vier typen generatorfuncties voor de totale tijdsafgeleide van canonische transformaties beschreven, met afhankelijkheid van de oude en nieuwe canonische variabelen volgens { qQ }, { q,P }, { p,Q }. { p,P } (dezelfde generatorfunctie hoeft niet voor alle variabelen gebruikt te worden, wat aanleiding geeft tot een gemengde analyse, net zoals de Routhiaanse analyse waarbij sommige variabelen worden beschreven in termen van een Lagrangiaan en andere in termen van een Hamiltoniaan). De verschillende gevallen worden in detail besproken in [25] en zullen hier niet verder worden behandeld. Laten we, om een specifiek geval te bekijken, de transformatiegeneratorfunctie van het type { qQ } beschouwen en de canonische transformaties analyseren die deze kan produceren (volgens de conventies van [29]). Specifiek, variatie op:

$$\sum_a P_a \dot{Q}_a - \tilde{H}(Q_a, P_a, t) + \frac{d}{dt} F(q_a, Q_a, t), \tag{8-6}$$

wat, zoals verwacht, de vergelijking van Hamilton oplevert voor de nieuwe variabelen:

$$\dot{Q}_a = \frac{\partial \tilde{H}}{\partial P_a} \quad and \quad \dot{P}_a = -\frac{\partial \tilde{H}}{\partial Q_a}. \tag{8-7}$$

Als we nu de verschillende partiële afgeleiden gebruiken om de totale tijdsafgeleide te herschrijven, kunnen we consistentie bereiken met de bovenstaande Hamilton-vergelijkingen als:

$$p_a = \frac{\partial}{\partial q_a} F(q_a, Q_a, t),$$
$$P_a = -\frac{\partial}{\partial Q_a} F(q_a, Q_a, t), \quad \tilde{H}(Q_a, P_a, t)$$
$$= H(q_a, p_a, t) + \frac{\partial}{\partial t} F(q_a, Q_a, t) \tag{8-8}$$

De actiebeschrijving in een gemodificeerd Hamiltoniaans principe biedt dus een opmerkelijke flexibiliteit in de keuze van equivalente representaties van de beweging. De eenvoudigste keuze is een situatie waarin de nieuwe coördinaten cyclisch zijn ($\dot{Q}_a = 0 \quad and \quad \dot{P}_a = 0$), en dit is wat er gebeurt in de Hamilton-Jacobi-theorie die in de volgende sectie wordt beschreven.

8.1 De Hamilton-Jacobi-vergelijking

Met behulp van de afleiding en notatie van [29] is er nu een eenvoudige manier om tot de zogenaamde Hamilton-Jacobi-theorie te komen. Het idee is om een transformatie te hebben waarbij de coördinaten cyclisch zijn. Voordat we echter aan de canonische transformatie beginnen, is het nuttig om van de functie over te stappen $F(q_a, Q_a, t)$naar een nieuwe functie, aangeduid met $S(q_a, P_a, t)$, door middel van een Legendre-transformatie. Deze nieuwe functie voor de voorwaarde van cyclische coördinaten zal de Actie zijn zoals Seerder aangeduid met . Beschouw daarom eerst de Legendre-transformatie (werkt hier omdat alle oppervlaktetermen nul zijn vanwege vaste randvoorwaarden):

$$F(q_a, Q_a, t) = -\sum_a P_a Q_a + S\,(q_a, P_a, t) \tag{8-9}$$

Ten eerste is de differentiaal per definitie uitgedrukt in termen van de afhankelijke variabelen:

$$\begin{aligned} dF &= \sum_a \left(\frac{\partial F}{\partial q_a} dq_a + \frac{\partial F}{\partial Q_a} dQ_a\right) + \frac{\partial F}{\partial t} dt \\ &= \sum_a (p_a dq_a - P_a dQ_a) + \frac{\partial F}{\partial t} dt \end{aligned}$$

maar van bovenaf hebben ze ook:

$$dF = -\sum_a (P_a dQ_a + dP_a Q_a) + dS \tag{8-10}$$

Dus,

$$dS = \sum_a (p_a dq_a + Q_a dP_a) + \frac{\partial F}{\partial t} dt, \tag{8-11}$$

waaruit we kunnen afleiden dat de functionele afhankelijkheid inderdaad bestaat $S(q_a, P_a, t)$. Als we de volgende relaties per definitie nemen voor de partiële afgeleide van:

$$\begin{aligned} p_a &= \frac{\partial}{\partial q_a} S(q_a, P_a, t), \\ Q_a &= \frac{\partial}{\partial P_a} S(q_a, P_a, t), \quad \frac{\partial}{\partial t} S(q_a, P_a, t) \\ &= \frac{\partial}{\partial t} F(q_a, Q_a, t) \end{aligned} \tag{8-12}$$

Vervolgens krijgen we:

$$\tilde{H}(Q_a, P_a, t) = H(q_a, p_a, t) + \frac{\partial}{\partial t} S(q_a, P_a, t)$$

(8-13)

Elke $S(q_a, P_a, t)$gegeven partiële transformatie hierboven genereert per definitie een canonische transformatie. Laten we nu een canonische transformatie kiezen met $S(q_a, P_a, t)$zodanig dat $\tilde{H}(Q_a, P_a, t) = 0$, aangezien$\tilde{H}$ daardoor is er geen afhankelijkheid van $Q_a$en $P_a$zijn het cyclische coördinaten. In dat geval komen we tot het volgende:

$$0 = H(q_a, p_a, t) + \frac{\partial}{\partial t} S(q_a, P_a, t) = H\left(q_a, \frac{\partial S}{\partial q_a}, t\right) + \frac{\partial}{\partial t} S(q_a, P_a, t)$$

En aangezien $Q_a$en $P_a$behoudswetten zijn, verkrijgen we vervolgens de Hamilton-Jacobi-vergelijking:

$$H\left(q_a, \frac{\partial S}{\partial q_a}, t\right) + \frac{\partial}{\partial t} S(q_a, t) = 0$$

(8-14)

Dit is een partiële differentiaalvergelijking van de eerste orde die kan worden opgelost door (n+1) integratieconstanten ($\{c_a\}$ and S_0) te introduceren:

$$S = S(q_a, c_a, t) + S_0$$

Als we de constanten $\{c_a\}$als constanten kiezen $\{P_a\}$, keren we terug naar de klassieke vorm van de oplossing, bekend als de hoofdfunctie van Hamilton:

$$S = S(q_a, P_a, t) + S_0$$

(8-15)

waar

$$p_a = \frac{\partial}{\partial q_a} S(q_a, P_a, t), \qquad Q_a = \frac{\partial}{\partial P_a} S(q_a, P_a, t).$$

(8-16)

De reden waarom deze vorm significant is, is dat de laatstgenoemde relatie, aangezien $\{P_a\}$en $\{Q_a\}$bewegingsconstanten zijn, omkeerbaar is en een beschrijving van de beweging geeft die alleen een functie van de tijd is:

$$q_a = q_a(\{Q_a\},\{P_a\},t)$$

De beweging is dus duidelijk gedefinieerd als een pad (geparameteriseerd door t). Laten we de afgeleide van Slangs dit pad beschouwen:

$$\frac{dS}{dt} = \sum_a \frac{\partial S}{\partial q_a}\dot{q}_a + \frac{\partial S}{\partial t} = \sum_a p_a\,\dot{q}_a - H = L(q_a,\dot{q}_a,t)$$

Dus,

$$S = \int_{t_0}^{t} L(q_a,\dot{q}_a,\tau)d\tau + S_0(t_0)$$

(8-17)

Of, door de notatie van de tijdvariabele enigszins aan te passen, komen we uit op de vorm die oorspronkelijk werd voorgesteld als Hamiltons "actieformulering" die aan het begin van hoofdstuk 3 werd genoemd:

$$S = \int_{t_1}^{t_2} L(q,\dot{q},t)dt$$

(8-18)

Voorbeeld 8.1. Laten we beginnen met een uitdrukking voor de actie:

$$S = (q,q_0,t,t_0) = \frac{m\omega}{2sin\omega t}\{(q^2+{q_0}^2)cos\omega t - 2qq_0\}; \qquad T = t - t_0\,.$$

Welke systeemresultaten levert dit op? Wat is de Hamiltoniaan? Wat zijn de trajecten?

Oplossing:

$$H = -\frac{\partial S}{\partial t} = \frac{m\omega^2}{(2sin\omega t)^2}\{-4qq_0cos\omega t + 2(q^2+{q_0}^2)\}.$$

Waaruit we kunnen reconstrueren

$$p = \frac{\partial S}{\partial q} = \frac{m\omega}{2sin\omega t}\{2qcos\omega t - 2q_0\}$$

$$p^2 = 2m\left[\frac{m\omega^2}{2sin^2\omega t}\right][q^2cos^2\omega t - 2qq_0cos\omega t + q_0{}^2]$$
$$\frac{p^2}{2m} = \frac{m\omega^2}{(2sin\omega t)^2}\{-2q^2sin^2\omega t - 4qq_0cos\omega t + 2(q^2 + q_0{}^2)\}.$$
De Hamiltoniaan kan dus als volgt worden geschreven:
$$H = \frac{p^2}{2m} + \frac{m\omega^2}{(2sin\omega t)^2}\{2q^2sin^2\omega t\} = \frac{p^2}{2m} + \frac{m\omega^2q^2}{2}$$
$$= \frac{1}{2m}[p^2 + m^2\omega^2q^2].$$
De behouden grootheid, energie, is dus:
$$E = \frac{1}{2m}[p^2 + m^2\omega^2q^2].$$
Dit is een harmonische oscillator. Laten we nu de trajecten bekijken:
$$\dot{q} = \frac{\partial H}{\partial p} = \frac{p}{m} \quad and \quad \dot{p} = -\frac{\partial H}{\partial q} = m\omega^2q.$$
Een mogelijke reeks oplossingen:
$$q = \sqrt{2E/m\omega^2}cos\omega t \quad and \quad p = \sqrt{2mE}sin\omega t.$$
Oefening 8.1. Vind alle oplossingen.

Voorbeeld 8.2. Los de HJ-vergelijking op voor beweging in één dimensie, waarbij een deeltje wordt beïnvloed door een kracht die constant is in zowel ruimte als tijd.

Oplossing

De HJ-vergelijking in 1D:
$$H(q,p) + \frac{\partial S}{\partial t} = 0, \quad p = \frac{\partial S}{\partial q}, \quad H\left(q, \frac{\partial S}{\partial q}\right) + \frac{\partial S}{\partial t} = 0.$$
(a) Voor een deeltje in 1D, niet-relativistisch, met krachtconstante in ruimte en tijd geldt:
$$F = -\frac{\partial V}{\partial q} = \alpha \;\rightarrow\; V = -\alpha q,$$
En voor de kinetische energie geldt het gebruikelijke:
$$T = \frac{1}{2}m\dot{q}^2.$$
De Lagrangiaan is dus:

$$L = T - V = \frac{1}{2}m\dot{q}^2 + \alpha q.$$

Om de Hamiltoniaan te construeren, beginnen we eerst met het momentum:

$$p = \frac{\partial L}{\partial \dot{q}} = m\dot{q},$$

Dus:

$$H(q, p, t) = \dot{q}p - L = \frac{p^2}{m} - \frac{1}{2}m\left(\frac{p}{m}\right)^2 - \alpha q = \frac{p^2}{2m} - \alpha q.$$

Als we dit in de 1D HJ-vergelijking gebruiken, krijgen we:

$$\frac{1}{2m}\left(\frac{\partial S}{\partial q}\right)^2 + \alpha q + \frac{\partial S}{\partial t} = 0.$$

Als we een oplossing van de volgende vorm aannemen:

$$S(q, E, t) = w(q, E) - Et \longrightarrow \frac{\partial S}{\partial t} + H = 0 \longrightarrow H = E.$$

De functie oplossen $w(q, E)$:

$$\frac{1}{2m}\left(\frac{\partial w}{\partial q}\right)^2 = E - \alpha q \rightarrow \quad \frac{\partial w}{\partial q} = \sqrt{2m(E - \alpha q)}\,.$$

Dus,

$$S = \sqrt{2mE}\int dq\sqrt{1 - \frac{\alpha q}{E}} - Et \;\rightarrow\; S$$

$$= \sqrt{2mE}\cdot\frac{2\sqrt{\left(1 - \frac{\alpha q}{E}\right)^3}}{3\left(-\frac{\alpha}{E}\right)} - Et + f(x_0)$$

Oefening 8.2. Los de HJ-vergelijking op voor beweging in één dimensie, waarbij een deeltje wordt beïnvloed door een kracht die constant is in de ruimte en lineair toeneemt in de tijd.

8.2 Van de Hamilton-Jacobi-vergelijking naar de Schrödinger-vergelijking

De klassieke mechanica is tot nu toe niet-relativistisch en veldloos geweest, behalve in een geïdealiseerde zin voor het laatste. Bovendien begrijpen we dat wanneer materie door zwaartekracht samenkomt, de ineenstorting ervan op een bepaald punt wordt gestopt door materiaalcompressie-eigenschappen die zelf terug te voeren zijn op elektrodynamische oplossingen die geen ineenstorting veroorzaken.

Onze objecten zijn tot nu toe dus vereenvoudigd tot hun klassieke, niet-elektrodynamische gedrag. Zodra we proberen rekening te houden met relativiteit of velden als dynamisch op zich te beschrijven, stuiten we op nieuwe complicaties (zoals elektrodynamische stralingsineenstorting) en is een kwantumtheorie aangewezen. Er zijn drie belangrijke formalismen die de klassieke theorie verbinden met een kwantumtheorie (Schrödinger, Heisenberg en Feynman-Dirac). Er is ook de oudere Bohr-Sommerfeld-kwantisatie in een eerdere poging, die een semiclassieke oplossing vormt in de huidige theorie. De eerste die besproken zal worden, is de Schrödinger-golfvergelijking vorm van kwantisatie, die rechtstreeks verband houdt met de Hamilton-Jacobi-vergelijking met de juiste substitutie van operatoren.

De klassieke Hamilton-Jacobi-vergelijking heeft de volgende differentiaal $\partial/\partial q_a$:

$$H\left(q_a, \frac{\partial S}{\partial q_a}, t\right) + \frac{\partial}{\partial t} S(q_a, t) = 0 \tag{8-19}$$

In de kwantumtheorie van Schrödinger schakelen we over op een formalisme met golffunctie-operatoren, dat begint met een golffunctie van de vorm:

$$\psi(q_a, t) \propto e^{\frac{i}{\hbar} S(q_a, t)}, \tag{8-20}$$

waarbij we de actie zien binnenkomen als een fase in de golffunctie. Op de golffunctie werkt een operatoruitdrukking waarbij $p_a$niet wordt vervangen door $\frac{\partial S}{\partial q_a}$(klassieke uitdrukking) maar door $\frac{\partial}{\partial q_a}$als onderdeel van een operatoruitdrukking:

$$H(q_a, p_a, t) + \frac{\partial}{\partial t} S(q_a, t) = 0 \rightarrow \left\{H\left(q_a, \frac{\partial}{\partial q_a}, t\right) + \frac{\partial}{\partial t}\right\} \exp \frac{i}{h} S(q_a, t) = 0 \tag{8-21}$$

De laatste is een vorm van de Schrödingervergelijking (verdere details in [42]). De kwantumvergelijking van de beweging $\frac{S}{h}$herstelt dan, tot eerste orde in , de klassieke mechanica, aangezien

$$\left\{H\left(q_a, \frac{\partial S}{\partial q_a}, t\right) + \frac{\partial S}{\partial t}\right\} \exp\frac{i}{\hbar}S(q_a, t) = 0$$

$$\rightarrow H\left(q_a, \frac{\partial S}{\partial q_a}, t\right) + \frac{\partial}{\partial t}S(q_a, t) = 0. \tag{8-22}$$

Semiclassieke fysica beschrijft vervolgens de initiële mix van termen van de tweede en hogere orde die aanleiding geven tot niet-klassieke effecten.

Voor begrensde configuraties zijn volledige oplossingen voor de Schrödingervergelijkingen mogelijk, zoals voor het kritische waterstofatoom. Toegepast op het waterstofatoom lost de kwantumfysica een raadsel van de klassieke elektrostatica op, waarbij het waterstofatoom stabiele gebonden toestanden heeft (en niet zomaar instort).

Voorbeeld 8.3. Beschouw de tijdsafhankelijke Schrödinger-vergelijking voor een enkel deeltje in een potentiaal $U(r, t)$. Dit kwantummechanische probleem zal uitgebreid worden bestudeerd in [42], maar in algemene zin is het nu al zeer leerzaam met betrekking tot de nieuwe "plaats" die de klassieke mechanica te wachten staat in de grotere kwantummechanische wereld. Beschouw de ansatz waarbij de golffunctieoplossing kan worden geschreven als:

$$\Psi(r, t) = A(r, t) \exp\left[\frac{i}{\hbar}\theta(r, t)\right], \tag{8-23}$$

waarbij Aen θreëel en analytisch zijn in $\hbar$. (a) Toon aan dat de expansie in $\hbar$tot de laagste orde leidt tot θeen oplossing van de corresponderende HJ-vergelijking (het is de klassieke actie). (b) Toon aan $\hbar$dat in de volgende orde in A^2voldoet aan een continuïteitsvergelijking (dit zal de Born-interpretatie in [42] helpen motiveren).

Oplossing

(a) Voor de tijdsafhankelijke Schrödinger-vergelijking geldt:

$$i\hbar\frac{\partial}{\partial t}\Psi(r, t) = \hat{H}\Psi(r, t).$$

Voor een enkel deeltje in een potentiaal geldt:

$$\hat{H} = \frac{\hat{p}^2}{2m} + \hat{U}(r,t) = -\frac{\hbar^2}{2m}\nabla^2 + U(r,t),$$

dus,

$$i\hbar\frac{\partial}{\partial t}\Psi(r,t) = -\frac{\hbar^2}{2m}\nabla^2\Psi(r,t) + U(r,t)\Psi(r,t).$$

Laten we nu de aangegeven oplossing proberen om een vergelijking in termen van $\{ A, \theta\}$ te verkrijgen:

$$i\hbar\frac{\partial A}{\partial t} - A\frac{\partial \theta}{\partial t} = -\frac{\hbar^2}{2m}\nabla^2 A - \frac{i\hbar}{m}\nabla A\nabla\theta + \frac{A}{2m}(\nabla\theta)^2 - \frac{i\hbar}{2m}A\nabla^2\theta + AU.$$

In de nulde orde in $\hbar$, $\hbar^0$, hebben we de termen:

$$\frac{\partial\theta}{\partial t} = -\left[\frac{(\nabla\theta)^2}{2m} + U\right].$$

De Hamilton-Jacobi-vergelijking voor de θvariabele is:

$$H(r,\nabla\theta) + \frac{\partial\theta}{\partial t} = 0 \rightarrow \ \frac{\partial\theta}{\partial t} = -\left[\frac{(\nabla\theta)^2}{2m} + U\right],$$

wat precies de relatie van de nulde orde is.

(b) In eerste orde in $\hbar$, $\hbar^1$, hebben we de termen:

$$i\hbar\frac{\partial A}{\partial t} = -\frac{i\hbar}{m}\nabla A\nabla\theta - \frac{i\hbar}{2m}A\nabla^2\theta,$$

vermenigvuldigen met Aen hergroeperen:

$$\frac{\partial A^2}{\partial t} = -\frac{1}{m}\nabla(A^2\nabla\theta) \ \rightarrow \ \frac{\partial\rho}{\partial t} = -\nabla\left(\rho\frac{\nabla\theta}{m}\right), where\ \rho = A^2,$$

We verkrijgen dus:

$$\frac{\partial\rho}{\partial t} + \nabla\cdot(\rho v) = 0, where\ v = \frac{\nabla\theta}{m},$$

waarbij ρρ een vloeistofdichtheid voorstelt en vρ een vectorveld voor de stroomsnelheid.

Oefening 8.3. Wat wordt er in de tweede orde onthuld in $\hbar$?

8.3 Actiehoekvariabelen en Bohr/Sommerfeld-Wilson-kwantisering

Voor het speciale geval van begrensde, conservatieve beweging die scheidbaar en periodiek is, kunnen we overschakelen naar de zogenaamde actiehoekvariabelen. De "actievariabelen" worden gedefinieerd als de integraal van het oppervlak in de faseruimte over één periode van de beweging voor elke vrijheidsgraad:

$$J_a = \oint p_a dq_a \tag{8-24}$$

De resultaten $J_a$zijn alleen afhankelijk van de bewegingsconstanten, hier aangeduid met $\{ \alpha_a\}$ en volgens de notatie van [29]:

$$J_a = J_a(\{\alpha_a\}). \tag{8-25}$$

Ofwel, omgekeerd en hernoemd $\alpha_1 = E$:

$$E = H(\{J_a\}). \tag{8-26}$$

Nadere details over de afleiding zijn te vinden in [29]. Hieruit kunnen we de fundamentele frequenties van het systeem bepalen in termen van de bovenstaande Hamiltoniaan, uitgedrukt via actievariabelen:

$$\nu_a = \frac{\partial}{\partial J_a} H(\{J_a\}). \tag{8-27}$$

Bij de Sommerfeld-Wilson-kwantisatie werd voorgesteld dat de actievariabelen gekwantiseerd zouden worden met gehele waarden van de constante van Planck:

$$J_a = \oint p_a dq_a = nh \tag{8-28}$$

8.4 Poisson-haakjes

Poisson-haakjes nemen een speciale vorm aan bij het werken in canonieke coördinaten, en ze worden hoe dan ook gedefinieerd in termen van een Hamiltoniaan. Daarom worden Poisson-haakjes hier gepresenteerd. Laten we in canonieke coördinaten twee functies $f(q_i, p_i, t)$en beschouwen $g(q_i, p_i, t)$, waarbij de canonieke coördinaten (op een bepaalde faseruimte) worden gegeven door {

$p_i, q_i\}$ waarbij $i = 1..N$. De Poisson-haakjesfunctie van deze twee functies wordt aangeduid met $\{f, g\}$ en gedefinieerd door:

$$\{f,g\} = \sum_{i=1}^{N} \left(\frac{\partial f}{\partial q_i} \frac{\partial g}{\partial p_i} - \frac{\partial f}{\partial p_i} \frac{\partial g}{\partial q_i} \right).$$

(8-29)

Per definitie hebben we dus:

$$\{q_i, q_j\} = 0, \ \{p_i, p_j\} = 0, \quad and \quad \{q_i, p_j\} = \delta_{ij},$$

(8-30)

waarbij de Kronecker-delta wordt gebruikt ($\delta_{ij} = 1\ if\ i = j$en $\delta_{ij} =$ 0anderszins).

Vaak onderzoeken we de tijdsevolutie van een functie op de symplectische variëteit die wordt geïnduceerd door de één-parameterfamilie van symplectomorfismen (canonische en oppervlaktebehoudende diffeomorfismen) [37], waarbij Poisson-haakjes behouden blijven.

We zullen Poisson-haakjes opnieuw tegenkomen in [42] over kwantummechanica als gegeneraliseerde Poisson-haakjes, die bij kwantisering vervormen tot Moyal-haakjes (een generalisatie van de Lie-algebra, de Poisson- algebra, geassocieerd met de Poisson-haakjes). In termen van Hilbertruimte komen we uit op niet-nul kwantumcommutatoren.

Hoofdstuk 9. Storingstheorie, Dimensionale analyse, en fenomenologie

9.1 Hamiltoniaanse storingsrekening

In de storingsrekening beschouwen we een bekende oplossing, of systeem (doorgaans een Hamiltoniaanse beschrijving met de behoudswetten duidelijk aangegeven), en we beschouwen een kleine "storing" in dat systeem. Vervolgens voeren we een storingsontwikkeling uit voor onze oplossing door afzonderlijke, eenvoudigere differentiaalvergelijkingen op te lossen in verschillende ordes (zie Appendix A voor een bespreking en voorbeelden van storingsoplossingsmethoden voor gewone differentiaalvergelijkingen in het algemeen).

Voorbeeld 9.1. Storingstheorie met een volledige Hamiltoniaan.
Laten we nu de storingsrekening bekijken met een volledige Hamiltoniaan $H(q,p,t)$, een eenvoudigere Hamiltoniaan met bekende oplossingen $H_0(q,p,t)$en het storingsgedeelte $\Delta H(q,p,t)$, waarbij $\Delta H \ll H_0$:

$$H(q,p,t) = H_0(q,p,t) + \Delta H(q,p,t). \tag{9-1}$$

We breiden alle variabelen uit tot verschillende orden in een storingsparameter (die voorkomt in ΔH).

Beschouw het voorbeeld van vrije beweging met een herstellende veerkracht die als verstoring wordt gezien. In dit geval kennen we de volledige oplossing zonder verstoringstheorie, dus kunnen we zien hoe ons resultaat presteert. Voor H_0hebben we $H_0 = p^2/2m$en voor de verstoring gebruiken we de oplossingsvorm voor de veerpotentiaal in canonische coördinaten: $\Delta H = (m\omega^2/2)x^2$. We kunnen dan de Hamilton-vergelijkingen evalueren om het gebruikelijke resultaat te verkrijgen:

$$\dot{x} = \frac{p}{m} \ ; \quad \dot{p} = -m\omega^2 x \tag{9-2}$$

(zonder enige benadering). Behandeld als een verstoring, laten we ω^2als de verstoringsparameter beschouwen, dus in nulde orde hebben we $\dot{p_0} = 0$en $\dot{x_0} = p_0/m$. Dus

$$p^{(0)} = p_0 = const. \;\; ; \;\; x^{(0)} = x_0 = \left(\frac{p_0}{m}\right) t, \tag{9-3}$$

waarbij we de beginvoorwaarde kiezen $x(t = 0) = 0$. Nu krijgen we in eerste orde:

$$\dot{p}^{(1)} = -m\omega^2 x^{(0)} = -\omega^2 p_0 t \;\rightarrow\; p^{(1)}(t) = p_0 - \frac{1}{2}\omega^2 p_0 t^2 \tag{9-4}$$

En

$$\dot{x}^{(1)} = \frac{p^{(1)}}{m} = \frac{p_0}{m} - \frac{1}{2m}\omega^2 p_0 t^2 \;\rightarrow\; x^{(1)}(t) = \frac{p_0}{m} t - \frac{1}{6m}\omega^2 p_0 t^3. \tag{9-5}$$

Als we dit nu vergelijken met de bekende volledige oplossing:

$$p(t) = p_0 \cos\omega t \;\; ; \;\; x(t) = \frac{p_0}{m\omega} \sin\omega t, \tag{9-6}$$

Via de eerste bestelling kunnen we de exacte overeenkomst zien.

Als er sprake is van een tijdsafhankelijke verstoring, schakelt men vaak over van een Hamiltoniaanse formulering naar de Hamiltoniaans-Jacobi-formulering [37]. Beschouw de $H = H_0 + \Delta H$opstelling zoals eerder, maar nu hebben we de extra informatie dat we de hoofdfunctie hebben verkregen Sdie de genererende functie is voor de canonische transformatie, zodat $\{q, p\} \rightarrow \{\alpha, \beta\}$:

$$H_0\left(q, \frac{\partial S}{\partial q}, t\right) + \frac{\partial}{\partial t} S(q, \alpha, t) = 0. \tag{9-7}$$

In relatie tot zijn H_0de variabelen $\{\alpha, \beta\}$canoniek en dus constant. In relatie tot Hzullen ze geen constanten zijn, maar zullen ze nog steeds als onze canonieke variabelen worden gekozen (laat $\{P = \alpha, Q = \beta\}$):

$$P = \alpha(q, p) \;\; ; \;\; Q = \beta(q, p). \tag{9-8}$$

Omzetten naar de standaard HJ-vorm voor een verstoorde Hamiltoniaan H met de tijdsafhankelijke verstoring:

$$H(\alpha, \beta, t) = H_0(\alpha, \beta, t) + \Delta H(\alpha, \beta, t) + \frac{\partial S}{\partial t} = \Delta H(\alpha, \beta, t),$$
(9-9)

en aangezien $\dot{Q} = \frac{\partial H}{\partial P}$we $\dot{P} = -\frac{\partial H}{\partial Q}$de exacte relaties verkrijgen:

$$\dot{\alpha} = -\frac{\partial \Delta H}{\partial \beta} \quad ; \quad \dot{\beta} = \frac{\partial \Delta H}{\partial \alpha}.$$
(9-10)

Exacte oplossingen zijn vaak niet mogelijk, dus voeren we, net als voorheen, perturbatie-expansies uit. Hierbij $\{\alpha, \beta\}$worden de waarden die in de nulde orde zijn verkregen, vervolgens gebruikt bij het berekenen van de eerste orde, zoals eerder:

$$\dot{\alpha}^{(1)} = -\frac{\partial \Delta H}{\partial \beta}, \quad \alpha = \alpha^{(0)} \ , \ \beta = \beta^{(0)},$$
(9-11)

en hetzelfde geldt voor $\dot{\beta}^{(1)}$, en vervolgens wordt het proces naar behoefte in hogere orde herhaald.

Oefening 9.1. Pas de HJ-storingsmethode toe op het eerder beschouwde veersysteem en bepaal het resultaat opnieuw in het HJ-formalisme.

9.2 Dimensionale analyse

De natuurkunde kent dimensionale grootheden, in tegenstelling tot de tot nu toe gebruikte differentiaalrekening (hoewel men wiskundige elementen kan introduceren die als dimensionale grootheden kunnen fungeren). Dimensieloze grootheden kunnen worden gegroepeerd in producten die dimensieloos zijn. De wet van Stefan-Boltzmann (beschreven in [42,45]) geeft bijvoorbeeld een relatie tussen de stralingsenergie E in een holte met volume V en wanden met temperatuur T:

$$\frac{E}{V} = \frac{8\pi^5}{15} \frac{k_B^4 T^4}{c^3 h^3}.$$
(9-12)

Wiskundige formules in de natuurkunde moeten consistent zijn wat betreft de dimensionaliteit van de termen.

Voorbeeld 9.2. Een knikker die in een cirkelvormige baan rolt. Beschouw een knikker die in een cirkelvormige baan rolt binnen een omgekeerde kegel (zie [62] voor meer van dergelijke voorbeelden), met een halve hoek (ten opzichte van de verticaal) gelijk aan θ. De variabelen voor het systeem zijn dan de omlooptijd τ, massa m, baanstraal R, zwaartekrachtversnelling g, en de eerdergenoemde θ. Laten we een dimensieloos product maken:

$$\tau^{\alpha} m^{\beta} R^{\gamma} g^{\delta} = [T]^{\alpha}[M]^{\beta}[L]^{\gamma}[LT^{-2}]^{\delta} = T^{\alpha-2\delta} M^{\beta} L^{\gamma+\delta}, \tag{9-13}$$

wat dimensieloos is als $\alpha - 2\delta = 0$en $\beta = 0$en $\gamma + \delta = 0$, of, na vereenvoudiging, krijgen we:

$$\beta = 0 \text{En } \gamma = -\delta = -\alpha/2 .$$

We hebben dus de volgende relatie:

$$\tau = \sqrt{\frac{R}{g}} f(\theta). \tag{9-14}$$

Met veel meer inspanning blijkt uit een gedetailleerde analyse dat $f(\theta) = 2\pi\sqrt{\tan\theta}$...

Oefening 9.2. Toon aan dat $f(\theta) = 2\pi\sqrt{\tan\theta}$.
Een meer algemene formulering van de partiële oplossing die mogelijk is door middel van dimensionale analyse wordt gegeven door de Πstelling van Buckingham [62].

9.2.1 ΠStelling van Buckingham

1. Als een vergelijking dimensionaal homogeen is, kan deze worden gereduceerd tot een relatie tussen een complete set onafhankelijke dimensieloze producten [63]
2. Het aantal volledige en onafhankelijke dimensieloze producten $N_P$is gelijk aan het aantal dimensieloze variabelen (en constanten) $N_V$min het aantal dimensies $N_D$dat nodig is om de formules uit te drukken: $N_P = N_V - N_D$.

De bovenstaande methoden kunnen het best worden verduidelijkt aan de hand van enkele voorbeelden.

Voorbeeld 9.3. Dimensionale analyse van een slinger.
Voor een slinger met periode τ, massa m, armlengte l, zwaartekrachtversnelling g:

$$\tau^{\alpha} m^{\beta} l^{\gamma} g^{\delta} = [T]^{\alpha}[M]^{\beta}[L]^{\gamma}[LT^{-2}]^{\delta} = T^{\alpha-2\delta} M^{\beta} L^{\gamma+\delta},$$

wat dezelfde oplossing oplevert als voorheen (maar zonder θ), dus we hebben:

$$\tau = C\sqrt{\frac{l}{g}},$$

waarbij Ceen constante is.

Oefening 9.3. Herhaal voor horizontale veerbeweging op een wrijvingsloos oppervlak, waarbij het ene uiteinde is bevestigd en het andere uiteinde een niet-verwaarloosbare massa heeft.

Voorbeeld 9.4. Analyse van een kernexplosie door GI Taylor [33]
Dit is een beroemd voorbeeld waarbij de opbrengst (energie) van een kernexplosie werd bepaald aan de hand van een reeks hogesnelheidsfoto's die in een krant werden gepubliceerd (met de nodige tijdstempels die de verspreiding van de explosie lieten zien). Laat Rde straal van een expanderende drukgolf aanduiden met , laat de tijd vanaf de explosie gelijk zijn aan t, laat de vrijgekomen energie gelijk zijn aan E, en laat de (initiële) atmosferische dichtheid gelijk zijn aan ρ.

Oefening 9.4. Toon aan dat $E = k\rho R^5/t^2$voor een of andere (dimensieloze) constante geldt k.

Voorbeeld 9.5. Beschouw de Hamiltoniaan:

$$H = \frac{1}{2}\left({P_x}^2 + {P_y}^2\right) + 2x^3 + xy^2$$

Waarvoor de Hamilton-vergelijkingen het volgende opleveren:

$$\dot{x} = P_x; \quad \dot{y} = P_y; \quad \dot{P}_x = -(6x^2 + y^2); \quad \dot{P}_y = -(2xy).$$

We hebben onze eerste behouden grootheid, de energie, $E = H$, en verwijzend naar de dimensionaliteit van de energie, laten we een tabel met termen opstellen:

Termijn	Bestellen in E
x, y	1/3
P_x, P_y	½
$\frac{d}{dt}$	1/6
H	1

We willen een tweede behouden grootheid Wdie $\dot{W}$kan worden geconstrueerd uit ($x, y, P_x, P_y, \dot{x}, \dot{y}, \dot{P}_x, \dot{P}_y$) zodat deze nul oplevert, consistent met de vorm van de bovenstaande "bouwstenen". Omdat de $\dot{P}_x, \dot{P}_y$de enige plek zijn waar termen gekoppeld zijn, moeten ze in zijn W. Omdat de $\dot{P}_x, \dot{P}_y$van orde 2/3 zijn, moet ook $\dot{W}$van orde ≥2/3 zijn. Bovendien Wmoet een exacte differentiaal zijn (zoals met H).

Geval 1: beschouw dit $\dot{W}$als orde 2/3, dit betekent dat:

$$\dot{W} = \alpha \dot{P}_x + \beta\, \dot{P}_y + ax^2 + bxy + cy^2,$$

waarbij de coëfficiënten allemaal constanten zijn die we naar keuze kunnen selecteren. Deze uitdrukking is echter geen exacte differentiaal voor elke keuze van constanten, dus in dit geval werkt het niet.

Geval 2: beschouw dit $\dot{W}$als orde 5/6, dit betekent dat:

$$\dot{W} = \alpha x P_x + \beta y P_x + \gamma y P_y + \delta x P_y + a x \dot{x} + b x \dot{y} + c y \dot{x} + d y \dot{y}.$$

Deze uitdrukking is ook geen exacte differentiaal, dus dit geval werkt niet.

Geval 3: beschouw het $\dot{W}$als een orde 6/6, … hebben termen zoals $x\dot{P}_x$, en wederom geen oplossing.

Geval 4: beschouw het $\dot{W}$als orde 7/6, dit werkt, maar het herstelt de eerste behouden grootheid, de Hamiltoniaan zelf.

Geval 5: beschouw het $\dot{W}$ als orde 8/6, … hebben termen zoals $x^2\dot{P}_x$, en wederom geen oplossing.

Geval 6: beschouw $\dot{W}$ dit als volgorde 9/6, … dit werkt. De algemene vorm is nu:

$$\dot{W} \propto E^{3/2} \rightarrow W \propto E^{4/3}$$

De algemene uitdrukking voor W is nu:

$$W = a_1x^4 + a_2x^3y + a_3x^2y^2 + a_4xy^3 + a_5y^4$$
$$+b_1xP_x^2 + b_2xP_xP_y + b_3xP_y^2 + b_4yP_x^2 + b_5yP_xP_y + b_6yP_y^2$$

De algemene uitdrukking voor $\dot{W}$ is dus:

$$\dot{W} = x^3P_x(4a_1 - 12b_1) + \cdots,$$

waarbij de constante coëfficiënten voor elke term afzonderlijk gelijk zijn aan nul. Er zijn dus 12 vergelijkingen voor de 11 aangegeven onbekenden. Door deze op te lossen, vinden we het volgende:

$$W = x^2y^2 + \frac{1}{4}y^4 - xP_y^2 + yP_xP_y.$$

9.2.2 Dimensionale analyse toont 22 unieke dimensionale grootheden [62]

Als we beginnen met de verzameling van 6 fundamentele dimensionale constanten, $\{G, \varepsilon_0, c, e, m_e, h\}$, vinden we dat er 22 unieke dimensionale groeperingen zijn [62] en 2 dimensieloze groeperingen (het Eddington-Dirac-getal en de fijnstructuurconstante). In [45] zullen we opnieuw 22 fundamentele, dimensionale parameters vinden die worden aangegeven.

Oefening 9.5. Identificeer de 22 dimensionale groeperingen.

9.3 Fenomenologie

Wanneer je geen fundamentele theorie hebt, maar toch een wetenschappelijk model wilt opstellen op basis van empirische gegevens van een bepaald fenomeen, dan stel je een fenomenologisch model op. Een fenomenologisch model is niet gebaseerd op eerste principes. Fundamentele theorieën beginnen vaak als fenomenologische modellen totdat ze beter begrepen worden. Feynman beschrijft in zijn beschrijvingen van de natuurwet [64] bijvoorbeeld het ontdekkingsproces van natuurwetten als verlicht giswerk. Thermodynamica wordt vaak gezien als een fenomenologische theorie die natuurwetten van elders heeft overgenomen (zoals behoud van energie). Mede om deze reden, en in afwachting van verdere ontwikkelingen van de theorie, wordt de discussie over fenomenologie in de context van thermodynamica en statistische mechanica pas in [44] gevoerd.

Hoofdstuk 10. Extra oefeningen

Oefening 10.1.

Stel je een botsing voor tussen twee identieke systemen, elk bestaande uit twee puntmassa's $m$verbonden door een veer met constante veerconstante k. Vóór de botsing is elke veer "ontspannen", oftewel niet samengedrukt. Vóór de botsing beweegt het ene systeem met snelheid $v$naar het andere toe, langs de lijn van de veren, en het tweede systeem staat stil. De botsende deeltjes kleven aan elkaar en vormen een systeem met drie deeltjes, zoals weergegeven in de afbeelding "na de botsing". Als de botsingstijd kort is in vergelijking met de $\sqrt{\frac{m}{k}}, find$

(a) De snelheid van elk van de drie uiteindelijke deeltjes direct na de botsing.

(b) De positie van het deeltje helemaal rechts als functie van de tijd $t$na de botsing.

Oefening 10.2.

Twee deeltjes met massa's m_1, $m_2$en posities $\vec{r}_1$, $\vec{r}_2$, interageren met potentiële energie U(r), waarbij r = $\left|\underset{r}{\rightarrow}_1 - \underset{r}{\rightarrow}_2\right|$.

(a) Schrijf de Lagrange-functie Lvan dit systeem op.

(b) Definieer de relatieve coördinaat $\underset{r}{\rightarrow} = \underset{r}{\rightarrow}_1 - \underset{r}{\rightarrow}_2$ en de coördinaat van het zwaartepunt.$\underset{R}{\rightarrow} = \frac{\left(m_1 \underset{r}{\rightarrow}_1 + m_2 \underset{r}{\rightarrow}_2\right)}{(m_1 + m_2)}$. Druk de Lagrange-functie uit Lin termen van deze gegeneraliseerde coördinaten. Toon aan dat , $L = L_R + L_r$,waarbij $L_R$het deel van de Lagrange-functie is dat de coördinaat bevat $\underset{R}{\rightarrow}$en $L_r$het deel is dat de coördinaat bevat . $\underset{r}{\rightarrow}$. Schrijf $L_r$in de vorm van de Lagrange-functie van een enkel deeltje met coördinaat $\underset{r}{\rightarrow}$en massa m. Geef de uitdrukking voor deze "gereduceerde massa" $m$in termen van $m_1$en m_2.

(c) In de rest van de opgave beschouwen we de beweging van het deeltje, beschreven door de Lagrangiaan.L_r $(the\ subscript\ r\ on\ L\ will\ be\ dropped\ for\ brevity)$.Kies cilindrische coördinaten waarbij de z-as wijst in de richting van het impulsmoment. $\underset{l}{\rightarrow} = \underset{r}{\rightarrow} x \underset{p}{\rightarrow}$Schrijf $P_i = \partial L / \partial \dot{r}_i$.de Lagrange-functie in cilindrische coördinaten.(r, ϕ, z).

(d) Bewijs nu dat het impulsmoment behouden blijft. Omdat $\underset{l}{\rightarrow}$het impulsmoment behouden blijft, kan worden aangenomen dat het deeltje in het vlak beweegt. $z = 0$.Dit vereenvoudigt de Lagrange-functie.

(e) Toon aan dat er als gevolg van de vergelijkingen van Lagrange sprake is van behouden energie E, en geef deze expliciet weer in termen van r, ϕ en hun tijdsafgeleiden. Schrijf de uitdrukking voor de behouden hoekenergie.

(f) Uit de uitdrukking voor Edrukken we uit $t$als een integraalfunctie van $r$en de behoudswetten Een l.

(g) Druk op dezelfde manier uit ϕals een integraalfunctie van $r, E,$ en$l$.

Oefening 10.3.

Een deeltje met massa m beweegt in een krachtveld van de vorm

$$\underset{F}{\rightarrow} - \left(-\frac{a}{r^2} + \frac{b}{r^{\frac{3}{2}}} \right) \hat{r}$$

Waarbij a en b positieve constanten zijn.

(a) Voor welk bereik van stralen zijn cirkelvormige banen mogelijk?

(b) Voor welk bereik van stralen zijn cirkelvormige banen stabiel?

(c) Bepaal de frequentie van kleine trillingen rond een cirkelvormige baan met straal r. $= \frac{a^2}{4b^2}$

Oefening 10.4.

(a) Bewijs dat een geïsoleerd deeltje met eindige rustmassa m niet kan vervallen tot een enkel deeltje met rustmassa nul.

(b) Kan een enkel deeltje met een rustmassa van nul vervallen in n deeltjes, die allemaal een rustmassa van nul en een positieve energie hebben? Zo ja, geef een voorbeeld. Zo nee, bewijs dan dat dit onmogelijk is voor alle n > 1.

Oefening 10.5.

Een staaf met lengte a en massa m is opgehangen aan een massaloze snaar met lengte a/3. Bepaal de eigenfrequenties (normaalmodusfrequenties) voor kleine verplaatsingen ten opzichte van de stabiele evenwichtspositie van dit systeem.

Oefening 10.6.

Beschouw de transversale beweging (d.w.z. beweging loodrecht op het touw) van de twee massa's M en m, die vastzitten aan een massaloze draad met lengte 4a. Het hele systeem bevindt zich op een wrijvingsloze tafel.

Oefening 10.7.

Een cilinder (met massa l M_1, straal R en hoogte h) rust op een massaloze schijf en roteert om een vaste as in het midden van de schijf (schijfstraal -D). Aan de rand van de schijf is een puntmassa l bevestigd M_2. Er is wrijving tussen de cilinder en de schijf. M_1De dimensieloze wrijvingscoëfficiënt is l c, en de zwaartekrachtversnelling is g. De initiële hoeksnelheid van de cilinder (ω_1^0)is vier keer zo groot als die van de schijf (ω_2^0), d.w.z. ω_1^0-4 ω_2^0. Druk l uit M_2in termen van R, M_1l σen g.

(A) De tijd t die nodig is voordat het systeem een stabiele toestand bereikt.

(B) De uiteindelijke hoeksnelheid van de schijf en de cilinder.

Oefening 10.8.

Een snaar met lengte L is aan beide uiteinden vastgemaakt, heeft een totale massa M en is gespannen onder spanning T. Op tijdstip t = 0 wordt de snaar geraakt door een hamer met breedte d op positie x = a (zie diagram) op een zodanige manier dat de snaar in trilling wordt gebracht met beginvoorwaarden.

$y(x, t = 0) = 0$alle x
$\dot{y}(x, 0) = 0 \qquad 0 \leq x \leq a - \frac{d}{2}$
$\dot{y}(x, 0) = v_0$A $-\frac{d}{2} \leq x \leq a + \frac{d}{2}$
$\dot{y}(x, 0) = 0$een $+\frac{d}{2} \leq x \leq L$

(a) Bepaal een uitdrukking voor de (tijdsafhankelijke) kinetische energie van de n^{th}normale trillingsmodus van de snaar in de $\hat{y}$richting. (Er is geen longitudinale trilling). Druk de snelheid en frequentie van de golf uit in termen van de constanten die in de opgave gegeven zijn.
(b) Zoek een positie x = a en een breedte d van de hamer die de energie in de n = 3 trillingsmodus maximaliseert.

Oefening 10.9.

Een deeltje is gedwongen zich op de cycloïde te bewegen:
$x = acos^{-1}\left(\frac{a-y}{a}\right) + \sqrt{2ay - y^2}\ (0 \leq y \leq 2a)$
Onder invloed van de zwaartekracht (de y-as wijst naar boven).
(i) Schrijf de Lagrange-functie voor dit systeem.
(ii) Bepaal de Euler-vergelijking(en).
(iii) Stel dat het deeltje start vanuit een punt $y = y_0$met een beginsnelheid van nul: toon aan dat de tijd die het nodig heeft om het laagste punt van de curve (y = 0) te bereiken onafhankelijk is vany_0.

$$\left[You\ may\ need\ the\ integral \int \frac{du}{\sqrt{u - u^2}} = sin^{-1}(2u - 1) u < 1\right]$$

Oefening 10.10.

(a) Bij het verval
$A + p + \pi^-$
Wat is de energie van het pion, gemeten in het ruststelsel van
A?$Find\ E_\pi\ in\ terms\ of\ the\ rest\ masses\ m_\Delta, m_p, m_\pi).$

(b) Een neutron met een energie van 939 x $10^{10}10^{-3}$ MeV reist door een sterrenstelsel met een diameter van 10^5lichtjaren. Als de halfwaardetijd van een neutron 640 seconden is, zou je dan durven wedden dat het neutron vervalt voordat het het sterrenstelsel doorkruist? (Motiveer je antwoord.)
$m_n = 939\ MeV \quad 1\ year = \ \pi\ x\ 10^7$ 5.

Oefening 10.11.

De metriek die een bolvormige materieschil met straal R beschrijft, kan als volgt worden geschreven:

$$ds^2 = -\left(1 - \frac{2M}{r}\right)dt^2 + \left(1 - \frac{2M}{r}\right)^{-1} dr^2$$
$$+r^2(d\theta^2 + sin^2\theta d\phi^2).outside$$
$$ds^2 = -dt^{-2} + dr^{-2} + r^{-2}(d\theta^2 + sin^2\theta d\phi^2).inside.$$

a) Zoek functies $\bar{t}(r,t), \bar{r}(r,t)$in de buurt van r= R, waarvoor de metriek continu is in r =R.
b) Een neutrino, uitgezonden door een vervallend neutron in het centrum van de schil (r), $\bar{r} = 0$).heeft een energie E, gemeten door een waarnemer in rust op r $\bar{r} = 0$. Wat is de energie van het neutrino wanneer het oneindigheid bereikt (r >> R), gemeten door een waarnemer op oneindigheid? (Het gaat door de schil heen zonder interactie.)

Oefening 10.12.

Een deeltje met massa m en lading e beweegt in een magnetisch veld $\underset{B}{\rightarrow} = b(x^2 + y^2)\hat{k},$ waarin b een constante is.

(a) Vind een vectorpotentiaal voor $\vec{B}$ van de vorm $\vec{A} = f(x^2 + y^2)\,\vec{\phi}$, waarbij $\vec{\phi} = x\hat{\jmath} - y\hat{\imath}$.
(b) Bepaal de Hamiltoniaan voor het deeltje met behulp van dit $\vec{A}$.
(c) Toon aan dat $\vec{p} * \vec{\phi}$ een behoudswet is door te verifiëren dat de Poisson-haak $\left[\vec{p} * \vec{\phi}, H\right]_{PB}$ nul is.
(d) Zoek een behouden grootheid anders dan H en $\vec{p} * \vec{\phi}$.

Oefening 10.13.

Beschouw de volgende drie manieren waarop je kunt beginnen met een gammastralingsfoton met een energie van 3 MeV en eindigen met een bewegend elektron. Bereken de numerieke waarde van de maximale kinetische energie die een elektron in elk geval kan hebben.

(a) Foto-elektrisch effect
(b) Elektronenpaarproductie
(c) Comptonverstrooiing (Leid elke uitdrukking af die je gebruikt voor Comptonverstrooiing.)
H =$6.63 \times 10^{-34} J \times s$
$= 4.136 \times 10^{-15}\ eV \times s$

Als u meer gegevens nodig hebt die u niet kent, maak dan een schatting (indien mogelijk van een redelijke omvang) en gebruik die waarde voor uw berekening. Geef duidelijk aan welke schatting u gebruikt.

Oefening 10.14.

Een relativistische botsing vindt plaats langs een rechte lijn tussen een deeltje met rustmassa m_0 en een ander deeltje met rustmassa nm_0. Na de botsing blijven ze aan elkaar vastzitten en hebben ze een gecombineerde rustmassa van M_0, waarbij het deeltje met snelheid v vertrekt. Vóór de botsing m_0 is in rust en het andere deeltje nadert met snelheid u. Als we noemen

$$Y = \frac{1}{\sqrt{1 - \frac{u^2}{c^2}}}$$

Zoek vervolgens

A) V als functie van u en y. En

B) $\frac{M_0}{m_0}$als functie van u en y.

Oefening 10.15.

In Eddington-Finkelstein-coördinaten is de metriek van een Schwarzschild-zwart gat

$$ds^2 = -\left(1 - \frac{?M}{r}\right) dv^2 + 2\, dvdr + r^2\{d\theta^2 + sin^2\theta d\phi^2).$$

(a) toon aan dat het geval M=0 een vlakke ruimte is door een kaart (coördinatensysteem) te vinden

$\underset{t,}{\rightarrow}\ \underset{r,}{\rightarrow}\ \theta, \phi$ waarvoor de metriek (1) de vorm heeft

$ds^2 = -dt^{-2} + dr^{-2} + r^{-2}(d\theta^2 + sin^2\theta d\phi^2)\ (M = 0).$

(b) Laat r(v) een radiale tijdachtige kromme zijn waarvan het beginpunt binnen de horizon ligt, r(0) < 2M. Toon aan dat r(v) < r(0) wanneer v > 0 (d.w.z. de kromme kan niet buiten de horizon komen).

(c) Een zaklamp en een waarnemer $\theta = \phi = 0$bevinden zich beide op de as, op vaste stralen $r = r_f$en $r = r_o$. De zaklamp zendt licht uit met golflengte λ(gemeten in zijn referentiestelsel). Welke golflengte meet de waarnemer?

(d) Toon aan dat de v = constante oppervlakken nul zijn,$g^{ab\nabla} a^{v\nabla} b^v = 0$

Oefening 10.16.

Een deeltje met lading 2q beweegt in het elektromagnetische veld van een vast deeltje dat zowel een elektrische lading Q als een magnetische lading b draagt: het magnetische veld van het vaste deeltje is

$$B = \frac{b \underset{r}{\rightarrow}}{r^3}$$

Bewijs dat de vector

$$\underset{L}{\rightarrow} - \frac{qb}{c} \frac{\underset{r}{\rightarrow}}{r}$$

Is een behoudswet voor het deeltje q, waarbij $\underset{L}{\rightarrow}$het orbitale impulsmoment is.

Oefening 10.17.

In de getoonde dubbele slinger zijn puntmassa's 3m en m $l$met elkaar en met een steunpunt verbonden door gewichtloze staven met lengte . De massa's kunnen vrij slingeren in een verticaal vlak. Op tijdstip$t = d, \theta = 0, \frac{d\theta}{dt} = 0, \phi = \phi_0 \ll 1 \; and \; \frac{d\phi}{dt} = 0$.

Vinden$\theta(t) \; and \; \phi(t)$.

Hoofdstuk 11. Vooruitzichten voor de serie

De klassieke formuleringen van de beweging van puntdeeltjes zijn beschreven: met behulp van differentiaalvergelijkingen (de eerste en tweede wet van Newton); met behulp van een variatiefunctieformulering om de differentiaalvergelijking te selecteren (Lagrangiaanse variatie); en met behulp van een variatiefunctieformulering (actieformulering) om de variatiefunctieformulering te selecteren. Ook werden de twee bewegingsdomeinen in veel systemen beschreven: niet-chaotisch en chaotisch.

Vanuit de Lagrangiaanse variationele formulering van 'actie' voor de beweging van deeltjes zullen we uiteindelijk de padintegraalfunctionele variationele formulering definiëren, waarbij dezelfde Lagrangian betrokken is, om tot een kwantumbeschrijving te komen voor de niet-relativistische kwantumdeeltjesbeweging (gedetailleerd beschreven in Boek 4 [42], en relativistisch in Boek 5 [43]). Vanuit de kwantumbeschrijving komen we tot het propagatorformalisme voor het beschrijven van dynamica (dit bestaat ook in de klassieke formulering, maar wordt in die context doorgaans niet veel gebruikt). Complexe propagatoren blijken dan verband te houden met eigenschappen van de statistische mechanica en thermodynamica (Boek 6 [44]). De verbanden met de statistische mechanica worden verder benadrukt wanneer we ons aan de "rand van de chaos" bevinden, maar de baanbeweging nog steeds beperkt is. Dit kan worden geassocieerd met een evenwichts- en martingaalregime, waarvan het bestaan vervolgens kan worden gebruikt aan het begin van de afleidingen in Boek 6 [44] van de statistische mechanica en thermodynamica, waarbij het bestaan van evenwichten aan het begin wordt vastgesteld. Het bestaan van de bekende entropiematen wordt reeds aangegeven in de beschrijving van de neuromanifold (Boek 3 [41]), waardoor de thermodynamische beschrijving in Boek 6, samen met de evenwichten, kan beginnen met een goed onderbouwde basis die niet zomaar wordt geclaimd, maar eerder als een direct resultaat van wat reeds is vastgesteld in de theorie/het experiment beschreven in de voorgaande boeken van de reeks.

Bij de overgang van een theorie van puntdeeltjes naar een theorie van velden, wordt in de kernboeken over natuurkunde niet veel aandacht besteed aan velden in algemene zin. Meestal wordt direct overgegaan naar het belangrijkste relevante vakgebied , elektromagnetisme (EM). In gevorderde boeken kan ook de algemene relativiteitstheorie (GR) aan bod komen, zoals in [92]. In de volgende twee boeken in deze reeks zullen we deze onderwerpen behandelen, maar ook basisvelden in 1, 2 en 3 dimensies (inclusief vloeistofdynamica), evenals 4D Lorentz-veldformuleringen (voor de speciale relativiteitstheorie), de ijkveldformulering (waarbij Yang Mills dus in een klassieke context wordt behandeld) en de geometrische en ijkformuleringen van de GR. Dit legt de basis voor de standaardkrachten en, na kwantisering (boeken 4 en 5 in deze reeks), voor de standaard renormaliseerbare krachten (alle krachten behalve de zwaartekracht).

In Boek 2 ligt de focus op de klassieke veldtheorie in een vaste geometrie, waarbij elektromagnetisme (EM) het belangrijkste fysische voorbeeld is. In deze context verschijnt alfa bijvoorbeeld in de beschrijving van een elektron-positronpaar: $F = e^2/(4\pi\varepsilon a^2)$voor een elektron-positronafstand 'a', waarbij alfa verschijnt als de koppelingsconstante. Later, in de kwantummechanica, zowel in de moderne als in het vroege Bohr-model, zien we dat alfa = $[e^2/(4\pi\varepsilon)]/(c\hbar)$. Het verschijnen van alfa in deze situaties doet zich voor in gebonden systemen. Als we daarentegen ongebonden EM-interacties onderzoeken, zoals met de Lorentz-kracht $F = q(E \times v)$, dan ontstaat hier geen alfa-parameter, evenmin als in de vroege kwantummechanische analyse van dergelijke systemen, zoals bij Comptonverstrooiing. We zien dus een vroege rol voor alfa, maar alleen in gebonden systemen, dus alleen in systemen met (convergerende) perturbatieve expansies in systeemvariabelen.

In Boek 3, de klassieke veldtheorie met *dynamische* geometrie, oftewel de algemene relativiteitstheorie (GR), zien we helemaal geen alfa. In plaats daarvan zien we variëteitconstructies en de wiskunde van de differentiaalgeometrie (en tot op zekere hoogte differentiaaltopologie en algebraïsche topologie). Variëteitsconstructies worden beschreven in de wiskundige achtergrond die in Boek 3 en de Appendix wordt gegeven. Een toepassing op het gebied van neurovariëteiten (zie [24]) laat zien dat het equivalent van een geodetisch pad in deze context evolutie is die stappen met minimale relatieve entropie omvat. Net als bij de beschrijving van een lokaal vlakke ruimtetijd vinden we een beschrijving van 'entropie' die toeneemt/evolueert volgens minimale relatieve entropie.

Bijlage

A. Een overzicht van gewone differentiaalvergelijkingen

Deze samenvatting is op het niveau van de Caltech-cursus toegepaste wiskunde AMa101 uit circa 1985, waar het belangrijkste leerboek van Bender & Orszag [39] werd gebruikt. Er werden veel problemen opgegeven en voor veel van deze problemen worden complete oplossingen gegeven. Indirect zijn dus ook oplossingen voor verschillende problemen uit [39] in het volgende opgenomen. Het kernmateriaal over differentiaalvergelijkingen en uitgewerkte voorbeelden is zo gekozen dat snel inzicht wordt verkregen in de verbazingwekkende complexiteit die mogelijk is en dat standaard oplossingsmethoden worden verduidelijkt.

Deze samenvatting bevat een inleiding tot gewone differentiaalvergelijkingen; lokale analyse van gewone differentiaalvergelijkingen (een studie van singuliere punten); niet-lineaire gewone differentiaalvergelijkingen; storingsmethoden (inclusief WKB-theorie); en de Sturm-Liouville-theorie. De laatste twee onderwerpen zijn het meest relevant voor problemen in de kwantummechanica en zijn daarom opgenomen als appendix in Boek 4 over kwantummechanica.

A.1 Inleiding tot gewone differentiaalvergelijkingen

Definieer een gewone differentiaalvergelijking van de n -de orde als volgt:

$$\frac{d^n y}{dx^n} = F\left(x, y, \frac{dy}{dx}, \dots, \frac{d^{n-1}y}{dx^{n-1}}\right) \rightarrow \quad y^{(n)} = F\left(x, y, y^{(1)}, \dots, y^{(n-1)}\right), \tag{A-1}$$

ook $y, y^{(1)}, \dots, y^{(n-1)}$de alternatieve notatie ; enz. Als F lineair is in $y' = y^{(1)}; y'' = y^{(2)}$, dan is de gewone differentiaalvergelijking een lineaire gewone differentiaalvergelijking [39]. De oplossing van een lineaire gewone differentiaalvergelijking van de n- de orde is een functie van n integratieconstanten. Als F niet-lineair is, zijn er nog steeds n integratieconstanten, maar er kunnen aanvullende oplossingen zijn die niet geconstrueerd kunnen worden door de constanten te kiezen. Lineaire gewone differentiaalvergelijkingen worden vaak geschreven in "operatornotatie":

$$\mathcal{L}\, y(x) = f(x), \tag{A-2}$$

waar $\mathcal{L}$bevindt zich de differentiaaloperator?

$$\mathcal{L} = p_o(x) + p_1(x)\frac{d}{dx} + \cdots + p_{n-1}(x)\frac{d^{n-1}}{dx^{n-1}} + \frac{d^n}{dx^n}. \tag{A-3}$$

Als $f(x) = 0$, dan is het homogeen, anders is het niet-homogeen (met homogene oplossingen plus particuliere oplossingen). We hebben een beginwaardeprobleem (BWP) als we weten $y, y^{(1)}, \ldots, y^{(n-1)}$dat er een (begin)waarde bestaat $x = x_0{:}y(x_0) = a_0$, $y'(x_0) = a_1$,..., $y^{(n-1)}(x_0) = a_{n-1}$, waarvoor een algemene oplossing bestaat $y(x) = \sum_{j=1}^{n} c_j y_j(x)$, waarbij de $c_j$willekeurige integratieconstanten zijn en de $\{\, y_j\}$ een verzameling lineair onafhankelijke oplossingen vormen. Om te bepalen of onze verzameling oplossingen werkelijk onafhankelijk is, moeten we hun Wronskiaan evalueren [39]. De Wronskiaan ontstaat ook op natuurlijke wijze bij het behandelen van het beginwaardeprobleem (IVP), dus die zal hierna worden besproken. Merk op dat we, in tegenstelling tot IVP's, bij een randwaardeprobleem (RWP) waarden (en/of afgeleiden) op meer dan één punt stellen. Dit is noodzakelijkerwijs een globale context van de oplossing, niet lokaal, en dus ingewikkelder.

Om het bestaan en de uniciteit van beginwaardeproblemen aan te tonen, $y^{(n)} = F\big(x, y, y^{(1)}, \ldots, y^{(n-1)}\big)$kunnen we de n -de - ordevergelijking altijd omzetten in een stelsel van n eerste-ordevergelijkingen:

$$\frac{dy_i}{dx} = f_i(y_1, y_2, \ldots, y_n, x), \quad i = 1..n, \ \ where\ \ y_i = \frac{d^{i-1}}{dx^{i-1}} y(x). \tag{A-4}$$

Dit wordt vaak in vectornotatie weergegeven:

$$\vec{Y} = \begin{pmatrix} y_1(x) \\ \dots \\ y_n(x) \end{pmatrix}, \quad \vec{F} = \vec{F}(\vec{Y},x) = \begin{pmatrix} f_1(x) \\ \dots \\ f_n(x) \end{pmatrix}, \quad \frac{d\vec{Y}}{dx} = \vec{F}(\vec{Y},x), \quad with\, IVP\colon \vec{Y}(x = x_0) = \vec{Y_0}$$

(A-5)

Om dit op te lossen gebruiken we een recursieve benadering (Picard-iteratie), beginnend met de integraalvorm:

$$\vec{Y}(x) = \vec{Y_0} + \int_0^x F(Y,t)dt\,.$$

(A-6)

Ervan uitgaande dat we $x_0 = 0$zonder verlies van algemeenheid (wlog .) het volgende schrijven:

$$\vec{Y_0}(x) = \vec{Y_0}\,; \quad \vec{Y_1}(x) = \vec{Y_0} = + \int_0^x \vec{F}(\vec{Y},t)dt\,; \quad \dots\dots; \quad \vec{Y}_{n+1}(x) = \vec{Y} + \int_0^x \vec{F}(\vec{Y_n},t)dt\,.$$

(A-7)

De convergentie van de reeks hangt af van $\vec{F}$. Laten we aantonen dat de iteratie convergeert in een omgeving van $x = 0$. Laten we eerst aantonen dat $\vec{F}$voldoet aan een Lipschitz-voorwaarde:

$$\left\|\vec{F}(\vec{Y_1},x) - \vec{F}(\vec{Y_2},x)\right\| \le K\left\|\vec{Y_1} - \vec{Y_2}\right\|,$$

(A-8)

voor alle $||\vec{Y} - \vec{Y_0}|| \le a$en alle X: $\|x\| \le b$. Als we met zuivere getallen (of 1-dimensionaal) werken, hebben we $\|x\| = |x|$, en $|x - y| \ge 0$, waarbij gelijkheid alleen geldt als x=y. We hebben ook $|x - y| = |y - x|$(symmetrie) en $|x - z| \le |x - y| + |y - z|$(driehoeksongelijkheid). Voor vectoren: $\|\vec{x} - \vec{y}\| = |\sqrt{(\vec{x} - \vec{y}) \cdot (\vec{x} - \vec{y})}|$, en we hebben nog steeds symmetrie en de driehoeksongelijkheid. We eisen ook dat $\vec{F}$begrensd is:

$$\vec{F}(\vec{Y},x) \le M.$$

Als aan deze voorwaarden is voldaan, convergeert de Picard-iteratie. Ter illustratie, beschouw het volgende:

$$\vec{Y}_n(x) = \overrightarrow{Y_0} + \int_0^x \vec{F}(\vec{Y}_{n-1}, t)dt \quad and \quad \vec{Y}_{n+1}(x)$$
$$= \overrightarrow{Y_0} + \int_0^x \vec{F}(\overrightarrow{Y_n}, t)dt.$$

We hebben dan:

$$\vec{Y}_{n+1} - \vec{Y}_n = \int_0^x [\vec{F}(\overrightarrow{Y_n}, t) - \vec{F}(\vec{Y}_{n-1}, t)]dt$$

$$\|\vec{Y}_{n+1} - \vec{Y}_n\| \leq \int_0^x \|\vec{F}(\overrightarrow{Y_n}, t) - \vec{F}(\vec{Y}_{n-1}, t)\|dt \leq K \int_0^x \|\vec{Y}_n - \vec{Y}_{n-1}\|dt.$$

Om de rechterkant te beoordelen, kunt u het volgende overwegen:

$$\|\vec{Y}_2 - \vec{Y}_1\| \leq K \int_0^x ||Y_1 - Y_0||dt \leq K \int_0^x dt \int_0^t du\|F(Y_0, u)\|$$
$$\leq KM \int_0^x dt \int_0^t du.$$

Met behulp van inductie kan worden aangetoond dat:

$$\|\vec{Y}_{n+1} - \vec{Y}_n\| \leq \frac{MK^n x^{n+1}}{(n+1)!}.$$

Als we dan schrijven:

$$\vec{Y}_n(x) = \overrightarrow{Y_0} + (\overrightarrow{Y_1} - \overrightarrow{Y_2}) + (\overrightarrow{Y_2} - \overrightarrow{Y_3}) \cdots,$$

Als de normreeks convergeert, dan $\overrightarrow{Y_n}$zal ook convergeren (deze bevat waarschijnlijk negatieve factoren):

$$\|\overrightarrow{Y_n}\| \leq \|\overrightarrow{Y_0}\| + \sum_{m=0}^{\infty} \frac{MK^m x^{m+1}}{(m+1)!} = \|\overrightarrow{Y_0}\| + \frac{M}{K}(e^{kx} - 1).$$

(A-9)

We hebben dus een voorwaarde voor de oplossing die voldoende, maar niet noodzakelijk is. We moeten de uniciteit aantonen om de algemene oplossing compleet te maken. We tonen de uniciteit aan met een tegenvoorbeeld, te beginnen met:

$$\vec{X} = \overrightarrow{X_0} + \int_0^x F(x,t)dt \quad and \quad \vec{Y} = \overrightarrow{Y_0} + \int_0^x F(y,t)dt\,, \tag{A-10}$$

Dan

$$\|\vec{X} - \vec{Y}\| \leq \int_0^x \|F(\vec{X},t) - F(\vec{Y},t)\|\,dt \leq K\int_0^x \|\vec{X} - \vec{Y}\|dt$$

$$\leq K^2 \int_0^x dt \int_0^1 du\,\|\vec{X} - \vec{Y}\|,$$

dus

$$\|\vec{X} - \vec{Y}\| \leq \frac{K^{n+1}}{(n+1)!}\int_0^x (x-t)^n \|\vec{X} - \vec{Y}\|dt\,. \tag{A-11}$$

Naarmate n naar oneindigheid gaat, wordt de rechterkant nul, en we zien dat $\|\vec{X} - \vec{Y}\| = 0$, en door de Lipschitz-voorwaarde hebben we dan $\vec{X} = \vec{Y}$, bijvoorbeeld uniciteit. We zien dus dat een (unieke) oplossing in het algemeen mogelijk is. Wat is deze algemene oplossing in de praktijk?

Algemene homogene oplossing (volgens de notatie van [39])

Overwegen:

$$\mathcal{L}\,y(x) = 0 \tag{A-12}$$

Zoals gebruikelijk bij gewone differentiaalvergelijkingen, beschouwen we een oplossing met een exponentiële term: e^{rx}. Door deze als proeffunctie in de operatorvergelijking te substitueren, krijgen we:

$$\mathcal{L}\,e^{rx} = e^{rx}\,P(r), \tag{A-13}$$

waarbij $P(r)$een polynoom van de n-de orde is:

$$P(r) = r^n + \sum_{j=0}^{n-1} p_j r^j .$$

(A-14)

De oplossingen corresponderen met de nulpunten van $P(r)$, r_1, r_2, ..., d.w.z. :

$$y = e^{r_1 x}, e^{r_2 x}, \dots$$

(A-15)

De enige complicatie ontstaat als er herhaalde nullen zijn. Stel dat de eerste wortel m-voudig is, dan hebben we een oplossing van de vorm:

$$\mathcal{L}\, e^{rx} = e^{rx}(r - r_1)^m\, Q(r),$$

(A-16)

waarbij Q een polynoom van graad is $n - m$. Een lineaire combinatie van alle oplossingen vormt dan een algemene oplossing.

Algemene inhomogene oplossing

Beschouw de inhomogene vergelijking,

$$\mathcal{L}\, y(x) = f(x).$$

(A-17)

Een techniek voor het vinden van een specifieke oplossing is de variatie van parameters, die het beste werkt als je onafhankelijke oplossingen hebt (een Wronskiaan die niet nul is) (zie [39]). Enkele voorbeelden met deze techniek zullen worden onderzocht. In deze korte samenvatting gaan we verder met het beschouwen van Green's functie-methoden voor het oplossen van de inhomogene vergelijking. Hiervoor maken we gebruik van deltafuncties. In het vervolg definiëren we de deltafunctie als volgt:

$$\delta(x - a) = \begin{Bmatrix} 0 & x \neq a \\ \infty & x = a \end{Bmatrix},$$

(A-18)

zodanig dat:

$$\int_{-\infty}^{\infty} \delta(x - a) dx = 1 \quad and \quad \int_{-\infty}^{\infty} \delta(x - a) f(a) dx = f(x) .$$

(A-19)

Als we gedeeltelijk integreren, krijgen we de klassieke Heaviside-stapfunctie (met een stap bij x=a):

$$\int_{-\infty}^{\infty} \delta(x-a)dx = h(x-a).$$

(A-20)

De Green-functie-methode wordt vervolgens gebruikt om de specifieke oplossing te verkrijgen voor

$$\mathcal{L}\, G(x,a) = \delta(x-a),$$

(A-21)

waarbij de oplossing voor de algemene inhomogene vergelijking dan triviaal volgt uit:

$$y_p(x) = \int_{-\infty}^{\infty} da\, f(a)G(x,a).$$

(A-22)

Laten we ons in het vervolg specialiseren tot een differentiaalvergelijking van de tweede orde (een triviale 2x2 Wronskiaan). In dat geval komen we uit op de volgende vorm:

$$\frac{d^2}{dx^2}G(x,a) + p(x)\frac{d}{dx}G(x,a) + p_0(x)G = \delta(x-a).$$

(A-23)

Nu moet de linkerkant overeenkomen met de singulariteit van de deltafunctie aan de rechterkant. Dus, we stellen dat $d^2G/dx^2 \sim \delta(x-a)$(dus G moet minder singulier zijn dan $\delta(x-a)$). Evenzo mag G dG/dxniet singulierder zijn dan een stapfunctie, bijvoorbeeld $dG/dx \sim h(x-a)$. Hiermee consistent is dat G niet meer variant mag zijn dan een hellingsfunctie (nul totdat de helling begint bij x=a), die we aanduiden met 'r': $G \sim r(x-a)$Dit is alles wat we moeten weten om tot een algemene formulering van de oplossing te komen. De truc is nu om de gewone differentiaalvergelijking $a-\varepsilon$te analyseren door te integreren van tot $a+\varepsilon$en te laten $\varepsilon \to 0$:

$$\int_{a-\varepsilon}^{a+\varepsilon} \frac{d^2G}{dx^2}dx + \int_{a-\varepsilon}^{a+\varepsilon} p\frac{dG}{dx}dx + \int_{a-\varepsilon}^{a+\varepsilon} Gp_0 dx = \int_{a-\varepsilon}^{a+\varepsilon} \delta(x-a) = 1\,.$$

Dus,

$$\left.\frac{dG}{dx}\right|_{a+\varepsilon} - \left.\frac{dG}{dx}\right|_{a-\varepsilon} = 1.$$

(A-24)

Door te werken met twee (onafhankelijke) homogene oplossingen, $y_1(x)$en $y_2(x)$, weten we dat we de inhomogene oplossing aan weerszijden van de singulariteit kunnen uitdrukken in de 'homogene' vorm voor die zijde. Laten we de Green-functie als volgt schrijven:

$$G(x,a) = \begin{Bmatrix} A_1 y_1(x) + A_2 y_2(x) & x < a \\ B_1 y_1(x) + B_2 y_2(x) & x \geq a \end{Bmatrix}$$

(A-25)

Omdat G continu is in x=a, geldt het volgende:

$$A_1 y_1(a) + A_2 y_2(a) = B_1 y_1(a) + B_2 y_2(a)$$
$$B_1 y_1'(a) + B_2 y_2'(a) - A_1 y_1{}'(a) - A_2 y_2{}'(a) = 1$$

In matrixnotatie:

$$\begin{bmatrix} y_1(a) & y_2(a) \\ y_1{}'(a) & y_2{}'(a) \end{bmatrix} \begin{bmatrix} B_1 - A_1 \\ B_2 - A_2 \end{bmatrix} = \begin{bmatrix} 0 \\ 1 \end{bmatrix},$$

die opgelost kan worden door

$$B_1 - A_1 = \frac{-y_2(a)}{W(y_1(a), y_2(a))}$$

$$B_2 - A_2 = \frac{y_1(a)}{W(y_1(a), y_2(a))}$$

waarbij W de Wronskiaan is, wat is

$$W = det \begin{bmatrix} y_1(a) & y_2(a) \\ y_1{}'(a) & y_2{}'(a) \end{bmatrix}.$$

Door dit te gebruiken,

$$y(x) = \int_{-\infty}^{\infty} G(x,a) f(a) da$$

is de volledige oplossing als $y(x)$aan $y(x)$de randvoorwaarden of beginwaarden wordt voldaan. Laten we een eenvoudig voorbeeld bekijken :$\mathcal{L}y(x) = f(x)$

$$y'' = f(x) \;\; with \;\; \begin{matrix} y(0) = 0 \\ y'(1) = 0 \end{matrix}$$

We krijgen $W = \begin{bmatrix} 1 & x \\ 0 & 1 \end{bmatrix} = 1$, en

$$B_1 - A_1 = -a$$
$$B_1 - A_1 = \ 1$$

Dus,

$$G(x,a) = \begin{cases} A_1 y_1(x) + A_2 y_2(x) & x < a \\ B_1 y_1(x) + B_2 y_2(x) & x \geq a \end{cases} = \begin{cases} A_1 + A_2 x & x < a \\ B_1 + B_2 x & x \geq a \end{cases},$$

(A-26)

waaruit we afleiden:

$$A_1 = 0 \quad B_1 = -a$$
$$B_2 = 0 \quad A_2 = -1 \cdot$$

Dus,

$$G = \begin{cases} -x & x < a \\ -a & x \geq a \end{cases}.$$

Oplossen voor $y(x)$:

$$y(x) = \int_0^1 da\, G(x,a) f(a) = \int_0^a da\, (-x) f(a) + \int_a^1 da\, (-a) f(a)$$

(A-27)

Niet-lineaire gewone differentiaalvergelijkingen (zie [65] voor vele voorbeelden)

Laten we voor onze eerste niet-lineaire gewone differentiaalvergelijking de vergelijking van Bernoulli bekijken:

$$y'(x) = a(x)y + b(x)y^p\,.$$

(A-28)

Laten we proberen dit op te lossen door te substitueren $u(x) = y(x)^{1-p}$, waarbij:

$$\frac{du}{dx} = (1-p)y^{-p}\frac{dy}{dx}.$$

(A-29)

We verkrijgen aldus:

$$\frac{du}{dx} = [a(x)y^{-p} + b(x)](1-p),$$

(A-30)

Dit is een gewone differentiaalvergelijking van de eerste orde en dus direct oplosbaar.

Als we met dezelfde eerste-orde vorm werken, maar nu met een kwadratische term in y, krijgen we de Riccati-vergelijking. Een eenvoudige transformatie laat zien dat de algemene Riccati-vergelijking gerelateerd is aan de algemene (lineaire) differentiaalvergelijking van de tweede orde. We zijn dus al tegen een beperking aangelopen bij het verkrijgen van algemene oplossingen, zelfs voor de ogenschijnlijk 'eenvoudige' Riccati-vergelijking. Dit komt omdat er geen algemene oplossing bestaat voor de lineaire differentiaalvergelijking van de tweede orde (en dus ook geen algemene oplossing voor de Riccati-vergelijking). Laten we desalniettemin proberen de volgende Riccati-vergelijking op te lossen:

$$y' = y^2 + \frac{y}{x} + x^2. \tag{A-31}$$

We vinden een oplossing met $y = x$, dus laten we een algemene oplossing van de vorm beschouwen: $y = x + \mathrm{u(x)}$:

$$u' = \left(2x + {}^1\!/_x\right)u + u^2 \tag{A-32}$$

Dit is een differentiaalvergelijking van de eerste orde en dus oplosbaar.

Enkele andere technieken die het vermelden waard zijn, te beginnen met operator 'factoring'. Overweeg

$$\frac{d^2y}{dx^2} + p(x)\frac{dy}{dx} + q(x)y = f(x). \tag{A-33}$$

We kunnen dit als volgt beschouwen:

$$\left(\frac{d}{dx} + a(x)\right)\left(\frac{dy}{dx} + b(x)\right)y = f(x). \tag{A-34}$$

De twee vormen komen overeen als $(b + a) = p \text{en} \; b' + ab = q$.

Laten we vervolgens de mogelijkheid van een 'exacte' vergelijking bekijken, bijvoorbeeld waarbij we de vorm hebben

$$M(x,y) + N(x,y)\frac{dy}{dx} = 0,$$

(A-35)

zodanig dat

$$M(x,y)dx + N(x,y)dy = dF(x,y) = \left[\frac{\partial F}{\partial x}\right]dx + \left[\frac{\partial F}{\partial y}\right]dy = 0.$$

De test voor een exacte vorm is dus dat

$$\frac{\partial M}{\partial y} = \frac{\partial N}{\partial x}.$$

(A-36)

Laten we vervolgens het begrip 'integrerende factor' bekijken. Deze situatie ontstaat als

$$M(x,y)dx + N(x,y)dy \neq dF(x,y),$$

maar door te vermenigvuldigen met een (integrerende) factor vinden we dat:

$$\mu(x,y)M(x,y)dx + \mu(x,y)N(x,y)dy = dF(x,y).$$

De laatstgenoemde uitdrukking is dan een exacte vorm als

$$\frac{\partial(M\mu)}{\partial y} = \frac{\partial(N\mu)}{\partial x}.$$

(A-37)

Voor niet-lineaire gewone differentiaalvergelijkingen van hogere orde zijn belangrijke vereenvoudigingen mogelijk als er specifieke vormen bestaan; laten we er een paar bekijken:

(i) Autonoom – een gewone differentiaalvergelijking is autonoom als deze geen expliciete afhankelijkheid heeft van de afhankelijke variabele.

(ii) Gelijkdimensionaal – een gewone differentiaalvergelijking is gelijkdimensionaal als de substitutie $x \to ax$de vergelijking invariant laat. Zo'n vergelijking kan triviaal worden omgezet in een autonome vorm met de substitutie $x = e^t$.

(iii) Schaalinvariant – een gewone differentiaalvergelijking is schaalinvariant als de substituties $x \to ax$en $y \to a^p y$de vergelijking verlaten. Zo'n vergelijking kan triviaal worden verschoven naar een gelijkdimensionale vorm (en van daaruit naar een autonome vorm) met de substitutie $y = x^p u$. Laten we nu ingaan op de kwestie van singuliere punten bij het oplossen van gewone differentiaalvergelijkingen.

De bovenstaande oplossingsmethoden voor gewone differentiaalvergelijkingen zijn zo robuust dat, zelfs wanneer exacte oplossingen niet kunnen worden verkregen, er over het algemeen wel benaderende oplossingen lokaal in de buurt van een punt van belang kunnen worden gevonden. Vaak is dat ook alles wat nodig is. Het enige dat mis kan gaan, is als het referentiepunt van belang niet 'gewoon' is, d.w.z. als het punt 'singulier' is. Laten we deze mogelijkheid nu eens nader bekijken.

Singuliere punten van homogene lineaire vergelijkingen
Laten we de notatie voor de homogene lineaire differentiaalvergelijking nog eens in herinnering brengen:

$$\mathcal{L}\, y(x) = f(x),$$

waar

$$\mathcal{L} = p_o(x) + p_1(x)\frac{d}{dx} + \cdots + p_{n-1}(x)\frac{d^{n-1}}{dx^{n-1}} + \frac{d^n}{dx^n}. \tag{A-38}$$

De algemene theorie voor de analyse van singuliere punten begint met de bovenstaande vorm wanneer complexe argumenten worden beschouwd, niet alleen reële [39, 65, 66]. De theoretische resultaten die zijn verkregen [67] categoriseren de singuliere punten vervolgens op basis van de analyticiteit (complexe eigenschappen) van de coëfficiëntfuncties:

Gewoon punt
Een punt $x_0$is gewoon als alle coëfficiëntfuncties analytisch zijn in de omgeving van x_0. Fuchs toonde in 1866 aan dat alle n lineair onafhankelijke oplossingen voor een lineaire gewone differentiaalvergelijking van de n-de orde (verkregen uit eerdere analysemethoden) analytisch zullen zijn in de omgeving van een gewoon punt.

Regelmatig singulier punt

Een punt $x_0$is een regulier singulier punt als niet alle coëfficiëntfuncties analytisch zijn, maar als alle termen in $\mathcal{L}\, y(x)$lokaal analytisch zijn (rond het referentiepunt x_0), d.w.z. als de volgende functies analytisch zijn: $(x - x_0)^n p_o(x)$, $(x - x_0)^{n-1} p_1(x)$, … , $(x - x_0) p_{n-1}(x)$. Merk op dat een oplossing analytisch kan zijn in $x_0$zelfs als $x_0$een regulier singulier punt is. Als een oplossing niet analytisch is in een regulier singulier punt, moet deze ofwel een pool ofwel een algebraïsch of logaritmisch vertakkingspunt bevatten. Fuchs toonde daarom aan dat er altijd één oplossing van de vorm bestaat (volgens de notatie van [39]:

$$y = (x - x_0)^\alpha A(x), \tag{A-39}$$

waarbij αbekend staat als de indexexponent en $A(x)$een analytische functie is in het reguliere singuliere punt x_0. Als de orde tweede of hoger is, bestaat er een tweede oplossing in een van twee mogelijke vormen:

$$y = (x - x_0)^\beta B(x), \tag{A-40}$$

of

$$y = (x - x_0)^\beta B(x) + (x - x_0)^\alpha A(x) \ln(x - x_0). \tag{A-41}$$

Bij hogere orde dan de tweede orde vertonen aanvullende oplossingen een bijzonder gedrag, in het ergste geval van de volgende vorm:

$$y = (x - x_0)^\delta \sum_{i=0}^{n-1} [\ln(x - x_0)]^i A_i(x), \tag{A-42}$$

waarbij alle functies $A_i$analytisch zijn. Reguliere singuliere punten kunnen dus op een alomvattende manier in een theorie worden behandeld, net als gewone punten.

Onregelmatig singulier punt

Een punt $x_0$is een onregelmatig singulier punt als het niet regulier of gewoon is. Er bestaat geen allesomvattende theorie om te bepalen of een punt onregelmatig singulier is. Uit Fuchs weten we dat als een complete set oplossingen allemaal de in de vorige sectie aangegeven vormen hebben, het punt regulier moet zijn. Omgekeerd geldt dat als we een onregelmatig singulier punt hebben, ten minste één van de oplossingen niet de hierboven aangegeven vormen zal hebben. In de praktijk hebben alle oplossingen doorgaans essentiële singulariteiten (niet analytisch) op het referentiepunt $x_0$waar het onregelmatige singuliere punt (ISP) zich bevindt.

Voorbeeld A.1.

$$x^2y'' - x(x+1)y' + y = 0$$

We zien dat dit $x_0 = 0$onregelmatig is, probeer het eens:

$$y(x) = \sum_{n=0}^{\infty} \frac{a_n}{x^{n+\alpha}}.$$

Vervolgens heb je:

$$y'(x) = -\sum_{n=0}^{\infty} (n+\alpha) \frac{a_n}{x^{n+\alpha+1}} \quad and \quad y''(x) = \sum_{n=0}^{\infty} (n+\alpha)(n+\alpha+1) \frac{a_n}{x^{n+\alpha+2}}.$$

Dus

$$a_{n+1} = -(n+1)a_n \quad \rightarrow \quad y(x) = a_0 \sum_{n=0}^{\infty} \frac{(-1)^n n!}{x^n}.$$

Tot nu toe is onze enige oplossing niet eens goed (hij divergeert), wat wijst op enkele problemen die kunnen ontstaan bij onregelmatige singuliere punten (ISP's). De oplossing geeft echter wel een hint naar een antwoord. Overweeg het volgende:

$$y(x) = x \int_0^{\infty} \frac{e^{-t}}{x+t} dt.$$

Dan hebben we:

$$x^2y'' - x(x+1)y' + y = \int_0^{\infty} e^{-t} \left[\frac{-2x^2}{(x+t)^2} + \frac{2x^2}{(x+1)^3} - \frac{x^2+x}{x+t} + \frac{x^3+x^2}{(x+t)^2} + \frac{x}{x+t} \right] dt = 0,$$

dat werkt. Laten we, werkend met de aangegeven oplossing, uitbreiden voor $x \to \infty$:

$$y(x) = \int_0^\infty \frac{e^{-t}}{1 + t/x} dt$$

laten $t = xS$verkrijgen:

$$y(x) = \int_0^\infty \frac{e^{-xs}}{1 + S} ds \approx \sum_{n=0}^{\infty} \frac{(-1)^n n!}{x^n}.$$

Laten we nu het exponentiële gedrag in de buurt van het ISP voor het volgende bekijken:

$$y'' - (x^2 + 1)y = 0$$

waar de internetprovider zich bevindt $x_0 = \infty$. We hebben oplossingen.

$$y_1(x) = e^{x^2/2} \quad and \quad y_2(x) = e^{x^2/2}\, erfc(x) \approx \frac{1}{\sqrt{\pi}} \frac{1}{x} e^{\frac{x^2}{2}} \; as \; x \to \infty.$$

Als $x_0 \neq \infty$ dat het typische gedrag is, dan zou het kunnen zijn $\exp(-\frac{1}{(x-x_0)^2})$: . Om het leidende gedrag te bepalen, schrijf je:

$$y(x) = e^{S(x)}, \quad y' = S'e^{S(x)}, \quad and \quad y'' = [(S')^2 + S'']e^S.$$

Dus

$$S'' + (S') - (x^2 + 1) = 0 \quad as \quad x \to \infty.$$

Dominante Balans toepassen :

Merk op dat x [2] steeds groter wordt, wat zorgt voor de balans?

(i) S''wordt sneller groot dan $(S')^2$en $S'' \gg (S')^2 \;\; as\, x \to \infty$.

(ii) $S'' \ll (S')^2 \quad as\, x \to \infty$(Dit geldt altijd bij internetproviders).

(iii) Alle drie de termen staan in dezelfde volgorde (fout, methode kan niet gebruikt worden).

Beschouw geval (i): $S'' \approx x^2 \;\; as \;\; x \to \infty$, wat oplevert $S' \approx x^3/3$, maar dit is inconsistent met $S'' \gg (S')^2$als $x \to \infty$.

Beschouw geval (ii): $(S')^2 \approx x^2 \;\; as \;\; x \to \infty$, wat geeft $S' \approx \pm x$, dus $S'' \approx \pm 1$. Omdat $S'' \ll (S')^2$als

$x \to \infty$Dit is consistent. We zien dat het $S \approx \pm x^2/2$werkt. Sterker nog, + $x^2/2$is een exacte oplossing. Laten we voor de andere oplossing eens proberen: $S(x) = -x^2/2 + C(x)$. Dit leidt tot een aparte analyse van de dominante balans, en we ontdekken dat de enige geldige keuze is $C(x) \sim -\ln(x)$en .

$$S \sim -x^2/2 - ln(x) + \cdots$$

Dus,

$$y(x) \sim e^{-\frac{1}{2}x^2} \sum_{n=1}^{\infty} a_n x^{-n} = e^{-\frac{1}{2}x^2} F(x)$$

en we kunnen vanaf hier verdergaan met de klassieke Frobenius-methode [65]:

$$y'' - (x^2 + 1)y = e^{-\frac{1}{2}x^2}[F'' - 2xF' - 2F] = 0$$

Gebruik de standaardreeksontwikkeling voor F:

$$0 \cdot a_1 + 2 \cdot a_2 + \sum_{n=3}^{\infty} [(n-2)(n-1)a_{n-2} + 2(n-1)a_n]x^{-n} = 0$$

We hebben dus dat: $a_1$willekeurig is, $a_2 = 0$, en $a_{n+2} = -\frac{n}{2}a_n$. Dus,

$$a_{2n+1} = \frac{(-1)^n(2n-1)!!}{2^n} a_1$$

$$y(x) \sim e^{-\frac{1}{2}x^2} \sum_{n=0}^{\infty} \frac{(-1)^n(2n-1)!!}{2^n x^{2n+1}} a_1.$$

Laten we de systematische expansie beschouwen als een regulier singulier punt, gespecialiseerd tot de tweede orde:

$$\mathcal{L}y = y'' + \frac{p(x)}{x} y' + \frac{q(x)}{x^2} y = 0$$

Neem aan dat er een regulier singulier punt is bij x=0 en dat p(x) en q(x) analytisch zijn rond x=0. Substitueer

$$y = \sum_{n=0}^{\infty} a_n x^{n+\alpha}.$$

Voorbeeld A.2.

Oplossen:

$$y'' + \frac{1}{xy'} - \left(1 + \frac{v^2}{x^2}\right)y = 0.$$

We hebben $p(x) = 1, \quad p_0 = 1, \quad q(x) = -x^2 - v^2, \quad q_0 = -v^2$.dus:

Op bestelling $x^{\alpha-2}$; $\quad (\alpha(\alpha-1) + \alpha - v^2)a_0 = 0 \rightarrow \alpha^2 - v^2 = 0 \rightarrow \alpha = \pm v$Als een breuk is$v$ ($v \neq 0$ and $2v \neq n$) We hebben twee oplossingen, dus klaar, en we hebben:
Op bestelling $x^{\alpha-1}$: $\quad x^{\alpha-1}[(\alpha+1)^2 - v^2]a_1 = 0 \rightarrow a_1 = 0$
Op bestelling $x^{\alpha+n-2}$:$x^{\alpha+n-2}[(\alpha+n)^2 - v^2]a_n = a_{n-2} \rightarrow 0 = a_1 = a_3 = a_5$ ...
De oplossing is dus:

$$y(x) = a_0\Gamma(v+1)x^v \sum_{n=0}^{\infty} \frac{(x/2)^{2n}}{n!\,\Gamma(n+v+1)}.$$

Merk op dat $a_n = (a_n - 2)/[(-v+n)^2 - v^2]$. Dus, voor $\alpha = -v$de noemer verdwijnt wanneer $n = 2v$. Als $v$een half-integraal is, d.w.z. $1/2, 3/2, ...,$ dan $2v$is een oneven geheel getal. Na $2v$stappen hebben we een nieuwe willekeurige constante a_{2v}(dit gebeurt bijvoorbeeld bij Bessel-functies) en de recursierelatie genereert dan twee lineair onafhankelijke oplossingen.

Geval met dubbele wortel:$\alpha_1 = \alpha_2$
Beschouw de Frobenius-vorm voor de eerste oplossing:
$x^\alpha \sum_{n=0}^{\infty} a_n(\alpha)x^n = y(x,\alpha)$. Wanneer er een dubbele wortel is, kan worden aangetoond dat een tweede oplossing volgt uit de relatie (afgeleid in [39]):

$$\mathcal{L}\left[\frac{\partial}{\partial\alpha} y(x,\alpha)\bigg|_{\alpha=\alpha_1}\right] = 0\,.$$

Voorbeeld A.3. De gemodificeerde Bessel-functie voor $\mathbf{v = 0}$**:**

$$y'' + \frac{1}{x}y' - y = 0,$$

waarbij er een dubbele wortel ontstaat bij $\alpha = 0$substitutie met de bovenstaande Frobenius-vorm. Evaluatie op verschillende orden:

We beginnen met $a_0$een willekeurige constante.
Bij $O(x^{\alpha-1})$ons is het zo $[(\alpha+1)^2 a_1] = 0 \rightarrow \; a_1 = 0$.
Bij $O(x^{\alpha+n-2})$hebben we $[(\alpha+n)^2 a_n - a_{n-2}] = 0$dus, want $n \geq 2$we hebben

$a_2 = \frac{a_0}{(\alpha+2)^2}$

$a_4 = \frac{a_0}{(\alpha+4)^2(\alpha+2)^2}$

$a_4 = \frac{a_0}{(\alpha+6)^2(\alpha+4)^2(\alpha+2)^2}$

We hebben dus één oplossing (voor $\alpha = 0$):

$$I_0(x) = a_0\left[1 + \frac{(^x/_2)^2}{(1!)^2} + \frac{(^x/_2)^4}{(2!)^2}\cdots\right] = a_0 \sum_{n=0}^{\infty} \frac{(x/2)^{2n}}{(n!)^2}.$$

De andere oplossing is $\frac{\partial}{\partial\alpha} x^\alpha \sum_{n=0}^{\infty} a_n(\alpha) x^n \Big|_{\alpha=0}$. De andere oplossing is dan:

$$y(x) = \ln x\, I_0(x) + \sum_{n=0}^{\infty} \frac{\partial}{\partial\alpha} a_n(\alpha)\Big|_{\alpha=0} x^n = \ln x\, I_0(x) + \sum_{n=0}^{\infty} b_n x^n$$
$$= K_0(x).$$

Over het algemeen zien we dat de oneven getallen $b_n$verdwijnen (zoals bij a_n), en voor even n:

$$b_{2n} = \frac{-a_0}{2^{2n} n!}\left[1 + ^1/_2 + ^1/_3 + ^1/_4 + \cdots ^1/_n\right].$$

Voor een nadere bespreking van de gemodificeerde Bessel-oplossingen, ziev = geheel getal, zie [39] en de uitgewerkte voorbeelden die volgen.

Het gebruik van dominante balans om inhomogene vergelijkingen op te lossen
Voorbeeld A.4.

$$y' + xy = 1/x^4$$

Beschouw het asymptotische gedrag als x→0:

(1) Evenwicht$y' + xy \sim 0 \quad asymptotic\ to\ zero(authors\ don't like)$
Dit gaat $y$asymptotisch naar nul, wat niet consistent is met $y \sim A exp(-x^2/2) \rightarrow 0$.
(2) $xy \sim 1/x^4 \rightarrow y \sim 1/x^5$(wat inconsistent is).

(3) $y' \sim \frac{1}{x^4} \rightarrow y = -\frac{1}{3}x^{-3}$, wat overeenkomt met $xy \sim x^{-2}$. Probeer dus: $y = -\frac{1}{3}x^{-3} + C(x)$, wat in evenwicht is als $C = -\frac{1}{3}x^{-1}$dit de oplossing is.

Voorbeeld A.5. (Inhomogene Airy-vergelijking)

$$y'' = xy - 1$$

waarbij we de asymptotiek voor beschouwen $y(x \rightarrow +\infty) \rightarrow 0$. Dit kan worden opgelost door variatie van parameters. Omdat de vergelijking van de tweede orde twee onafhankelijke oplossingstypen heeft voor de homogene Airy-vergelijking, zullen we deze aanduiden met:

$$y_1 = Ai(x), \qquad y_2 = Bi(x).$$

De algemene oplossing door variatie van parameters is dus

$$y(x) = \pi\left[Ai(x)\int_0^x Bi(t)dt + Bi(x)\int_x^\infty Ai(t)dt\right] + CAi(x)$$

Het asymptotische gedrag van Ai en Bi is als volgt:

$$Ai(x) \sim \frac{1}{2\sqrt{\pi}} x^{-1/4 \exp(-\frac{2}{3}x^{\frac{3}{2}})}$$

$$Bi(x) \sim \frac{1}{\sqrt{\pi}} x^{-1/4 \exp(-\frac{2}{3}x^{\frac{3}{2}})}$$

Dus,

$$\int_0^x Bi(t)dt \sim \int_0^x \frac{1}{\sqrt{\pi}} t^{-1/4} \exp\left(\frac{2}{3}t^{3/2}\right) dt$$

$$= \int_0^x \frac{1}{\sqrt{\pi}} t^{-\frac{1}{4}} t^{-\frac{1}{2}} \frac{d}{dt} \exp\left(\frac{2}{3}t^{3/2}\right) dt$$

$$\int_0^x Bi(t)dt \sim \frac{1}{\sqrt{\pi}} x^{-3/4} \exp\left(2/3\, x^{3/2}\right) + \cdots$$

$$\int_x^\infty Ai(t)dt \sim \int_x^\infty \frac{1}{2\sqrt{\pi}} t^{-1/4} \exp\left(-\frac{2}{3}t^{3/2}\right) dt$$
$$= \frac{1}{2\sqrt{\pi}} x^{-3/4} \exp\left(-{}^{2}/_{3} x^{3/2}\right) + \cdots$$

Dus,

$$y(x) = \pi \frac{1}{2\sqrt{\pi}} x^{-1/4} exp\left(-\frac{2}{3}x^{3/2}\right) \frac{1}{\sqrt{\pi}} x^{-3/4} exp\left(\frac{2}{3}x^{3/2}\right) + \pi \frac{1}{\sqrt{\pi}} x^{-1/4} exp\left(\frac{2}{3}x^{3/2}\right) \frac{1}{2\sqrt{\pi}} x^{-3/4} exp\left(-\frac{2}{3}x^{3/2}\right) + C\,Ai(x)$$

wat zich vereenvoudigt tot:

$$y(x) \sim \frac{1}{x}.$$

Laten we de analyse herhalen met behulp van de dominante balansmethode:
Overweeg $y'' \sim -1 \rightarrow y \sim -x^2/2$, wat inconsistent is.
Overweeg $-xy \sim -1 \rightarrow y \sim \frac{1}{x}$, wat consistent is, en doe het.

Tot nu toe hebben we het gedrag van de eerste orde verkregen, laten we nu de correctieterm bekijken:
$y = {}^{1}/_{x} + C(x) \rightarrow \mathrm{y} = -{}^{1}/_{x^2} + C' \rightarrow y'' = {}^{2}/_{x^3} + C''$, dus na substitutie krijgen we:

$$\frac{2}{x^3} + C'' - 1 - xC(x) = -1 \rightarrow C'' - xC \sim -\frac{2}{x^3}$$

Een afzonderlijke dominante balans op de laatste uitdrukking onthult consistentie met $C(x) \sim \frac{2}{x^4}$. We hebben dus de eerste twee orden, laten we de algemene oplossing in de vorm schrijven:

$$y(x) \sim \frac{1}{x} \sum_{n=0}^{\infty} a_n x^{-3n} \qquad as\ x \rightarrow \infty$$

Veronderstellen

$$y(x) = \frac{1}{x}\sum_{n=0}^{\infty} a_n x^{-3n}$$

Dan

$y'(x) = -\frac{1}{x^2}\sum a_n x^{-3n} + \frac{1}{x}\sum(-3n)a_n x^{-3n-1}$

$y''(x) = \frac{2}{x^3}\sum a_n x^{-3n} - \frac{2}{x^2}\sum_{n=0}^{\infty} a_n(-3n)x^{-3n-1} +$

$\frac{1}{x}\sum(-3n)a_n x^{-3n-2}$

Hieruit volgt dus $y'' - xy = -1$:

$$\sum_{n=0}^{\infty}(2 + 6n + (3n)(3n+1))\,a_n x^{-3n-3} - \sum_{n=0}^{\infty} a_n x^{-3n} = -1$$

De coëfficiëntenrelaties zijn dan als volgt:

$$a_0 = 1$$

En

$$a_{n+1} = (3n+1)(3n+2)a_n$$

Dus,

$$y(x) = \frac{1}{x}\sum_{n=0}^{\infty}\frac{(3n)!}{3^n(n!)}\frac{1}{x^{3n}}$$

Voorbeeld A.6.

Laten we nu een voorbeeld bekijken waarbij het in evenwicht brengen van slechts 2 termen niet lukt:

$$y' - \frac{y}{x} = \frac{cos\ x}{x^2} \quad want\ behaviour\ as\ x \to 0^+$$

Probeer een evenwicht te vinden met $y' - y/x \sim 0 \ \to$ $y' \sim cx \ \ (inconsistent)$.

Probeer een evenwicht te vinden met $-\frac{y}{x} \sim \frac{\cos x}{x^2} \to$ $y \sim \frac{-\cos x}{x} \ \ (inconsistent)$.

Probeer een evenwicht te vinden met $y' \sim \frac{\cos x}{x^2} \to y \sim -\frac{1}{x}\ (also\ inconsistent, but\ close)$

We gaan dus over naar een dominant evenwicht over drie termijnen met $cos\ x \to 1$:

$$y' - {}^{y}/_{x} \sim {}^{1}/_{x^2} \rightarrow y \sim \frac{C}{x} \rightarrow y \sim -\frac{C}{x^2}$$

wat consistent is voor $C = -1/2$.

Niet-lineaire differentiaalvergelijkingen hebben poolposities die afhankelijk zijn van de beginvoorwaarden (en die niet door inspectie kunnen worden gevonden). Over het algemeen is het, zelfs als de vergelijking regulier is en de stelling van Picard een lokale oplossing garandeert, nog steeds moeilijk te weten waar de dichtstbijzijnde singulariteit zich bevindt. Neem bijvoorbeeld:

$$y^1 = \frac{y^2}{1 - xy} \qquad y(0) = 1$$

Vervang door $y = \sum_{n=0}^{\infty} a_n x^n \rightarrow\ a_n = \frac{(n+1)^{n-1}}{n!}$. We kunnen nu de convergentiestraal R bepalen:

$$R = \lim_{n\to\infty} \left|\frac{a_n}{a_{n+1}}\right| = \lim_{n\to\infty} \left|\frac{n+1}{n+2}\frac{(n+1)^{n-2}}{(n+2)^{n-1}}\right| = \lim_{n\to\infty} \left|\left(1 - \frac{1}{n+2}\right)^n\right| = \frac{1}{e}.$$

Laten we nu een differentiaalvergelijking van de tweede orde in de vorm van Sturm-Liouville (SL) beschouwen:

$$\frac{d}{dz} p \frac{d\Psi}{dz} + (q + \lambda R)\Psi = 0 \ \ with \ \ BC's \ \ \Psi(a) = \Psi(b) = 0 \qquad a < z < b. \tag{A-43}$$

Eigenschappen van de SL-vergelijking:

- Geen oplossingen in het algemeen, tenzij$\lambda = \lambda_m,\ \Psi = \Psi_m$
- Ze $\lambda_m$zijn van onderen afgerond en het is altijd mogelijk om dingen aan te passen zodat$\lambda_0 = 0$
- De$\lambda_m's \rightarrow +\infty\ as\, n \rightarrow \infty$
- $\int_a^b R(z)\,\Psi_n(z)\,\Psi_m(z)dz = E_n^2\delta_{nm}$
- Bewering: We kunnen de eigenfuncties gebruiken om een willekeurige functie te benaderen met behulp van de kleinste-kwadratenmethode.

$$f(z) = \sum_{n=0}^{\infty} A_n \Psi_n(z),$$

(A-44)

waar

$$\int_a^b R(z) f(z) \Psi_m(z) dz = \sum_{n=0}^{\infty} A_n \int_a^b dz\, R\, \Psi_n \Psi_m = A_n E_n^2.$$

(A-45)

Dus,

$$A_n = \frac{\int_a^b R(z) f(z) \Psi_m(z) dz}{E_n^2}\ .$$

(A-46)

Wij stellen dus dat $\sum_{n=0}^{N} A_n \Psi_n(z)$is een oplossing voor het probleem van het vinden van een loodvierkanten-aanpassing aan $f(z)$. Om dit te bewijzen, willen we minimaliseren $I = \int_a^b R(z) dz [f(z) - \sum_{n=0}^{N} A_n \Psi_n(z)]^2$:

$$\frac{\partial I}{\partial A_m} = 0 = \int_a^b R(z) dz \left[f(z) - \sum_{n=0}^{N} A_n \Psi_n(z) \right] \left[- \sum_{n=0}^{N} \delta_{nm} \Psi_n(z) \right].$$

We willen aantonen dat $N \to \infty$ de fout, in de zin van de kleinste kwadratenmethode, naar nul gaat. We kunnen laten zien dat het oplossen van een Sturm-Liouville-vergelijking equivalent is aan het minimaliseren van:

$$'\Omega = \int_a^b \left[p(z) \left(\frac{d\Psi}{dz} \right)^2 - q(z) \Psi^2 \right] dz$$

(A-47)

Onder voorbehoud van $\int_a^b \Psi^2 R(z)dz = constant.$ Stel dat we een proeffunctie kiezen $\Psi(z)$die voldoet aan de randvoorwaarden bij $z = a, b$ en genormaliseerd is zodat

$$\int_a^b R(z)dz\,\Psi^2(z) = 1$$

Berekenen:

$$\Omega(\Psi_0) = \int_a^b \left[p\left(\frac{d\,\Psi_0}{dz}\right)^2 - q\,\Psi_0{}^2\right] dz$$

$$= \left[p\,\Psi_0\frac{d\,\Psi_0}{dz}\right]_a^b - \int_a^b \Psi_0\left[\frac{d}{dz}\left(p\frac{d\,\Psi_0}{dz} + q\,\Psi_0{}^2\right)\right]$$

Dus

$$\Omega(\Psi_0) = \int_a^b \Psi_0 R\lambda_0\,\Psi_0 dz = \lambda_0$$

(waarbij $\lambda_0$doorgaans de laagste eigenwaarde is). Op dezelfde manier $\Psi = \sum_{n=0}^N A_n\,\Psi_n(z)$krijgen we met:

$$\Omega(\Psi) = \int_a^b Rdz\sum_{n=0}^N A_n\,\Psi_n\sum_{m=0}^M \lambda_m A_m\,\Psi_m = \sum_{n=0}^N A_n^2\,\lambda_m E_N^2\,. \tag{A-48}$$

Om het bewijs met behulp van het bovenstaande te voltooien, moeten we aantonen dat de kleinste-kwadratenfout afneemt met N, maar dat wordt overgelaten aan de referenties [65].

Asymptomatische benaderingen voor SL-eigenfuncties en -eigenwaarden

Denk terug aan de SL-vergelijking:

$$\frac{d}{dz}p\frac{d\Psi}{dz} + (q + \lambda R)\,\Psi = 0 \tag{A-49}$$

Laten we een 'geïnspireerde transformatie' maken:

$$y = (pR)^{1/4}\,\Psi \tag{A-50}$$

en nieuwe waarden definiëren:

$$\varepsilon = \frac{1}{J}\int_{a}^{z} \sqrt{\frac{R}{P}}dz \quad and \quad J = \frac{1}{\pi}\int_{a}^{b} \sqrt{\frac{R}{P}}dz\,.$$

(A-51)

De SL-vergelijking wordt dan oplosbaar in termen van de Volterra-integraalvergelijking:

$$\frac{d^2y}{d\varepsilon^2} + \left(k^2 + \omega(\varepsilon)\right)y(\varepsilon) = 0,$$

(A-52)

waar

$$k^2 = J^2\lambda \quad and \quad \omega = \left[\frac{1}{(pR)^{1/4}}\frac{d^2}{d\varepsilon^2}(pR)^{1/4} - J^2\frac{q}{R}\right],$$

(A-53)

en we hebben $a < z < b$(zoals eerder) en $0 < \varepsilon < \pi$. Oplossingen kunnen als volgt worden geschreven:

$$y(\varepsilon) = Asin(k\varepsilon) + Bcos(k\varepsilon) + \frac{1}{k}\int_{\varepsilon_0}^{\varepsilon} \sin(k(\varepsilon - t))\, w(t)y(t)dt.$$

Stel dat $\Psi(a) = \Psi(b) = 0$, dan $k = n$en

$$\Psi_n \sim \frac{1}{(Rp)^{1/4}}\sin(n\varepsilon) \quad and \quad \lambda_n = \left(\frac{n}{J}\right)^2$$

Stel dat we algemene randvoorwaarden hebben $\alpha\Psi + \beta\frac{d\Psi}{dz} = 0 \;\; at\; z = a, b$, dan hebben we

$$k_n \sim \frac{J}{\pi n}\left[\frac{\alpha}{\beta}\sqrt{\frac{P}{R}}\right]_a^b$$

(A-54)

Voorbeeld: de singuliere SL $p(a) = 0 \; or \; p(b) = 0 \; or \; both$zoals die voorkomt bij de Bessel-vergelijking:

$$\frac{d}{dz}\left(z\frac{d\Psi}{dz}\right)+\left(\lambda z-\frac{m^2}{z}\right)\Psi=0,$$
(bijvoorbeeld de SL-vergelijking met $p = z$; $R = z$; en $q = -m^2/z$Hier is het singuliere punt $z = 0$en hebben we:

$$\Psi=\frac{1}{\sqrt{z}}y,\quad J=\frac{1}{\pi}\int_0^b dz=\frac{b}{\pi},\qquad \varepsilon=\frac{\pi z}{b},\qquad k^2=\frac{b^2\lambda}{\pi^2}$$

geven:

$$\frac{d^2y}{d\varepsilon^2}+\left[k^2-\frac{(m^2-1/4)}{\varepsilon^2}\right]y=0$$

met oplossingen:

$$y(\varepsilon)=\cos(k\varepsilon+\theta)-\frac{1}{k}\int_\varepsilon^\infty sin(k(\varepsilon-t)y(t)\left(\frac{m^2-1/4}{t^2}\right)dt$$

Bessel-functies hebben lokaal gedrag van de vorm
$z^{\pm m}[\,Taylor\ series\ in\ z]\quad and\quad J_n \sim z^n[\sum A_n z^{2n}]$.

A.2 Gewone differentiaalvergelijkingen in Sturm-Liouville-vorm – asymptotische benaderingen

(Een deel van deze stof werd behandeld in Ama101b in het voorjaar van 1986.)

Voorbeeld A.7. Controleer de formule van Abel voor de Wronskiaan. Dat wil zeggen, toon aan dat als

$$\frac{d^ny}{dx^n}+p_{n-1}(x)\frac{d^{(n-1)}y}{dx^{(n-1)}}+\cdots p_0(x)y(x)=0$$

dan voldoet de Wronskiaan W(x) aan

$$\frac{dW}{dx}=-p_{n-1}(x)W(x).$$

Oplossing

Wanneer we de afgeleide van de Wronskiaan nemen, distribueren we om de afgeleiden binnen de determinant rij voor rij te verkrijgen. Hierdoor zijn twee rijen identiek, behalve de determinant waarvan de afgeleide zich in de laatste rij bevindt. Als we vervolgens beschouwen, $\frac{dW}{dx} + p_{n-1}(x)W(x)$zien we dat beide termen bijdragen aan polynomiale uitdrukkingen met y_n^nen $p_{n-1}y_n^{n-1}$, zodat hergroepering in een nieuwe determinant mogelijk is, waarbij deze termen in de nieuwe laatste rij worden gegroepeerd, zoals $y_n^n + p_{n-1}y_n^{n-1}$bijvoorbeeld het laatste element van de laatste rij is. Omdat $(y_n^n + p_{n-1}y_n^{n-1}) + \cdots + p_0y_0 = 0$, is er een duidelijke afhankelijkheid van de groepering in termen van elementen van lagere orde (verkrijgbaar door groepering van andere rijen), waardoor deze determinant nul zal zijn, en we hebben:

$$\frac{dW}{dx} + p_{n-1}(x)W(x) = 0$$

naar wens.

Voorbeeld A.8. Vind de formule voor de Green-functie van de derde orde in een homogene lineaire vergelijking. Generaliseer deze formule naar de n -de orde.

Oplossing

Er zijn drie voorwaarden:

(i) $G$is continu bij $x = a$.

(ii) $dG$is continu bij $x = a$.

(iii)$d^2G|_{a^+} - d^2G|_{a^-} = 1$

Dus,

$$\begin{bmatrix} y_1(a) & y_2(a) & y_3(a) \\ y_1'(a) & y_2'(a) & y_3'(a) \\ y_1''(a) & y_2''(a) & y_3''(a) \end{bmatrix} \begin{bmatrix} B_1 - A_1 \\ B_2 - A_2 \\ B_3 - A_3 \end{bmatrix} = \begin{bmatrix} 0 \\ 0 \\ 1 \end{bmatrix}$$

Cramers regel:

$$B_1 - A_1 = \frac{y_2(a)y_3'(a) - y_3(a)y_2'(a)}{\det W[y_1(a), y_2(a), y_3(a)]}, \ etc.$$

Er kunnen nog drie voorwaarden worden gekozen om de randvoorwaarden te specificeren. Voor n^{th}de orde laten we W_j W zijn, waarbij de j^{th}kolom vervangen wordt door een kolomvector met alleen nullen behalve de laatste rij:

$$B_j - A_j = \frac{W_j}{\det W}$$

Voorbeeld A.9. Vind een gesloten vormoplossing voor de volgende Riccati- vergelijking:

$$xy' - 2y + ay^2 = bx^4.$$

Oplossing

Een schatting maken $y = \sqrt{b/a}x^2$(aangegeven door de dominante balans in de laatste paar termen), en vervolgens testen of het klopt, wat het geval is. Zo verkrijgen we een Bernoulli-vergelijking door de substitutie toe te passen.

$$y(x) = \sqrt{\frac{b}{a}}x^2 + u(x)\,.$$

Door de standaard Bernoulli-vergelijking op te lossen, verkrijgen we de algemene oplossing:

$$y(x) = x^2\left(\sqrt{\frac{b}{a}} + \frac{2}{Ce^{\sqrt{ab}\,x^2} - \sqrt{\frac{a}{b}}}\right).$$

Voorbeeld A.10. Legendre-polynomen $P_n(z)$voldoen aan de differentievergelijking

$$(n+1)P_{n+1}(z) - (2n+1)z\,P_n(z) + n\,P_{n-1}(z) = 0$$

Met$P_0(z) = 1,\ \ P_1\,(z) = z.$

a) Definieer de genererende functie $f(x, y)$door

$$f(x, z) = \textstyle\sum_{n=0}^{\infty} P_n(z)\,x^n$$

Laat zien dat $f(x, z) = (1 - 2xz + x^2)^{-1/2}$.

b) Als $g(x, z) = \sum_{n=0}^{\infty} \frac{P_n(z)x^n}{n!}$we aantonen dat $g(x, z) = e^{xz} J_0\left(x\sqrt{1 - z^2}\right)$er J_0een Bessel-functie bestaat die voldoet aan:$ty'' + y' + ty = 0\ with\ y(0) = 1\ and\ y'(0) = 0.$

Oplossing

(a) $f(x,z) = \sum_{n=0}^{\infty} P_n(z)\, x^n = \sum_{n=0}^{\infty} P_{n+1}(z)\, x^{n+1} + P_0(z)$(waarbij $P_0(z) = 1$), terwijl
$f'(x,z) = \sum_{n=0}^{\infty}(n+1)P_{n+1}(z)\, x^n$en $f''(x,z) = \sum_{n=0}^{\infty}(n+1)(n+2)P_{n+2}(z)\, x^n$. Dus, als we de indexering van de differentievergelijking ($n \to n+1$) verschuiven en de bovenstaande recursievergelijking vermenigvuldigen met $(n+1)x^n$met sommatie n=0 tot ∞:

$$\sum_{n=0}^{\infty}[(n+1)(n+2)P_{n+2}(z)x^n - \mathrm{z}(\mathrm{n}+1)(2\mathrm{n}+3)P_{n+1}(z)x^n + (n+1)^2 P_n(z)x^n] = 0$$

wordt:

$$f''(x,z) + \sum_{n=0}^{\infty}[-\mathrm{z}[3(\mathrm{n}+1) + 2\mathrm{n}(\mathrm{n}+1)]P_{n+1}(z)x^n + [n(n-1) + 3n + 1]P_n(z)x^n] = 0$$

wat wordt:

$$f''(x,z) - z[3f'(x,z) + 2xf''(x,z)] + [x^2 f''(x,z) + 3xf'(x,z) + f(x,z)] = 0.$$

Dus,

$$(1 - 2xz + x^2)f'' + (3x - 3z)f' + f = 0.$$

Door directe substitutie $f(x,z) = (1 - 2xz + x^2)^{-1/2}$blijkt dat het aan de vergelijking voldoet.

(b) Vermenigvuldig de indexverschoven vergelijking (zoals eerder) met$x^{n+1}/(n+1)!$ met sommatie n=0 tot ∞:

$$\sum_{n=0}^{\infty}\frac{(n+2)P_{n+2}(z)x^{n+1}}{(n+1)!} - \sum_{n+0}^{\infty}\frac{(2n+3)P_{n+1}(z)x^{n+1}}{(n+1)!} + \sum_{n=0}^{\infty}\frac{(n+1)P_n(z)x^{n+1}}{(n+1)!} = 0$$

Trek eerst een 'd/dx' naar voren, dan een tweede keer voor het geïndexeerde polynoom (n+2), vermenigvuldig vervolgens met 'x' en maak gebruik van de $g(x,z) = \sum_{n=0}^{\infty}\frac{P_n(z)x^n}{n!}$substitutie:

$$xg'' + (1 - 2zx)g' + (x - z)g = 0\,.$$

Als we nu de mogelijke oplossing substitueren $g(x,z) = e^{xz} J_0(x\sqrt{1-z^2})$, waarbij J_0op dit punt slechts een functie is (we zullen binnenkort zien dat het de nulde Bessel-functie is), krijgen we de relatie:

$$x\sqrt{1-z^2}J_0''\left(x\sqrt{1-z^2}\right) + J_0'\left(x\sqrt{1-z^2}\right) + x\sqrt{1-z^2}J_0\left(x\sqrt{1-z^2}\right).$$

Als we dit vervangen $t = x\sqrt{1-z^2}$, krijgen we:

$$ty'' + y' + ty = 0,$$

waarbij dit de Bessel-vergelijking van nulde orde is met oplossing y, die gewoonlijk wordt aangeduid J_0als reeds gekozen.

Voorbeeld A.11 .

(a) De Bessel-functies $J_n(z)$voldoen aan de differentievergelijking

$$J_{n+1}(z) - \frac{2n}{z}J_n(z) + J_{n-1}(z) = 0 \qquad (-\infty < n < \infty)$$

met $J_0(0) = 1$en $J_n(0) = 0$Definieer de genererende functie $f(x,z)$ door

$$f(x,z) = \sum_{n=-\infty}^{\infty} x^n J_n(z).$$

Laat zien dat$f(x,z) = exp\left(\frac{z}{2}(x - 1/x)\right)$.

(b)Laat zien dat$J_{-n}(z) = J_n(-z) = (-1)^n J_n(z)$.

(c) Laat zien dat $1 = J_0(z) + 2\sum_{n=1}^{\infty} J_{2n}(z)$.

Oplossing

(a) $J_{n+1}(z) - \frac{2n}{z}J_n(z) + J_{n-1}(z) = 0$wordt hergegroepeerd, waarbij gebruik wordt gemaakt $f(x,z) = \sum_{n=-\infty}^{\infty} x^n J_n(z)$van:

$$\left(\frac{1}{x} + x\right)f = \frac{2x}{z}f' \rightarrow f(x,z) = exp(\frac{z}{2}\left(x - \frac{1}{x}\right))$$

(b) We zullen gebruiken $ex\,p\left(\frac{z}{2}\left(x - \frac{1}{x}\right)\right) = \sum_{n=-\infty}^{\infty} x^n J_n(z)$:

$$\sum_{n=-\infty}^{\infty} x^n J_{-n}(z) = \sum_{n=-\infty}^{\infty} x^{-n} J_n(z) = \sum_{n=-\infty}^{\infty} x^n (-1)^n J_n(z)$$
$$\rightarrow \quad J_{-n}(z) = (-1)^n J_n(z)$$

Op dezelfde manier,

$$\sum_{n=-\infty}^{\infty} x^n J_{-n}(z) = \sum_{n=-\infty}^{\infty} y^n J_n(z) = \exp\left(\frac{z}{2}\left(y - \frac{1}{y}\right)\right)$$
$$= \exp\left(\frac{z}{2}\left(\frac{1}{x} - x\right)\right) = \sum_{n=-\infty}^{\infty} x^n J_n(-z),$$

dus $J_{-n}(z) = J_n(-z)$.

(C)

$$J_0(z) + 2\sum_{n=1}^{\infty} J_{2n}(z) = \sum_{n=-\infty}^{\infty} J_{2n}(z) = \sum_{n=-\infty}^{\infty} x^m J_m(z) \ (with\, m$$
$$= 2n \ and \ x = 1).$$

Dus,

$$J_0(z) + 2\sum_{n=1}^{\infty} J_{2n}(z) = \exp\left(\frac{z}{2}\left(\frac{1}{1} - 1\right)\right) = 1,$$

Het resultaat wordt dus weergegeven.

Voorbeeld A.12 **.** Classificeer alle singuliere punten van de volgende vergelijkingen (onderzoek ook de singulariteit in oneindigheid):
(a) $x(1-x)y'' + [c - (a+b+1)x]y' - aby = 0$(de hypergeometrische vergelijking).
(b) $y'' + (h - 2\theta \cos 2x)y = 0$(de Mathieu-vergelijking).

Oplossing
(A)

$$y'' + \left[\frac{\mathrm{c}}{\mathrm{x}(1-\mathrm{x})} - \frac{(\mathrm{a}+\mathrm{b}+1)}{1-\mathrm{x}}\right] y' - \frac{\mathrm{ab}}{\mathrm{x}(1-\mathrm{x})} y = 0.$$

In de buurt van de oorsprong zien we dat x=1 een regulier singulier punt is en x=0 een onregelmatig singulier punt. Om het gedrag in de oneindigheid te onderzoeken, laten we het volgende doen $x = 1/t$:

$$y'' + \left(\frac{(2-c)t + (a+b-1)}{t(t-1)}\right)y' \quad - \frac{ab}{(t^2(t-1)} y = 0.$$

In de buurt van de oorsprong van t zien we dat t=1 een regulier singulier punt is (dus x=1 is een regulier singulier punt) en t=0 een onregelmatig singulier punt is (dus x= ∞is een onregelmatig singulier punt).

(b) $y'' + (h - 2\theta\cos 2x)y = 0$heeft geen singulariteiten in de omgeving van de oorsprong. Als we substitueren $x = 1/t$, krijgen we:

$$y'' + \frac{2}{t}y' + \frac{(h - 2\theta\cos 2/t)}{t^4}y = 0$$

Uit deze vergelijking blijkt dat t = 0 een onregelmatig singulier punt is (het oscilleert terwijl het opblaast), dus $x = \infty$ is het een onregelmatig singulier punt.

Voorbeeld A.13 . Bepaal met behulp van de Frobenius-methode de reeksontwikkeling voor de twee oplossingen van de gemodificeerde Bessel-vergelijking:

$$y'' + \frac{1}{x}y' - \left(a + \frac{v^2}{x^2}\right)y = 0, \qquad with \;\; v = 1.$$

Oplossing: Als oefening overgelaten.

Voorbeeld A.14 . Bepaal de belangrijkste asymptotische gedragingen van $x \to +\infty$ de volgende vergelijking.

a) $y'' = \sqrt{x}\, y$
b) $y'' = cosh\, xy'$

Oplossing

(a) Laten we beginnen met de substitutie: $y = e^s \;\; \to \;\; y' = s'e^s \;\; \to$ $y'' = s''e^s + (s')^2e^s$. Dus,

$$s'' + (s')^2 = \sqrt{x}$$

Eerste geval: $s'' \ll (s')^2 \rightarrow \; s' = \pm x^{1/4}$. Aangezien $s'' = \pm(1/4)x^{-3/4}$we zien dat dit consistent is $s'' \ll (s')^2$met $x \rightarrow +\infty$.

Tweede geval: $s'' \gg (s')^2 \;\rightarrow\; s'' = \sqrt{x} \;\rightarrow\; s' = (\frac{2}{3})x^{3/2}$, wat NIET consistent is met $s'' \gg (s')^2$als $x \rightarrow +\infty$.

Het leidende asymptotische gedrag is dus $s' = \pm x^{1/4} \;\rightarrow\; s(x) = \pm\frac{4}{5}x^{5/4} + c(x)$. Een volledige oplossing kan worden verkregen door c(x) op te lossen:

$$\pm\frac{1}{4}x^{-3/4} + c'' + c'\left(2x^{1/4} + c'\right) = 0.$$

Laten we, wederom met behulp van de methode van dominante balans, proberen $c'' \ll c' \rightarrow \; c = -(1/8)\ln x$, wat consistent is. Als we proberen, $c' \ll c''$is het niet consistent. Onze oplossing is dus:

$$y(x) = cx^{-1/8}\exp(\pm\frac{4}{5}x^{5/4}).$$

(b) Gebruik de substitutie $y = e^s \;\rightarrow\; y' = s'e^s \;\rightarrow\; y'' = s''e^s + (s')^2e^s$zoals eerder. Dus,

$$s'' + (s')^2 = \cosh x\, s'.$$

Stel dat $(s')^2 \gg s''$, dan $s = \sinh x + c$, en aangezien $x \rightarrow \infty$we hebben $(\cosh x)^2 \gg \sinh x$, is dit consistent. Als we proberen, $(s')^2 \ll s''$is het resultaat inconsistent. Laten we dus proberen

$$s = \sinh x + c(x)$$

wat na substitutie het volgende oplevert:

$$\sinh x + c'' + (\cosh x + 1)c' = 0.$$

Als we opnieuw de dominante balans proberen, krijgen we $c(x) \sim -\ln(\cosh x)$, dus $s = \sinh x - \ln(\cosh x)$, en:

$$y(x) \sim c\frac{e^{\sinh x}}{\cosh x}.$$

Voorbeeld A.15 (probleem 3.45 van Bender en Orszag) **.** Een manier om het asymptotische gedrag van bepaalde integralen te bepalen, is door differentiaalvergelijkingen te vinden waaraan ze voldoen en vervolgens een lokale analyse van de differentiaalvergelijking uit te voeren. Gebruik deze techniek om het gedrag van de volgende integralen te bestuderen.

a) $y(x) = \int_0^x exp(l^2)\, dt \ \ as \ \ x \to +1$

b) $y(x) = \int_0^\infty exp\,(-xt - 1/t)\, dt \ \ as \ x \to 0^+ \ and \ as \ x \to +\infty$

Oplossing

Aan de lezer overgelaten.

Voorbeeld A.16 . Vind de eerste drie termen in het lokale gedrag van $x \to \infty$een specifieke oplossing van

$$x^3\, y'' + y = x^{-4}$$

Oplossing

Probeer $y \gg x^3\, y''$dus $y \sim x^{-4}$, wat consistent is. Vervang dit $y(x) = x^{-4} + c(x)$om te krijgen:

$$c'' x^3 + c = -20x^{-3}.$$

Probeer $c \gg c'' x^3$dus $c = -20x^{-3}$, wat consistent is. Vervang daarom $y(x) = x^{-4} - 20x^{-3} + d(x)$:

$$x^3 d'' + d = 240x^{-2}.$$

Probeer $d \gg x^3 d''$dus $d = 240x^{-2}$, wat consistent is. Dus heb

$$y(x) = x^{-4} - 20x^{-3} + 240x^{-2} + e(x).$$

Voorbeeld A.17 . (Bender en Orszag 3.55). Vind de locatie van mogelijke Stokes-lijnen voor $z \to \infty$de volgende differentiaalvergelijking.

$$y'' = z^{1/3} y$$

Oplossing:

Lokaal gedrag:

$$y(z) \sim cz^{-1/12} \exp(\pm(6/7)\, z^{7/6}.$$

Toonaangevend gedrag:

$$e^{\left(\frac{6}{7}\right) z^{7/6}} \quad and \quad e^{-\left(\frac{6}{7}\right) z^{7/6}}.$$

De Stokes-lijnen zijn de asymptoten $z \to \infty$ van de krommen.

$$Re\left\{e^{\left(\frac{6}{7}\right)z^{\frac{7}{6}}} - \left(-e^{-\left(\frac{6}{7}\right)z^{\frac{7}{6}}}\right)\right\} = 0 \to \frac{12}{7}Re\left\{z^{\frac{7}{6}}\right\} = 0 \to \; e^{i\frac{7}{6}\theta} = 0.$$

Stokes-lijnen ontstaan dus $z = re^{i\theta}$wanneer $\theta = \pm\frac{3}{7}(2n+1)\pi$.

Voorbeeld A.18 . Beschouw het beginwaardeprobleem

$$y' = \frac{y^2}{1 - xy} \quad with \quad y(0) = 1.$$

(a) Toon aan dat $x = 0$er voor een Taylorreeksoplossing bestaat van de vorm:

$$y = \sum_{n=0}^{\infty} A_n x^n$$

waar$A_n = \frac{(n+1)^{n-1}}{n!}$.

(b) Toon aan dat de oplossing voldoet aan

$$\text{y(x)} = \exp(xy)$$

en dat deze vergelijking iteratief kan worden opgelost voor y als een limiet van geneste exponentiële functies

$$\text{y(x)} = \lim_{n\to\infty} y_n(x)$$

waarbij $y_{n+1}(x) = \exp(xy_n(x))$. Kies dus $y_0 = 1$, $y_1 = \exp(x)$, $y_2 = \exp(x\exp(x))$, … . Toon aan dat de limiet bestaat wanneer $-e \leq x \leq 1/e$.

Oplossing

(a) als oefening achtergelaten.

(b) als oefening overgelaten.

Voorbeeld A.19 . De differentiaaloperator $y' = \cos(\pi xy)$is te moeilijk om analytisch op te lossen. Als oplossingen worden uitgezet voor verschillende waarden van y(0), blijkt dat ze zich samenklonteren naarmate x toeneemt. Zou dit voorspeld kunnen worden met behulp van asymptotiek? Bepaal de mogelijke leidende gedragingen van oplossingen als x $x \to \infty$toeneemt. Wat zijn de correcties op deze leidende gedragingen?

Oplossing (gedeeltelijk):
$y' = \cos(\pi xy)$
Laat $y(x) = \frac{1}{\pi x}u(x)$dan $u' = \frac{u}{x} + \pi x cosuNu, alsx \to \infty$ we hebben $u/x \ll \pi x cosu$. Dus:

$$u' \sim \pi x\ cosu \quad or \quad \frac{du}{cosu} \sim \pi x dx$$

Aangezien $\ln(\sec u + \tan u) \sim \frac{\pi x^2}{2} + c$we hebben

$$\left|1 + \frac{sinu}{cosu}\right| \sim e^{\frac{\pi x^2}{2}+c}.$$

Na wat hergroepering zien we het volgende:

$$u \sim sin^{-1}\left\{\frac{-1 \pm \exp(\pi x^2 + 2c)}{1 + \exp(\pi x^2 + 2c)}\right\}$$

Dus:

$$u \sim \begin{Bmatrix} sin^{-1}(-1) \\ sin^{-1}(1) \end{Bmatrix} \to \quad u \sim \begin{Bmatrix} \frac{-\pi}{2} + 2k\pi \\ \frac{\pi}{2} + 2k\pi \end{Bmatrix} \quad for \quad k = 0,1,2 \ldots$$

De rest wordt als oefening overgelaten.

Voorbeeld A.20 **.** Voor de vergelijking $y'' = y^2 + e^x$maken we de substituties $y = e^{x/2}\ u(x)$en $s = e^{x/4}$verkrijgen we een vergelijking waarvan de oplossingen voor asymptotisch grote x zich gedragen als elliptische functies van s. Hieruit leiden we af dat de singulariteiten van y(x) gescheiden zijn door een afstand evenredig met $e^{-x/4}$als $x \to \infty$.

Oplossing
We hebben: $y'' = y^2 + e^x \quad ; \quad y = e^{x/2}u(x) \quad ; \quad s = e^{x/4}$. Waaruit we verkrijgen

$$y' = e^{x/2}u'(x) + u(x) + \frac{1}{2}e^{x/2}$$

En

$$y'' = e^{x/2}u''(x) + e^{x/2}u'(x) + \frac{1}{4}e^{x/2}u(x)$$

Door substitutie krijgen we:

$$\frac{d^2u}{ds^2} + \frac{5}{s}\frac{du}{ds} + \frac{4}{s^2}u = 16(u^2 + 1)$$

Want $x \to \infty,\ s \to \infty$we hebben ongeveer:

$$\frac{d^2u}{ds^2} = (u^2 + 1)16.$$

De laatste is een autonome vergelijking die we als volgt oplossen:

$$\left(\frac{d^2u}{ds^2}\right)\frac{du}{ds} = 16[1 + u^2]\frac{du}{ds}$$

En

$$\frac{1}{2}\left[\frac{du}{ds}\right]^2 = 16[u + u^3/3 + c].$$

Dit wordt: $\pm 4s = \int \frac{du}{\sqrt{2u^3/3 + 2u + 2c}}$, wat een elliptische functie van s is.

De polen hiervan zijn gescheiden door periode T:$s(x + \Delta) - s(x) \approx T \rightarrow e^{(x+\Delta)/4} - e^{x/4} \approx T \rightarrow e^{\Delta/4} \sim Te^{-x/4}$ De singulariteiten worden dus gescheiden door een afstand die evenredig is $e^{-x/4}$ met $x \to \infty$.

Voorbeeld A.21 **.** Toon aan dat het leidende gedrag van een explosieve singulariteit van de Thomas-Fermi-vergelijking $y'' = y^{3/2}x^{-1/2}$wordt gegeven door:

$$y(x) \sim \frac{400a}{(x - a)^4} \quad as\ x \to a.$$

Oplossing

Laten we eens proberen $y = A(x - a)^b$met $y'' = y^{3/2}x^{-1/2}$, in welk geval we $y' = Ab(x - a)^{b-1}$en hebben $y'' = Ab(b - 1)(x - a)^{b-2}$. Door deze te substitueren krijgen we:

$$b(b - 1)(x - a)^{-\frac{1}{2}b-2} = A^{\frac{1}{2}}x^{-\frac{1}{2}}.$$

Om deze vergelijking asymptotisch in evenwicht te houden, $(x - a)^{-\frac{1}{2}b-2}$moet een constante zijn, dus

$$-\frac{1}{2}b - 2 = 0 \quad \to \quad b = -4.$$

Door de constanten in evenwicht te brengen, krijgen we A=400a, dus hebben we als oplossing in eerste orde:

$$y(x) \sim \frac{400a}{(x-a)^4} \quad as\ x \to a.$$

Het LIGO-personeel rond 1988 (toen ik er als promovendus werkte) bestond uit slechts ongeveer 30 mensen.

LIGO STAFF, CALTECH
Bridge Lab

	Room	Phone		Room	Phone
Alex Abramovici	358W	4895 446-4169	Pat Lyon	130A	4597
Cynthia Akutagawa	357W	4098 714/594-6948	Bonde Moore	31A	4438 792-6406
Bill Althouse	30A	4481 449-6716	Fred Raab	354W	4053 249-6242
Midge Althouse	36A	2975 449-6716	Martin Regehr	360W	2190 568-1910
Fred Asiri	32A	2971 957-5058	Bob Spero	361W	4437 796-0682
Betty Behnke	102E	2129 446-4828	Kip Thorne	128A	4598
Andrej Čadež	359W	4219 446-2668	Bert Tinker	365W	4610 805/492-5917
Ron Drever	355W	4291 796-0403	Massimo Tinto	358W	4018 449-2007
Ernie Fransgrote	102E	2131 449-5228	Steve Vass	365W	4610 355-9780
Yekta Gürsel	358W	2136 449-9238	Robbie Vogt	101E	3800 794-7823
Jeff Harman	365W	2160 805/495-2354	Steve Winters	354W	- 584-1931
Greg Hiscott	35A	2974 362-7306	Mike Zucker	356W	4017 789-4345
Larry Jones	32A	2970 805/265-9602			

MISC. PHONE NUMBERS

Bridge Lab	365W	4610	Tony Riewe, JPL 144-201	41864
Roof Machine Shop		4894	Rai Weiss, MIT	617/253-3527
Citgrav Computer		449-6081	Susan Merullo, MIT	617/253-4894
CES Lab Control Room		3980	MIT Lab	617/253-4824
CES Lab Computer		3977		
CES Lab, Louie (North End)		3978		
CES Lab, Huey (East End)		3978		
CES Lab, Dewey (South End)		3979	FAX—MIT LIGO Project	617/258-7839
Conference Room	28A	2965	FAX—Caltech LIGO Project	818/304-9834

10/20/88

C. Basisprincipes van data-analyse

C.1 Fouten worden in kwadratuur opgeteld

Er bestaat een oude experimentele/statistische stelregel dat *"fouten kwadratisch optellen"* , waarvan nu is aangetoond dat deze (in de meeste gevallen) waar is en te wijten is aan de propagatie van onzekerheden. Deze beschrijving biedt ons ook een alternatieve route naar de afleiding van het bovenstaande resultaat voor de standaardafwijking van het gemiddelde. Beschouw daarom de situatie waarin we de grootheid van belang indirect meten, d.w.z. we willen 'z' meten, maar we hebben x, y , ... waarbij z = f(x, y , ...). We hebben dus de algemene relatie:

$$\Delta z = \frac{\partial f}{\partial x}\Delta x + \frac{\partial f}{\partial y}\Delta y + \cdots, \tag{C-1}$$

waaruit we kunnen kwadrateren en middelen om het volgende te verkrijgen:

$$\overline{(\Delta z)^2} = \left(\frac{\partial f}{\partial x}\right)^2 \overline{(\Delta x)^2} + \left(\frac{\partial f}{\partial y}\right)^2 \overline{(\Delta y)^2} + 2\left(\frac{\partial f}{\partial x}\right)\left(\frac{\partial f}{\partial y}\right)\overline{(\Delta x \Delta y)} + \cdots, \tag{C-2}$$

Bij het middelen zullen de lineaire kruistermen elkaar opheffen. Door het gemiddelde van de kwadratische termen te herschrijven als hun variantie (of standaarddeviatie in het kwadraat) wordt het volgende duidelijk:

$$\sigma_z{}^2 = \left(\frac{\partial f}{\partial x}\right)^2 \sigma_x{}^2 + \left(\frac{\partial f}{\partial y}\right)^2 \sigma_y{}^2 + \cdots. \tag{C-3}$$

Terugkerend naar het geval van herhaalde metingen aan iid camper , die hebben we $f = \bar{x}_N$en dit is gewoon:

$$\sigma_z{}^2 = (\sigma_x{}^2 + \sigma_y{}^2 + \cdots)/N^2. \tag{C-4}$$

en de optelling van fouttermen gebeurt in kwadratuur. Als we de kwadratische optelling van fouten gebruiken, kunnen we de sigma van het gemiddelde direct berekenen als:

$$\sigma_z = \frac{\sigma}{\sqrt{N}}. \tag{C-5}$$

C.2 Verdelingen

Laten we nu een aantal belangrijke verdelingen bekijken die hieruit kunnen voortkomen. Alle belangrijke verdelingen van belang kunnen worden verkregen uit een maximale entropie-evaluatie [24]. Dit tilt Maxwells voorgestelde, op verdelingen gebaseerde unificatie van de statistische mechanica naar een nieuw niveau (Jaynes [68]) en biedt een beter begrip van de verdelingsgrondslagen van fysische systemen. Families van verdelingen worden geacht een variëteit (neuromanifold) te definiëren en dit wordt besproken in [41] en [4 4]. Sommige verdelingen zijn op andere manieren bijzonder, zoals blijkt uit hun alomtegenwoordigheid. De Gaussische verdeling zal in dit opzicht in het bijzonder opvallen. De a priori eigenschap dat fouten kwadratisch optellen, verklaart dit, aangezien deze eigenschap ten grondslag ligt aan hoe de optelling van Gaussische ruisbronnen (of herhaalde metingen) zal resulteren in een nieuwe totale Gaussische verdeling (met Gaussische ruis). Dit blijkt vervolgens te generaliseren naar situaties waarin herhaalde metingen met een willekeurige achtergrondverdeling, zelfs een veranderende, zullen leiden tot een totale meting die neigt naar een Gaussische verdeling.

De geometrische verdeling (emergent via maxent)

Hier spreken we over de kans om iets te zien na k pogingen, waarbij de kans om die gebeurtenis bij elke poging te zien "p" is. Stel dat we een gebeurtenis voor het eerst zien na k pogingen, dat wil zeggen dat de eerste (k-1) pogingen geen gebeurtenissen opleverden (met kans (1-p) voor elke poging), en de laatste waarneming vindt dan plaats met kans p, wat aanleiding geeft tot de klassieke formule voor de geometrische verdeling:

$$P(X=k) = (1-p)^{(k-1)}\,p \tag{C-6}$$

Wat betreft normalisatie, oftewel of alle uitkomsten optellen tot één, hebben we het volgende:

$$\text{Totale kans} = \Sigma_{k=1}\,(1-p)^{(k-1)}\,p = p[1+(1-p)+(1-p)^2+(1-p)^3+\ldots] = p[1/(1-(1-p))]=1.$$

De totale kans is dus al gelijk aan één, zonder dat verdere normalisatie nodig is. Figuur C.1 toont een geometrische verdeling voor het geval dat p=0,8:

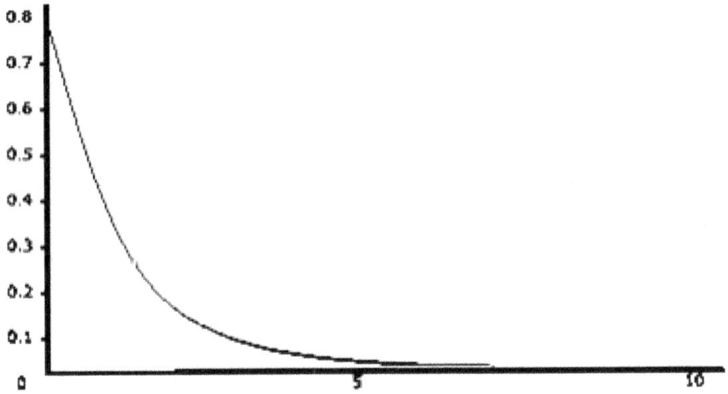

Figuur C.1 De geometrische verdeling , $P(X=k) = (1-p)^{(k-1)} p$, met p=0,8 .

De Gaussische (ook wel normale) verdeling (ontstaat via de LLN-relatie en maxent)

$$N_x(\mu, \sigma^2) = exp(-(x-\mu)^2/(2\sigma^2))/(2\pi\sigma^2)^{(1/2)}$$

Voor de normale verdeling is normalisatie het gemakkelijkst te verkrijgen via complexe integratie (dus dat slaan we over). Met een gemiddelde van nul en een variantie gelijk aan één (Figuur C.2) krijgen we:

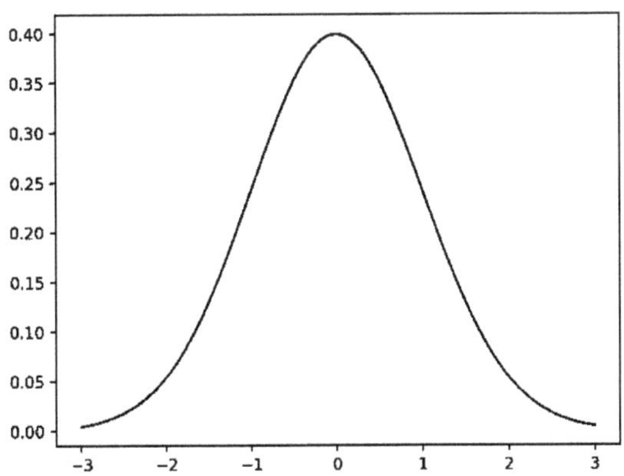

Figuur C.2 De Gaussische verdeling , ook wel normale verdeling genoemd, weergegeven met een gemiddelde van nul en een variantie gelijk aan één: $N_x(\mu, \sigma^2) = N_x(0,1)$.

C.3. Martingalen

Deze sectie geeft een definitie van martingaalprocessen en laat zien hoeveel bekende processen martingaalprocessen zijn. Wanneer we spreken over evenwicht, ergodiciteit of stationariteit, hebben we meestal te maken met wiskundige objecten die martingalen zijn. De eigenschap van evenwicht, een tijdige convergentie van een stationaire verzameling waarden, bijvoorbeeld convergentie, is een fundamentele eigenschap van martingalen, vandaar hun frequente verschijning in de weergave van processen die een evenwicht bereiken. Convergerende processen zijn fundamenteel voor beschrijvingen in de statistische mechanica ([4 4]) en ook voor situaties (met vergelijkbare wiskunde) op het gebied van statistisch leren en AI [24].

Definitie van een martingaal[69]

Een stochastisch proces $\{X_n; n=0,1, \ldots\}$ is een martingaal als voor $n=0,1, \ldots,$

1. $E[|X_n|] < \infty$
2. $E[X_{n+1} | X_0, \ldots, X_n] = X_n$

Definitie: Laat $\{X_n; n=0,1, \ldots\}$ en $\{Y_n; n=0,1, \ldots\}$ stochastische processen zijn. We zeggen dat $\{X_n\}$ een martingaal is ten opzichte van (wrt) $\{Y_n\}$ als, voor $n=0,1, \ldots$:

1. $E[|X_n|] < \infty$
2. $E[X_{n+1} | Y_0, \ldots, Y_n] = X_n$

Voorbeelden van martingalen:

(a) Sommen van onafhankelijke willekeurige variabelen: $X_n = Y_1 + \ldots + Y_n$.

(b) Variantie van een som $X_n = (\sum_{k=1}^{n} Y_k)^2 - n\sigma^2$

(c) Ik heb martingalen opgewekt met behulp van Markovketens! ….
(d) Bij HMM-leren vormen reeksen van waarschijnlijkheidsverhoudingen een martingaal...

Het asymptotische equipartitietheorema (AEP) en de Hoeffding-ongelijkheden (cruciaal in statistisch leren [24]) zijn beide gegeneraliseerd naar martingalen.

Geïnduceerde martingalen met Markovketens[69]
Laat $\{Y_n; n=0,1, \ldots\}$ een Markovketenproces (MC) zijn met overgangswaarschijnlijkheidsmatrix $P=\|P_{ij}\|$. Laat f een begrensde rechtsreguliere reeks voor P zijn:
$f(i)$ is niet-negatief en $f(i) = \sum_{k=1}^{n} P_{ij} f(j)$. Laat $X_n = f(Y_n)$. →$E[|X_n|] < \infty$(omdat f begrensd is). Nu hebben we:

$E[X_{n+1} | Y_0, \ldots, Y_n]$
$= E[f(Y_{n+1}) | Y_0, \ldots, Y_n]$
$= E[f(Y_{n+1}) | Y_n]$ (vanwege MC)
$= \sum_{k=1}^{n} P_{Y_n, j} f(j)$ (definitie van P_{ij} en f)
$= f(Y_n)$
$= X_n$

Bij HMM-leren worden reeksen van waarschijnlijkheidsverhoudingen gebruikt, wat een martingaal is.
Bewijs:
Laat $Y_0, Y_1, \ldots$ onafhankelijke en identiek verdeelde getallen zijn . en laat f_0 en f_1 kansdichtheidsfuncties zijn. Een stochastisch proces van fundamenteel belang in de theorie van het toetsen van statistische hypothesen is de reeks waarschijnlijkheidsverhoudingen :

$$X_n = \frac{f_1(Y_0) f_1(Y_1) \ldots f_1(Yn)}{f_0(Y_0) f_0(Y_1) \ldots f_0(Yn)}, \ n = 0,1, \ldots$$

Neem aan dat $f_0(y) > 0$ voor alle y:

$$E[X_{n+1} | Y_0, \ldots, Y_n] = E[X_n \left(\frac{f_1(Y_{n+1})}{f_0(Y_{n+1})}\right) | Y_0, \ldots, Y_n] = X_n E[\frac{f_1(Y_{n+1})}{f_0(Y_{n+1})}]$$

Wanneer de gemeenschappelijke verdeling van de Y_k's (gebruikt in de 'E'-functie) f_0 als kansdichtheid heeft, geldt het volgende:

$$E[\frac{f_1(Y_{n+1})}{f_0(Y_{n+1})}] = 1$$

Dus, $E[X_{n+1} | Y_0, \ldots, Y_n] = X_n$

Dus waarschijnlijkheidsverhoudingen zijn martingaal wanneer de gemeenschappelijke verdeling f_0 is.

Random Walk is Martingale [69, blz. 238]

Er is een componentgewijs bewijs van een willekeurige wandeling voor T_Em , zowel theoretisch als computationeel, voor een verscheidenheid aan emanatoren in nuldoorgangsanalyse op de reële component in [70]. Omdat een willekeurige wandeling een martingaal is (convergentie naar gemiddelde = sqrt(N)), is het emanatieproces een martingaalproces. In [45] zullen we zien dat er mogelijk een uniforme propagatortheorie-afgeleide bestaat van de keuze van de emanatortheorie, waarbij al dergelijke theorieën martingalen zijn. Zo wordt een argument geleverd waarom de QFT-projectie van het emanatieproces processen zou moeten hebben die ook martingalen zijn. Kwantummartingalen zouden dan verwant zijn aan de meer bekende klassieke martingalen, inclusief hun rol in de klassieke statistische mechanica ([44]).

Supermartingalen en submartingalen [69]

Laat $\{X_n ; n=0,1, \ldots\}$ en $\{Y_n ; n=0,1, \ldots\}$ stochastische processen zijn. Dan wordt $\{X_n\}$ een ***supermartingale genoemd*** ten opzichte van $\{Y_n\}$ als voor alle n geldt:

(i) $E[X_n^-] > -\infty$, waarbij $x^- = \min\{x,0\}$

(ii) $E[X_{n+1} | Y_0, \ldots, Y_n] \leq X_n$

(iii) X_n is een functie van $(Y_0, \ldots, Y_n)$ (expliciet vanwege de ongelijkheid in (ii))

Het stochastische proces $\{X_n; n=0,1, \ldots\}$ wordt een ***submartingaal genoemd*** ten opzichte van $\{Y_n\}$ als voor alle n geldt:

(i) $E[X_n^+] > -\infty$, waarbij $x^+ = \max\{x,0\}$

(ii) $E[X_{n+1} | Y_0, \ldots, Y_n] \geq X_n$

(iii) X_n is een functie van $(Y_0, \ldots, Y_n)$

Met behulp van de ongelijkheid van Jensen voor convexe functies φen voorwaardelijke verwachtingen geldt:

$$E[\varphi(X)|Y_0, \ldots, Y_n] \geq \varphi(E[X|Y_0, \ldots, Y_n])$$

Beschik dus over de middelen om submartingalen uit martingalen te construeren (supermartingalen zijn hetzelfde, afgezien van een tekenomkering).

Martingale-convergentiestellingen[69]

Onder zeer algemene voorwaarden convergeert een martingaal X_n naar een limiet stochastische variabele X naarmate n toeneemt.

Stelling

(a) Laat $\{X_n\}$ een submartingaal zijn die voldoet aan

$$\sup_{n\geq 0} E[|X_n|] < \infty$$

Dan bestaat er een stochastische variabele X_∞ waarnaar $\{X_n\}$ met waarschijnlijkheid één convergeert:

$$Prob\left(\lim_{n\to\infty} X_n = X_\infty\right) = 1$$

(b) Als $\{X_n\}$ een martingaal is en uniform integreerbaar is, dan convergeert $\{X_n\}$, naast het bovenstaande, ook in het gemiddelde:

$$\lim_{n\to\infty} E[|X_n - X_\infty|] = 0$$

En $E[X_\infty] = E[X_n]$, voor alle n.

Een reeks is uniform geheel als:

$$\lim_{c\to\infty} \sup_{n\geq 0} E[|X_n| I\{|X_n| > c\}] = 0$$

Waarbij I de indicatorfunctie is: 1 als $|X_n|>c$, en 0 anders.

'Maximale' ongelijkheid voor Martingalen[69]

De ongelijkheid van Tsjebysjev, toegepast op een reeks, kan worden 'aangescherpt' tot een fijnere ongelijkheid, bekend als de ongelijkheid van Kolmogorov, uitgedrukt in termen van het maximum van de reeks. Dit geldt ook voor martingalen:

Laat $\{X_n; n=0,1,\ldots\}$ iid zijn campers met $E[X_i]=0 \forall$ i en $E[(X_i)^2] = \sigma^2 < \infty$. Definieer $S_0 = 0$, $S_n = X_1 + \ldots + X_n$, voor $n \geq 1$. Uit de ongelijkheid van Chebyshev:

$$\varepsilon^2 Prob(|S_n| > \varepsilon) \leq n\sigma^2, \ \varepsilon > 0$$

Een subtielere vorm van ongelijkheid is mogelijk:

$$\varepsilon^2 Prob\left(\max_{0\leq k\leq n} |S_n| > \varepsilon\right) \leq n\sigma^2, \ \varepsilon > 0$$

Deze ongelijkheid, bekend als de Kolmogorov-ongelijkheid, kan worden gegeneraliseerd tot een maximale ongelijkheid op submartingalen :

Lemma 1 : Laat $\{X_n\}$ een submartingaal zijn waarvoor $X_n \geq 0$ voor alle n. Dan geldt voor elke positieve waarde λ:

$$\lambda\, Prob\left(\max_{0\leq k\leq n} |X_k| > l\right) \leq E[X_n]$$

Lemma 2 : Laat $\{X_n\}$ een niet-negatieve supermartingaal zijn , dan geldt voor elke positieve λ:

$$\lambda\, Prob\left(\max_{0\leq k\leq n} |X_k| > l\right) \leq E[X_0]$$

Stelling van de gemiddelde kwadratische convergentie voor martingalen[69]

Laat $\{X_n\}$ een submartingaal zijn ten opzichte van $\{Y_n\}$ die, voor een of andere constante k, voldoet aan $E[(X_n)^2] \leq k < \infty$, voor alle n. Dan convergeert $\{X_n\}$ als $n \to \infty$ naar een limiet rv X_∞ met waarschijnlijkheid één en in kwadratisch gemiddelde:

$$Prob\left(\lim_{n\to\infty} X_n = X_\infty\right) = 1, \text{ En } \lim_{n\to\infty} E[|Xn - X_\infty|^2] = 0,$$

Waarbij $E[X_\infty] = E[X_n] = E[X_0]$, voor alle n.

Martingalen met betrekking tot σveldformalisme

Een overzicht van de axiomatische waarschijnlijkheidstheorie heeft drie basiselementen:

(1) De steekproefruimte, een verzameling **Ω**waarvan de elementen ωovereenkomen met de mogelijke uitkomsten van een experiment;

(2) De familie van elementen, een verzameling ***F*** van deelverzamelingen ***A*** van **Ω**(de sigma-velden). We zeggen dat de gebeurtenis A plaatsvindt als de uitkomst ωvan het experiment een element van A is;

(3) De kansmaat, een functie P gedefinieerd op ***F*** die voldoet aan:

(i) $0 = P[\varnothing] \leq P[A] \leq P[\Omega] = 1$ voor $A \in F$

(ii) $P[A_1 \cup A_2] = P[A_1] + P[A_2] - P[A_1 \cap A_2]$ voor $A_i \in F$

(iii) $P[\bigcup_{n=1}^{\infty} A_n] = \sum_{n=1}^{\infty} P[An]$als $A_i \in F$ zijn onderling disjunct.

, ***F, P) wordt*** dan **Ω**een waarschijnlijkheidsruimte genoemd.

Definitie van de achterwaartse martingaal (met betrekking tot sigma-subvelden)

Laat $\{Z_n\}$ stochastische variabelen zijn op een kansruimte (**Ω,** ***F,*** P) en laat $\{G_n; n=0,1, \ldots\}$ een dalende reeks sub-sigma-velden van ***F*** ***zijn*** , namelijk:

$$F \supset F_n \supset F_{n+1}, \text{ voor alle n.}$$

Dan wordt $\{Z_n\}$ een achterwaartse martingaal ten opzichte van $\{G_n\}$ genoemd als voor n=0,1, …:

(i) Z_n is G_n -meetbaar

(ii) $E[|Z_n|] < \infty$, en

(iii) $E[Z_n | G_{n+1}] < Z_{n+1}$

$\{Z_n\}$ is een achterwaartse martingaal, dan en slechts dan als $X_n = Z_{-n}$, n=0,-1,-2,… een martingaal vormt ten opzichte van $\boldsymbol{F}_n = G_{-n}$, n=0,-1,-2,…

Stelling van de convergentie van de achterwaartse Martingale

Laat $\{Z_n\}$ een achterwaartse martingaal zijn ten opzichte van een dalende reeks sub-sigma-velden $\{G_n\}$. Dan geldt:

$$Prob\left(\lim_{n\to\infty} Z_n = Z\right) = 1, \text{ En } \lim_{n\to\infty} E[|Z - Z_n|] = 0,$$

en $E[Z_n] = E[Z]$, voor alle n.

Sterk bewijs voor de wet van de grote getallen

Laat $\{X_n; n=1,2,\ldots\}$ iid zijn rvs met $E[|X_1|] < \infty$. Laat $\mu = E[X_1]$, $S_0 = 0$, en $S_n = X_1 + \ldots + X_n$, voor $n \geq 1$. Laat G_n het sigma-veld zijn gegenereerd door $\{S_n, S_{n+1}, \ldots\}$. We kunnen de sterke wet van de grote getallen afleiden uit de observatie dat $Z_n = S_n/n$ ($Z_0 = \mu$), een achterwaartse martingaal vormt ten opzichte van G_n. We hebben $E[|Z_n|] < \infty$en Z_n is G_n-meetbaar door constructie, dus we hebben alleen relatie (iii) nodig:

$S_n \equiv E[S_n | S_n] = E[S_n | S_n, S_{n+1}, \ldots] = E[S n_| G_n] =$

$\sum_{k=1}^{n} E[X_k | G_n] = n\, E[X_k | G_n]$,

met de laatste gelijkheid voor $1 \leq k \leq n$, dus:

$$Z_n = S_n/n = E[X_k | G_n]$$

Dus, $E[Z_{n-1} | G_n] = (n-1)^{-1} E[S_{n-1} | G_n] = (n-1)^{-1} \sum_{k=1}^{n-1} E[X_k | G_n] =$ Z_n !!!

Gebruik nu de stelling van de achterwaartse martingaalconvergentie om de sterke wet aan te tonen:

$$Prob\left(\lim_{n\to\infty} \frac{S_n}{n} = \mu\right) = 1$$

C.4. Stationaire processen

Een ***stationair*** proces is een stochastisch proces $\{X(t), t \in T\}$ met de eigenschap dat voor elk positief geheel getal 'k' en voor elk punt t_1, ..., t_k, en h in T, de gezamenlijke verdeling van $\{X(t_1),\ldots X(t_k)\}$ gelijk is aan de gezamenlijke verdeling van $\{X(t_1+h),\ldots X(t_k+h)\}$.

Een ergodische stelling geeft voorwaarden waaronder een gemiddelde over de tijd

$$\overline{x_n} = \frac{1}{n}(x_1 + \cdots + xn)$$

Een stochastisch proces convergeert naarmate het aantal n van waargenomen perioden groot wordt. De sterke wet van de grote getallen is een voorbeeld van zo'n ergodisch theorema. Stationaire processen bieden een natuurlijke context voor de generalisatie van de wet van de grote getallen, aangezien voor dergelijke processen de gemiddelde waarde een constante $m=E[X_n]$ is, onafhankelijk van de tijd. Net zoals er sterke en zwakke wetten van de grote getallen bestaan, zijn er ook verschillende ergodische stellingen...

Sterke Ergodische Stelling [69]

Laat $\{X_n; n=0,1, \ldots\}$ een strikt stationair proces zijn met eindig gemiddelde $m=E[X_n]$. Laat

$$\overline{X_n} = \frac{1}{n}(X_0 + \cdots + X_{n-1})$$

zij het gemiddelde van de steekproeftijd. Dan $\overline{X_n}$convergeert de reeks { } met waarschijnlijkheid één naar een limiet rv, aangeduid met $\bar{X}$:

$$Prob\left(\lim_{n\to\infty} \overline{X_n} = \bar{X}\right) = 1, \text{En} \lim_{n\to\infty} E[|\bar{X} - \overline{X_n}|] = 0,$$

en $E[\overline{X_n}] = E[\bar{X}] = m$.

Asymptotische equipartitie-eigenschap (AEP)

$$\lim_{n\to\infty}\left[-\frac{1}{n}\log p(X_0, \ldots, X_{n-1})\right] = H(\{X_n\})$$

Met waarschijnlijkheid één, mits $\{X_n\}$ ergodisch is.

Bewijs: Voor een stationaire ergodische eindige Markovketen $\{X_n\}$ gebruiken we de relatie dat:

$H(\{X_n\})= \lim_{k\to\infty} H(Xk|X_1,\dots,X_{k-1})$Of $H(\{X_n\})=\lim_{l\to\infty}\frac{1}{l}H(X_1,\dots,X_l)$

$H(X_n|X_0,\dots,X_{n-1})= -\sum_{i,j}\pi(i)P_{ij}\ \log P_{ij}$, waarbij $\pi(i)$de prior op X_i is en P_{ij}de overgangswaarschijnlijkheid is om van X_i naar X_j te gaan . Dus

$H(\{X_n\})= -\sum_{i,j}\pi(i)P_{ij}\ \log P_{ij}$, terwijl,

$-\frac{1}{n}\log\ p(X_0,\dots,X_{n-1}) = \frac{1}{n}\ \sum_{i=0}^{n-2} W_i - \ \frac{1}{n}\log\pi(X_0)$, waar$W_i = -\log P_{i,i+1}$

De ergodische stelling is van toepassing:

$$\lim_{n\to\infty}\left[-\frac{1}{n}\log\ p(X_0,\dots,X_{n-1})\right] = E[W_0] = -\sum_{i,j}\pi(i)P_{ij}\ \log P_{ij}$$
$$= H(\{X_n\})$$

Het algemene AEP-bewijs maakt gebruik van de stelling van achterwaartse martingaalconvergentie in plaats van de ergodische stelling.

C.5. Sommen van willekeurige variabelen

Hoeffdings ongelijkheid

van Hoeffding geeft een bovengrens voor de waarschijnlijkheid dat de som van willekeurige variabelen afwijkt van de verwachte waarde (Wassily Hoeffding , 1963 [71]). Deze wordt gegeneraliseerd naar martingaalverschillen door Azuma [72] en naar functies van willekeurige variabelen $\{X_n\}$ met begrensde verschillen (waarbij de functie het empirische gemiddelde is van de reeks variabelen: $\bar{X}=\frac{1}{n}(X_1+\ldots+X_n)$ herstelt het speciale geval van Hoeffding).

Herinneren:

Laat $X_1,\ldots,X_n$ onafhankelijke stochastische variabelen zijn. Neem aan dat de X_i vrijwel zeker begrensd zijn: $P(X_i \epsilon [a_i,b_i])=1$.

Definieer het empirische gemiddelde van de reeks variabelen als:

$$\bar{X} = \frac{1}{n}(X_1 + \ldots + X_n)$$

Hoeffding (1963) bewijst het volgende:

$$P(\bar{X} - E[\bar{X}] \geq k) \leq \exp\left(-\frac{2n^2k^2}{\sum_{i=1}^{n}(b_i - ai)^2}\right)$$

$$P(|\bar{X} - E[\bar{X}]| \geq k) \leq 2\exp\left(-\frac{2n^2k^2}{\sum_{i=1}^{n}(b_i - ai)^2}\right)$$

Voor elke X die vrijwel zeker begrensd is, geldt een andere relatie als E(X)=0, bekend als het lemma van Hoeffding :

$$E[e^{\lambda X}] \leq \exp\left(\frac{\lambda^2(b-a)^2}{8}\right)$$

Het bewijs begint met het aantonen van het lemma, wat het moeilijkste deel is...

Hoeffding- lemma bewijs

Omdat $e^{\lambda X}$ een convexe functie is, hebben we

$$e^{\lambda X} \leq \frac{b-X}{b-a} e^{\lambda a} + \frac{X-a}{b-a} e^{\lambda b}, \forall a \leq x \leq b$$

Dus,

$E[e^{\lambda X}] \leq E\left[\frac{b-X}{b-a} e^{\lambda a} + \frac{X-a}{b-a} e^{\lambda b}\right] = \frac{b}{b-a} e^{\lambda a} + \frac{-a}{b-a} e^{\lambda b}$(laatst omdat E[X]=0)

De convexiteitsmethode omvat lijninterpolatie; laten we overschakelen naar die parameters met

p = -a/(ba), en introduceer hp = -a λ(zodat h = λ(ba)):

$$\frac{b}{b-a} e^{\lambda a} + \frac{-a}{b-a} e^{\lambda b} = e^{\lambda a}[1-p + p\, e^{\lambda(b-a)}] = e^{-hp}[1-p + p\, e^{h}]$$

$E[e^{\lambda X}] \leq e^{L(h)}$, waarbij L(h) = -hp + ln(1-p+p e^h) →L(0) = 0.

L '(h) = -p + p e^h/(1-p+p e^h) →L '(0) = 0.

L ''(h) = p(1-p)e^h →L ''(0) = p(1-p).

$L^{(n)}(h) = p(1-p)\, e^h > 0$

Taylorreeksen gebruiken voor L(h):

L(h) = L(0) + hL '(0) + $\frac{1}{2}h^2$ L ''(0) + (meer positieve termen van hogere orde in h)

$L(h) \leq \frac{1}{2}h^2 p(1-p)$

Omdat we E[X]=0 hebben, is p=-a/(ba) ∈[0,1], dus de klassieke logistische functie, waarbij de maximale waarde van p(1-p) in het bereik [0,1] ¼ is (wanneer p=1/2), dus:

$L(h) \leq \frac{1}{8}h^2$ en $E[e^{\lambda X}] \leq e^{\frac{1}{8}\lambda^2 (b-a)^2}$

Hoeffding -ongelijkheidsbewijs (voor meer details, zie [71])

Beschouw de som op iid X_i, waarbij $S_m = m, \bar{X}$waarbij $\bar{X}$m termen in zijn empirisch gemiddelde heeft:

$P(S_m - E[S_m] \geq k) \leq e^{-tk} E[e^{t(S_m - E[S_m])}]$ (Chernoff-begrenzingstechniek)

$= \prod_{i=1}^{m} e^{-tk} E[e^{t(X_i - E[X_i])}]$({$X_n$} zijn iid)

$\leq \prod_{i=1}^{m} e^{-tk} e^{\frac{1}{8}t^2 (b_i - a_i)^2}$ (Lemma van Hoeffding)

$= e^{-tk} e^{\frac{1}{8}t^2 \sum_{i=1}^{m} (b_i - a_i)^2}$

Gegeven f(t) = -tk + ; $\frac{1}{8}t^2 \sum_{i=1}^{m} (b_i - a_i)^2$Kies t=4k/ $\sum_{i=1}^{m} (b_i - a_i)^2$om de bovengrens te minimaliseren en het volgende te verkrijgen:

$$\mathbf{P(S_m - E[S_m] \geq k) \leq e^{-2k^2 / \sum_{i=1}^{m} (b_i - a_i)^2}}$$
$$\mathbf{P(\bar{X} - E[\bar{X}] \geq k) \leq e^{-2m^2 k^2 / \sum_{i=1}^{m} (b_i - a_i)^2}}$$

(C-8)

Chernoff-boundingtechniek:

$P[X \geq k] = P[e^{tX} \geq e^{tk}] \leq e^{-tk} E[e^{tX}]$ (Chernoff gebruikt Markov-ongelijkheid op de laatste positie).

(C-9)

Referenties

[1] Newton, Isaac. " Philosophiæ Naturalis Principia Mathematica. 5 juli 1687 (drie delen in het Latijn). Engelse versie: "The Mathematical Principles of Natural Philosophy", Encyclopædia Britannica, Londen. (1687).
[2] Leibniz, Gottfried Wilhelm Freiherr von; Gerhardt, Carl Immanuel (trans.) (1920). De vroege wiskundige manuscripten van Leibniz. Open Court Publishing. p. 93. Geraadpleegd op 10 november 2013.
[3] Dirk Jan Struik, Een bronnenboek in de wiskunde (1969) pp. 282–28.
[4] Leibniz, Gottfried Wilhelm. Supplementum geometriae dimensoriae , seu generalissima omnium tetragonismorum effectio per motum : gelijksoortige multiplexconstructie lineae ex data tangentium conditione , Acta Euriditorum (september 1693), blz. 385-392.
[5] Euler, Leonhard. Mechanica sive motus scientia analytisch exposita ; 1736.
[6] Laplace, PS (1774), " Mémoires de Mathématique et de Physique, Tome Sixième " [Memoires over de waarschijnlijkheid van oorzaken van gebeurtenissen.], Statistische Wetenschappen, 1 (3): 366–367.
[7] D'Alembert, Jean Le Rond (1743). Dynamische eigenschap .
[8] Lagrange, JL, Mécanique analytique , deel 1 (1788), deel 2 (1789). Uitgebreide heruitgave deel 1 1811 en deel 2 1815.
[9] Lagrange, JL (1997). Analytische mechanica. Vol. 1 (2e ed.). Engelse vertaling van de editie uit 1811.
[10] William R. Hamilton. Over een algemene methode in de dynamica; waarmee de studie van de bewegingen van alle vrije systemen van aantrekkende of afstotende punten wordt teruggebracht tot het zoeken naar en differentiëren van één centrale relatie, of karakteristieke functie. Philosophical Transactions of the Royal Society (deel II voor 1834, pp. 247-308).
[11] William R. Hamilton. Tweede essay over een algemene methode in de dynamica. Dit werd gepubliceerd in de Philosophical Transactions of the Royal Society (deel I voor 1835, pp. 95-144).

[12] Hamilton, W. (1833). "Over een algemene methode om de paden van licht en van de planeten uit te drukken door middel van de coëfficiënten van een karakteristieke functie" (PDF). Dublin University Review: 795–826.
[13] Hamilton, W. (1834). "Over de toepassing op de dynamica van een algemene wiskundige methode die eerder op de optica werd toegepast" (PDF). Rapport van de British Association: 513–518.
[14] WR Hamilton (1844 tot 1850) Over quaternionen of een nieuw systeem van imaginaire getallen in de algebra, Philosophical Magazine,
[15] Simon L. Altmann (1989). "Hamilton, Rodrigues en het quaternionschandaal". Mathematics Magazine. Vol. 62, nr. 5. pp. 291–308.
[16] Werner Heisenberg (1925). " Über kwantentheoretische Umdeutung kinematisch en mechanisch Beziehungen ". Zeitschrift für Physik (in het Duits). 33 (1): 879-893. ("Kwantumtheoretische herinterpretatie van kinematische en mechanische relaties")
[17] Schrödinger, E. (1926). "Een golvende theorie van de mechanica van atomen en moleculen" (PDF). Physical Review. 28 (6): 1049–1070.
[18] Dirac, Paul Adrien Maurice (1930). De principes van de kwantummechanica. Oxford: Clarendon Press.
[19] Feigenbaum, MJ (1976). "Universaliteit in complexe discrete dynamica" (PDF). Jaarverslag van de Theoretische Afdeling van Los Alamos 1975–1976.
[20] Morse, Marston (1934). De calculus van variaties in het grote. Publicatie van het American Mathematical Society Colloquium. Vol. 18. New York.
[21] Milnor, John (1963). Morse Theory. Princeton University Press. ISBN 0-691-08008-9.
[22] Fizeau, H. (1851). "Over de hypothesen van familieleden op de ether lumineux ". Comptes Rendus. 33: 349–355.
[23] Shankland, RS (1963). "Gesprekken met Albert Einstein". American Journal of Physics. 31 (1): 47–57.
[24] Winters-Hilt, S. Informatica en machinaal leren: van martingalen tot metaheuristieken. (2021) Wiley.

[25] Goldstein, Herbert (1980). Klassieke mechanica (2e editie). Addison-Wesley.
[26] Neother , E. (1918). " Invariant Variatieprobleem ". Nachrichten von der Gesellschaft der Wissenschaften zu Göttingen.Mathematisch-Physikalische Klasse.1918: 235-257.
[27] Landau, Lev D.; Lifshitz, Evgeny M. (1969). Mechanica. Vol. 1 (2e ed.). Pergamon Press.
[28] Percival, IC en D. Richards. Inleiding tot de dynamica. (1983) Cambridge University Press.
[29] Fetter, AL en JD Walecka, Theoretische mechanica van deeltjes en continua, Dover (2003).
[30] Kapitza , PL "Dynamische stabiliteit van de slinger met vibrerend ophangpunt," Sov. Phys. JETP 21 (5), 588–597 (1951) (in het Russisch).
[31] Lyapunov, AM Het algemene probleem van de stabiliteit van de beweging. 1892. Charkiv Mathematical Society, Charkiv, 251p. (in het Russisch).
[32] Arnold, VI Gewone differentiaalvergelijkingen. MIT Press. (1978).
[33] Longair , MS Theoretische concepten in de natuurkunde: een alternatieve kijk op theoretisch redeneren in de natuurkunde. Cambridge University Press. 2e editie: 2003.
[34] Baker, GL en J. Gollub. Chaorische dynamica: een inleiding. Cambridge University Press. 1990.
[35] Mandelbrot, Benoît (1982). De fractale geometrie van de natuur. WH Freeman & Co.
[36] PJ Myrberg. Iteratie van de rellen Polynoom zweten cijfers. III, Annales Acad. Sci Fenn A, U 336 (1963) n.3, 1-18, MR 27.
[37] Arnold, Vladimir I. (1989). Mathematische methoden van de klassieke mechanica (2e editie). New York: Springer.
[38] Woodhouse, NMJ Inleiding tot analytische dynamica. Springer, 2e editie. 2009.
[39] Bender, CM en SA Orszag. Geavanceerde wiskundige methoden voor wetenschappers en ingenieurs: asymptotische methoden en perturbatietheorie. Springer. 1999.

[40] Winters-Hilt, S. De dynamiek van velden, vloeistoffen en ijkpunten. (Natuurkundereeks: " Natuurkunde vanuit maximale informatie-emanatie" Boek 2.)
[41] Winters-Hilt, S. De dynamica van variëteiten. (Natuurkundereeks: " Natuurkunde vanuit maximale informatie-emanatie" Boek 3.)
[42] Winters-Hilt, S. Kwantummechanica, padintegralen en algebraïsche realiteit. (Natuurkundereeks: " Natuurkunde vanuit maximale informatie-emanatie" Boek 4.)
[43] Winters-Hilt, S. Kwantumveldentheorie en het standaardmodel. (Natuurkundereeks: " Natuurkunde vanuit maximale informatie-emanatie" Boek 5.)
[44] Winters-Hilt, S. Thermische en statistische mechanica en thermodynamica van zwarte gaten. (Natuurkundereeks: " Natuurkunde vanuit maximale informatie-emanatie" Boek 6.)
[45] Winters-Hilt, S. Emanatie, Emergentie en Eucatastrofe. (Natuurkundereeks: " Natuurkunde vanuit maximale informatie-emanatie" Boek 7.)
[46] Winters-Hilt, S. Klassieke mechanica en chaos. (Natuurkundereeks: " Natuurkunde vanuit maximale informatie-emanatie" Boek 1.)
[47] Winters-Hilt, S. Data-analyse, bio-informatica en machinaal leren. 2019.
[48] Feynman, RP en AR Hibbs. Kwantummechanica en padintegralen. McGraw-Hill College. 1965.
[49] Landau, LD; Lifshitz, EM (1935). "Theorie van de dispersie van magnetische permeabiliteit in ferromagnetische lichamen". Phys. Z. Sowjetunion . 8, 153.
[50] Landau, Lev D.; Lifshitz, Evgeny M. (1980). Statistische Fysica. Vol. 5 (3e ed.). Butterworth-Heinemann.
[51] Braginskii , VB Meting van zwakke krachten in natuurkundige experimenten. (1977). University of Chicago Press.
[52] Drever, RWP; Hall, JL; Kowalski, FV; Hough, J.; Ford, GM; Munley, AJ; Ward, H. (juni 1983). "Laserfase- en frequentiestabilisatie met behulp van een optische resonator" (PDF). Toegepaste Fysica B. 31 (2): 97–105.

[53] Bunimovich , VI Fluctuatieprocessen in radio-ontvangers . Gostekhizdat, USSR. 1950.
[54] Stratonovich , RL. Geselecteerde problemen in de theorie van fluctuaties in de radiotechnologie. Sovjetradio, USSR.
[55] Papoulis, Athanasios; Pillai, S. Unnikrishna (2002). Probability, Random Variables and Stochastic Processes (4th ed.). Boston: McGraw Hill.
[56] Reed, M, en Simon, B. Methoden van de moderne wiskundige fysica. III. Verstrooiingstheorie. Elsevier, 1979.
[57] Rutherford, E. (1911). "LXXIX. De verstrooiing van α- en β-deeltjes door materie en de structuur van het atoom". The London, Edinburgh, and Dublin Philosophical Magazine and Journal of Science. 21 (125): 669–688.
[58] Sommerfeld, Arnold (1916). "Zur Quantentheorie der Spektrallinien ". Annalen der Physik . 4 (51): 51–52.
[59] Hibbeler, R. Technische mechanica: Dynamica. 14e editie. 2015.
[60] Hibbeler, R. Technische mechanica: Statica en dynamica. 14e editie. 2015.
[61] Layek, GC Een inleiding tot dynamische systemen en chaos 1e editie 2015. Springer.
[62] Lemons, DS Een studentenhandleiding voor dimensionale analyse. Cambridge University Press. 1e editie: 2017.
[63] Langhaar , HL Dimensional Analysis and Theory of Models, Wiley 1951.
[64] Feynman, RP (1948). Het karakter van de natuurwet. MIT Press (1967).
[65] Ince, EL Gewone differentiaalvergelijkingen. Dover 1956.
[66] Abromowitz, M. en IA Stegun . Handboek van wiskundige functies. Dover 1965.
[67] Fuchs, LI Over de theorie van lineaire differentiaalvergelijkingen met variabele coëfficiënten. 1866.
[68] Jaynes, ET Waarschijnlijkheidstheorie: De logica van de wetenschap . Cambridge University Press, (2003).
[69] Karlin, S. en HM Taylor. Een eerste cursus in stochastische processen, 2e editie . Academic Press. 1975.

[70] Winters-Hilt, S. Unified Propagator Theory and a non-experimental derivation for the fine-structure constant. Advanced Studies in Theoretical Physics, Vol. 12, 2018, no. 5, 243-255.
[71] Wassily Hoeffding (1963) Kansongelijkheid voor sommen van begrensde willekeurige variabelen, *Journal of the American Statistical Association* , 58 (301), 13–30.
[72] Azuma, K. (1967). "Gewogen sommen van bepaalde afhankelijke willekeurige variabelen" (PDF). *Tôhoku Mathematical Journal* . **19** (3): 357–367.
[73] Compton, Arthur H. (mei 1923). "Een kwantumtheorie van de verstrooiing van röntgenstralen door lichte elementen". Physical Review . 21 (5): 483–502.
[74] Mason en Woodhouse. "Relativiteit en elektromagnetisme" (PDF). Geraadpleegd op 20 februari 2021.
[75] Merzbach, Uta C. ; Boyer, Carl B. (2011), *Een geschiedenis van de wiskunde* (3e editie), John Wiley & Sons.
[76] Robinson, Abraham (1963), Inleiding tot de modeltheorie en de metamathematica van de algebra, Amsterdam: North-Holland, ISBN 978-0-7204-2222-1, MR 0153570
[77] Robinson, Abraham (1966), Niet-standaard analyse, Princeton Landmarks in Mathematics (2e editie), Princeton University Press, ISBN 978-0-691-04490-3, MR 0205854
[78] RD Richtmyer (1978), *Principles of Advanced Mathematical Physics* Vol. 1 & 2, Springer-Verlag, New York.
[79] Tufillaro , N., T. Abbott en D. Griffiths. Swinging Atwood's Machine. American Journal of Physics, 52, 895–903, 1984.
[80] https://en.wikipedia.org/wiki/Logistic_map
[81] Winters-Hilt S. Onderwerpen in kwantumzwaartekracht en kwantumveldentheorie in gekromde ruimtetijd. Proefschrift UWM, 1997.
[82] Winters-Hilt S, IH Redmount en L. Parker, "Fysisch onderscheid tussen alternatieve vacuümtoestanden in vlakke ruimtetijdgeometrieën," Phys. Rev. D 60, 124017 (1999).
[83] Friedman JL, J. Louko en S. Winters-Hilt, "Gereduceerd faseruimteformalisme voor sferisch symmetrische geometrie met een massieve stofschil," Phys. Rev. D 56, 7674-7691 (1997).

[84] Louko J en S. Winters-Hilt, "Hamiltoniaanse thermodynamica van het Reissner-Nordstrom-anti de Sitter zwarte gat," Phys. Rev. D 54, 2647-2663 (1996).
[85] Louko J, JZ Simon en S. Winters-Hilt, "Hamiltoniaanse thermodynamica van een Lovelock-zwart gat," Phys. Rev. D 55, 3525-3535 (1997).
[86] Amari, S. en H. Nagaoka. Methoden van informatiegeometrie. Oxford University Press. 2000.
[87] Winters-Hilt, S. Feynman-Cayley padintegralen selecteren chirale bi- sedenions met 10-dimensionale ruimtetijdpropagatie. Advanced Studies in Theoretical Physics, Vol. 9, 2015, nr. 14, 667-683.
[88] Winters-Hilt, S. De 22 letters van de realiteit: chirale bisedenion-eigenschappen voor maximale informatiepropagatie. Advanced Studies in Theoretical Physics, Vol. 12, 2018, nr. 7, 301-318.
[89] Winters-Hilt, S. Fiat Numero : Trigintaduonion Emanation Theory and its Relation to the Fine-Structure Constant α, the Feigenbaum Constant C_{∞}, and π. Advanced Studies in Theoretical Physics, Vol. 15, 2021, no. 2, 71-98.
[90] Winters-Hilt, S. Chirale trigintaduonion-emanatie leidt tot het standaardmodel van de deeltjesfysica en tot kwantummaterie. Advanced Studies in Theoretical Physics, Vol. 16, 2022, nr. 3, 83-113.
[91] Robert L. Devaney. Een inleiding tot chaotische dynamische systemen. Addison-Wesley.
[92] Landau, Lev D .; Lifshitz, Evgeny M. (1971). *De klassieke theorie van velden* . Vol. 2 (3e ed.). Pergamon Press .
[93] Penrose, Roger (1965), "Gravitationele ineenstorting en ruimtetijdsingulariteiten", Phys. Rev. Lett., 14 (3): 57.
[94] Hawking, Stephen & Ellis, GFR (1973). De grootschalige structuur van ruimte-tijd. Cambridge: Cambridge University Press.
[95] Peebles, PJE (1980). Grootschalige structuur van het universum. Princeton University Press.
[96] B. Abi et al. Meting van het positieve anomale magnetische moment van het muon tot 0,46 ppm
Phys. Rev. Lett. 126, 141801 (2021).
[97] Einstein, A. "Over een heuristisch standpunt met betrekking tot de productie en transformatie van licht" (Ann. Phys., Lpz 17 132-148)

[98] Balmer, JJ (1885). " Notiz über die Spectrallinien des Wasserstoffs " [Opmerking over de spectraallijnen van waterstof]. Annalen der Physik und Chemie. 3e serie (in het Duits). 25: 80–87.
[99] Bohr, N. (juli 1913). "I. Over de samenstelling van atomen en moleculen". The London, Edinburgh, and Dublin Philosophical Magazine and Journal of Science. 26 (151): 1–25. doi:10.1080/14786441308634955.
[100] Bohr, N. (september 1913). "XXXVII. Over de samenstelling van atomen en moleculen". The London, Edinburgh, and Dublin Philosophical Magazine and Journal of Science. 26 (153): 476–502. Bibcode:1913PMag...26..476B. doi:10.1080/14786441308634993.
[101] Bohr, N. (1 november 1913). "LXXIII. Over de samenstelling van atomen en moleculen". The London, Edinburgh, and Dublin Philosophical Magazine and Journal of Science. 26 (155): 857–875. doi:10.1080/14786441308635031.
[102] Bohr, N. (oktober 1913). "De spectra van helium en waterstof". Nature. 92 (2295): 231–232.
[103] Max Planck. Over de wet van de energieverdeling in het normale spectrum. Annalen der Physik vol. 4, p. 553 e.v. (1901)
[104] Arthur H. Compton. Secundaire stralingen geproduceerd door röntgenstralen. Bulletin van de National Research Council, nr. 20 (v. 4, pt. 2) okt. 1922.
[105] Davisson, CJ; Germer, LH (1928). "Reflectie van elektronen door een nikkelkristal". Proceedings of the National Academy of Sciences of the United States of America. 14 (4): 317–322.
[106] Michael Eckert. Hoe Sommerfeld Bohrs model van het atoom uitbreidde (1913–1916). The European Physical Journal H.
[107] Max geboren; J. Robert Oppenheimer (1927). "Zur Quantentheorie der Molekeln " [Over de kwantumtheorie van moleculen]. Annalen der Physik (in het Duits). 389 (20): 457-484.
[108] Dirac, PAM (1928). "De kwantumtheorie van het elektron" (PDF). Proceedings of the Royal Society A: Mathematical, Physical and Engineering Sciences. 117 (778): 610–624.
[109] Dirac, Paul AM (1933). "De Lagrangiaan in de kwantummechanica" (PDF). Physikalische Zeitschrift der Sowjetunion . 3: 64–72.

[110] Feynman, Richard P. (1942). Het principe van de minste actie in de kwantummechanica (PDF) (PhD). Princeton University.
[111] Feynman, Richard P. (1948). "Ruimte-tijdbenadering van niet-relativistische kwantummechanica". Reviews of Modern Physics. 20 (2): 367–387.
[112] Erdeyli , A. Asymptotische expansies. 1956 Dover.
[113] Erdeyli , A. Asymptotische expansies van differentiaalvergelijkingen met keerpunten. Literatuuroverzicht. Technisch rapport 1, contractnummer Nonr-220(11). Referentienummer NR 043-121. Afdeling Wiskunde, California Institute of Technology, 1953
[114] Carrier, GF, M. Crook en CE Pearson. Functies van een complexe variabele. 1983 Hod Books.
[115] Van Vleck, JH (1928). "Het correspondentieprincipe in de statistische interpretatie van de kwantummechanica". Proceedings of the National Academy of Sciences of the United States of America. 14 (2): 178–188.
[116] Chaichian , M.; Demichev, AP (2001). "Inleiding". Padintegralen in de natuurkunde, deel 1: Stochastische processen en kwantummechanica. Taylor & Francis. p. 1 e.v. ISBN 978-0-7503-0801-4.
[117] Vinokur, VM (2015-02-27). "Dynamische Vortex Mott-overgang"
[118] Hawking, SW (1974-03-01). Zwarte gatenexplosies? Nature. 248 (5443): 30–31.
[119] Birrell, ND en Davies, PCW (1982) Kwantumvelden in gekromde ruimte. Cambridge Monographs on Mathematical Physics. Cambridge University Press, Cambridge.
[120] Maldacena, Juan (1998). "De grote N-limiet van superconforme veldtheorieën en superzwaartekracht". Advances in Theoretical and Mathematical Physics. 2 (4): 231–252.
[121] Witten, Edward (1998). "Anti-de Sitter-ruimte en holografie". Advances in Theoretical and Mathematical Physics. 2 (2): 253–291.
[122] Caves, Carlton M.; Fuchs, Christopher A.; Schack, Ruediger (2002-08-20). "Onbekende kwantumtoestanden: De kwantum de Finetti -representatie". Journal of Mathematical Physics. 43 (9): 4537–4559.

[123] Jackson, JD Klassieke elektrodynamica, 2e editie. Wiley 1975.
[124] Lorentz, Hendrik Antoon (1899), "Vereenvoudigde theorie van elektrische en optische verschijnselen in bewegende systemen" , *Proceedings van de Koninklijke Nederlandse Academie van Wetenschappen* , **1** : 427–442.
[125] Misner, Charles W., Thorne, KS, & Wheeler, JA Gravitation. Princeton University Press, 2017. ISBN: 9780691177793.
[126] Penrose, R., W. Rindler (1984) Deel 1: Twee-spinorcalculus en relativistische velden, Cambridge University Press, Verenigd Koninkrijk.
[127] Tolkien, JRR (1990). *De monsters en de critici en andere essays* . Londen: HarperCollinsPublishers .

Index

C

D

E

F

G

H

I

J

K

L

M

N

O

P

Q

R

S

W

X

Y

Z

www.ingramcontent.com/pod-product-compliance
Lightning Source LLC
LaVergne TN
LVHW011528200926
848484LV00001B/185